图 1　学校规划鸟瞰图

图 2　学校图书馆

图 3　学校田径运动场

图 4　学校实训楼外景

图 5 学校教学楼 A 外景

图 6 学校钢琴外形食堂

图7　学校校园一角

图8　航空实训模拟舱实训室

图 9　BIM 建筑信息实训室

图 10　金相及热处理实训室

图 11　电工技术实训室

图 12　调酒实训室

图 13　茶艺实训室

图 14　我校承办 2017 年厦门市高等职业院校
技能竞赛现代物流赛项

图 15　我校参加 2017 年全国职业技能竞赛
中餐主题宴会设计赛项现场

图 16　2017 年全职职业技能竞赛中餐主题宴会
设计赛项荣获一等奖

图 17 我校"四自"辅导学生品牌活动启动仪式

图 18 第二届会计专业现代学徒制毕业典礼

图 19 创业设计大赛

图 20 校园供需见面会现场

图 21 田径运动会闭幕式

图 22 校友返校合影留念

图 23 我校接受高等职业院校
第二轮人才培养工作评估

图 24 2017级新生"算亲情账·植感恩心·尽孝忠责"
主题教育活动启动仪式

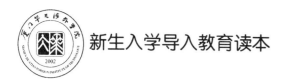 新生入学导入教育读本

开启华天之路
（第 2 版）

主　审　杨　雄

主　编　林水生

副主编　王海峰　章　茜　杨白群

北京理工大学出版社
BEIJING INSTITUTE OF TECHNOLOGY PRESS

图书在版编目（CIP）数据

开启华天之路／林水生主编 . —2 版 . —北京：北京理工大学出版社，2018.8

ISBN 978－7－5682－6178－4

Ⅰ.①开… Ⅱ.①林… Ⅲ.①大学生－入学教育－高等职业教育－教材 Ⅳ.①G645.5

中国版本图书馆 CIP 数据核字（2018）第 191821 号

出版发行／北京理工大学出版社有限责任公司

社　　址／北京市海淀区中关村南大街 5 号

邮　　编／100081

电　　话／（010）68914775（总编室）

　　　　　（010）82562903（教材售后服务热线）

　　　　　（010）68948351（其他图书服务热线）

网　　址／http：//www.bitpress.com.cn

经　　销／全国各地新华书店

印　　刷／涿州市新华印刷有限公司

开　　本／787 毫米×1092 毫米　1/16

印　　张／15

彩　　插／4

字　　数／355 千字

版　　次／2018 年 9 月第 2 版　2018 年 9 月第 1 次印刷

定　　价／39.80 元

责任编辑／刘永兵

文案编辑／刘永兵

责任校对／周瑞红

责任印制／施胜娟

图书出现印装质量问题，请拨打售后服务热线，本社负责调换

序

各位新同学：

大家好！

你们的到来为学校注入了活力和新鲜血液，你们是新的华天人！我们代表厦门华天涉外职业技术学院全校教职员工向来自全国各地的莘莘学子表示热烈的欢迎和衷心的祝贺！

大学是人生的关键阶段。这是因为，进入大学后你终于放下高考的重担，第一次开始追逐自己的理想、兴趣，第一次独立参与大学社团活动，第一次在学习理论的同时亲身实践，第一次不再由父母安排生活和学习中的一切，第一次支配所有属于自己的时间，等等，会有很多的"第一次"。另外，这或许是你一生中最后一次有机会系统性地接受教育，这或许是你最后一次能够全心建立你的知识基础，这或许是你最后一次可以将大段时间用于学习的人生阶段，这或许是你最后一次可以拥有集中精力充实自我的成长历程，这或许是你最后一次能在相对宽松的环境下学习为人处世之道，等等，或许还有很多的"最后一次"。在这个阶段里，同学们都应当认真把握每一个"第一次"，让它们成为未来人生道路的基石；在这个阶段里，也请同学们务必珍惜每一个"最后一次"，不要让自己在不远的将来追悔莫及。

大学新生入学导入教育是高等教育的首要环节，是高校思想政治教育的重要环节，是大学生涯的起点和基石，对你们的整个大学生涯具有导航性和基础性作用。我校一向重视新生入学导入教育，历年来均很好地开展了新生入学导入教育，这对新同学尽快融入大学生活具有重大意义。在总结过去经验的基础上，2016年8月由学校常务副校长杨雄主审，校长助理兼教务处处长林水生主编，学生处处长王海峰、发展中心兼创新创业中心主任章茜，心理咨询中心主任杨白群担任副主编，全校各相关部门配合编写的新生入学导入教育读本《开启华天之路》第一次正式出版，方便了新同学了解学校沿革、校园文化、党团辅导、职业教育、专业认知、生涯规划和健康教育等主要内容，更好更快地适应大学生活。

然而，学校近两年发展很快、变化很大，为了能把更新、更好的资讯及时传递给大家，我们重新修订了新生入学导入教育读本《开启华天之路》。值此机会，为使同学们学有所成，争做有理想、有道德、有文化、有纪律的大学生，将来成为有思想、有价值、有潜力、有快乐的毕业生，我们针对"大学三年应该怎样度过"这个同学们关注的问题提几点建议：

1. 学会为人处世

很多同学入校时都是第一次离开父母，离开自己生长的环境，进入校园开始集体生活后，如何与同学、朋友、老师相处就成为同学们学习内容的一部分。未来你在社会里、在工作中与人相处的能力会变得越来越重要，甚至超过了工作本身。所以，同学们要好好把握机会，培养自己的交流意识和团队精神，提高自己的人际交往能力。一是以诚待人。与人交往时，你怎样对待别人，别人也会怎样对待你。二是培养真正的友情。交朋友时，不要只去找与你性情相近或只会附和你的人做朋友，还应该结交激励你上进的朋友、帮你了解自己的朋友、对你说实话的朋友，等等。三是多观察周围的同学，特别是那些你觉得交往能力和沟通能力特别强的同学，看他们是如何与人相处的。通过观察和模仿你会发现，自己的人际交往能力会有意想不到的改进。四是有意识地培养一些兴趣爱好，比如体育锻炼既可以发挥你的运动潜能，也可以培养你的团队合作精神。

2. 学会积极主动

从进入大学的第一天开始，你就必须从被动转向主动，必须成为自己未来的主人，必须积极地管理自己的学业和将来的事业，而一个主动的学生应该从进入大学时就开始规划自己的未来。积极主动就要有积极的态度，积极规划自己的人生目标，追寻自己的个人兴趣并尝试新的知识和领域。积极主动就要对自己的一切负责，勇敢面对人生，不要把不确定的或困难的事情一味搁置起来。积极主动就要事事用心，事事尽力，不要等机遇上门，而是要创造机遇并把握机遇。

3. 学会自主学习

在大学期间，学习专业知识固然重要，但更重要的还是要学习独立思考的方法，培养举一反三的能力，只有这样，毕业时才能适应瞬息万变的未来世界。《礼记·学记》上讲："独学而无友，则孤陋而寡闻。"大学生应当充分利用学校里的人才资源，从各种渠道吸收知识和方法。"三人行必有我师"，你的周围到处是良师益友。大学生还应该充分利用图书馆和互联网，培养独立学习和研究的本领，为适应今后的工作或进一步的深造做准备。

4. 学会掌控时间

"时间多了很多"正是大学与高中之间最大的差别，时间多了，就需要你自己安排时间、计划时间、管理时间、掌控时间。每个人都有许多"紧急事"和"重要事"，但想把每件事都做到最好是不切实际的。建议你用良好的态度和宽广的胸怀接受那些你暂时不能改变的事情，多关注那些你能够改变的事情。大学时期是最容易迷失方向的时期，同学们必须有自控的能力，让自己多交些好朋友，多学些好习惯，不要沉迷于对自己无益的事情（如网络游戏）里。

同学们，跨进了大学校门，人生就有了一个成功的开始，但是有成功的开始，不一定就有成功的结果。从这个意义上讲，成败系于你自己，未来就在你自己手中，你的青春你自己做主！我们期待你的成功。预祝同学们学有所成、身体健康、生活愉快！

编　者

2018 年 5 月 20 日

目　录

第一章　走进华天

第一节　学校简介

　　厦门华天涉外职业技术学院创办于2002年，2004年2月经福建省教育厅批准、教育部备案正式建校，是具有独立颁发国家承认学历资格的全日制高职院校。2006年9月迁入厦门市翔安区文教园，2009年12月通过首轮高等职业院校人才培养工作评估。2013年5月以佘德聪为董事长，蔡建四、邹琍琼为副董事长的新董事会入主学校，佘德聪董事长荣任政协第十三届全国委员会委员、蔡建四副董事长当选政协第十二届福建省委员会常委、邹琍琼副董事长当选政协第十一届福建省委员会委员，三位举办者均热衷公益事业，用心办学。2016年10月以优良的成绩通过高等职业院校第二轮人才培养工作评估。

　　学校地处享有"海上花园城市""宜居城市"等诸多美誉的厦门市翔安文教园区，毗邻厦门大学翔安校区，学校规划占地524亩①，建筑面积15万平方米，苏州园林式风格的教学楼、实训楼、学生公寓楼错落有致。现有全日制在校生6 366人，教职工444人，其中专任教师276人，有副高职称及以上的68人，有硕士及以上学位的120人。图书馆馆藏纸质图书53.2万册，电子图书2 050GB。校内实验（训）室97间、实训基地6个，校外实训基地91个，教学仪器设备总值3 361.9万元。近3年来共开设机械设计与制造、汽车检测与维修技术、软件技术、视觉传播设计与制作、物流管理、酒店管理、会计、电子商务和民航运输等39个与区域产业紧密对接的专业。

　　学校坚持"以生为本"，实行双证书制度，追求高品质就业，连续六年被评为省毕业生就业工作先进单位。学校重视学生工作，力求打造独具华天特色的"自强自律、自创自翔"辅导学生品牌，积极构建以人为本、以辅导学生为主的"五导引航机制"，实现辅导员从管理学生转为辅导学生，尊重学生个体差异，发掘学生的潜能，真正从学生的思想、生活、心理、安全、学业、就业等多方面对学生进行有针对性的辅导与帮扶，努力营造人人皆可成才、人人尽展其才的良好氛围；注重品德教育，将朱子教育思想等传统文化融入校园文化建设，做到"周周有活动、月月有比赛"，为学生搭建发挥特长、展现自我的平台，全面提高学生综合素质。校园网络和校园信息管理系统、标准田径场等教学、生活文体设施一应俱全，党团、工会组织健全，师德学风积极向上，校园安全稳定和谐。

　　办学15年来，学校获得市级及以上教学质量工程项目、教改科研课题达71项，其中国家级5项、省级53项、市级14项。我校教师在CN刊物上发表论文累计314篇。教师参与编写各类教材、专著共203部，其中两部教材列入国家级"十二五"职业教育国家规划教

---

　　①　1亩＝666.667平方米。

材。在各级各类职业技能竞赛中共获奖 328 项，其中荣获国家级一等奖 1 项、二等奖 1 项、三等奖 2 项；荣获省级一等奖 5 项、二等奖 24 项、三等奖 69 项、优秀奖 75 项；荣获市级一等奖 15 项、二等奖 32 项、三等奖 38 项、优秀奖 21 项；在行业协会举办的竞赛中荣获一等奖 15 项、二等奖 17 项、三等奖 30 项、优秀奖 4 项。

学校恪守"至诚至善、唯真唯美"的校训，坚持"以人为本、德技双馨、产学融合、国际视野、共赢典范"的办学理念，走内涵式发展道路，特色鲜明。学校是 YBC 大学生创业教育基地、中国物流学会产学研基地、沙盘模拟经营实训示范中心、福建省高校毕业生创业培训基地、厦门市"5A 级平安校园"、厦门市"巾帼文明岗"、厦门市总工会"四星职工之家"等。

校训： 至诚至善、唯真唯美

教风： 敬业爱生、严谨创新

学风： 自强、自律、自创、自强

办学理念： 以人为本、德技双馨、产学融合、国际视野、共赢典范

华天精神： 勤勤恳恳、任劳任怨、勇于创新、乐于奉献

（以上数据截至 2018 年 3 月）

第二节　学校大事记

2001 年学院发展大事记

2001 年 5 月 9 日，董事长肖川女士组建成立了厦门华天涉外职业技术学院筹备组。

2001 年 6 月 6 日，厦门华天涉外职业技术学院筹备组向厦门市教育委员会上报了《关于厦门华天涉外职业技术学院（筹）建院的申请书》。

2001 年 8 月 10 日，我院与厦门华天达商贸发展有限公司签订产学合作协议书。

2001 年 8 月 21 日，厦门市教育委员会向厦门市政府呈报《厦门市教育委员会关于同意向省教育厅申报筹建民办厦门华天涉外职业技术学院的请示》。

2001 年 8 月 27 日，厦门市人民政府办公厅向省教育厅发出《厦门市人民政府办公厅关于申报筹办民办厦门华天涉外职业技术学院的函件》。

2001 年 9 月 13 日，我院与时尚国际商务俱乐部签订委培协议书。

2001 年 9 月 26 日，我院与厦门新唐人策划有限公司签订产学合作协议书。

2002 年学院发展大事记

2002 年 1 月 11 日，福建省教育厅下发了《关于同意筹建厦门华天涉外职业技术学院的批复》。

2002 年 2 月 22 日，福建省教育厅同意我院设立高等教育学历文凭考试试点。

2002 年 5 月 10 日，中华职业教育社批准我院为该社团体社员。

2002 年 5 月 21 日，福建省高等教育自学考试委员会同意我院开设计算机及其应用等 6 个专业。

2002 年 6 月 12 日，我院举行主题为"闽台经济文化及台湾金门见闻"的报告会。

2002 年 7 月 27 日，我院正式成立合作办学联合会。

2002 年 10 月 22 日，共青团厦门市委组织部同意我院建立团委、学生会组织。

2002 年 12 月 9 日，我院在国际会展中心环岛路段举行"2002 年厦门华天涉外职业技术学院 12 · 9 长跑赛"。

2003 年学院发展大事记

2003 年 3 月 6 日，我院与华天鼎韵企划有限公司签订合作协议。

2003 年 3 月 11 日，厦门市物价局黄超生一行来我院进行物价检查。

2003 年 3 月 12 日，迟岩教授来到我院就 IT 行业现状及发展前景做学术报告。

2003 年 3 月 17 日，我院在何厝校区举办厦门华天涉外职业技术学院办学 1 周年庆典。

2003 年 3 月 18 日，福建省高等教育自学考试委员会同意我院开设计算机信息管理专业、市场营销专业和会计与电算化专业。

2003 年 3 月 19 日，我院向福建省教育厅上报《厦门华天涉外职业技术学院筹建情况报告》，申请正式建院。

2003 年 5 月 2 日，厦门市教育局许副局长和体卫处江处长到我院视察工作，并对我院"非典"预防和安全防范工作提出了许多宝贵意见。

2003 年 5 月 24 日，厦门市民办高等教育发展研讨会在我院隆重举行。

2003 年 5 月 27 日，厦门市人大代表莅临我院调研。

2003 年 6 月 5 日，厦门市教育局高教处廖处长和保卫处蔡处长到我院传达中共福建省教育厅党组转发的《中共教育部党组关于做好近期维护高等院校稳定工作的紧急通知》，要求扎扎实实地做好维护高等院校稳定工作。

2003 年 6 月 27 日，厦门市人民政府向福建省教育厅发出《厦门市人民政府关于转报厦门华天涉外职业技术学院申请正式建院的函》。

2003 年 7 月 13 日，我院向厦门市教育局发展规划处发出《厦门华天涉外职业技术学院建设用地需求计划》。

2003 年 8 月 1 日，福建省民政厅准予我院登记成立厦门华天涉外职业技术学院（筹）。

2003 年 12 月，我院正式建院，通过了福建省高校设置专家组评审。

2004 年学院发展大事记

2004 年 1 月 28 日，劳动和社会保障部职业技能鉴定中心同意我院作为职业资格全国统一鉴定报考点。

2004 年 2 月，我院建立职业技能鉴定站。

2004 年 2 月 26 日，福建省人民政府下发《福建省人民政府关于同意建立厦门华天涉外职业技术学院的批复》，批准我院正式建院并纳入福建省高考统招计划。

2004 年 3 月 17 日，我院正式挂牌建院。

2004 年 3 月 24 日，福建省高等教育自学考试委员会同意我院开设物流管理专业、视觉传达设计专业和保险专业。

2004 年 5 月 18 日，加拿大赛尔顿大学副校长 Ian Marley、计算机与工程学院院长 Gary Clossn、国际交流中心顾问 Mrkeith Nixon 和国际交流中心项目顾问蒲纯青先生一行 4 人莅临我院参观。

2004 年 6 月 21 日，福建省教育厅同意我院办学规模至 2010 年达到全日制在院生 6 000 人（含各类全日制在院生）。

2004 年 10 月 18 日，福建省专家组对我院进行了办学条件和教学工作的检查评估。

2004 年 11 月 30 日，厦门市教育工会同意我院首届工会委员会由陈熙贞、许敏、杨幼林、周小龙、邓丹、杨雄、叶永青等 7 位同志组成。

2004 年 12 月 28 日，中共厦门市委教育工作委员会同意我院成立中共厦门华天涉外职业技术学院总支部委员会。

2005 年学院发展大事记

2005 年 2 月，我院成立学院的自评小组。

2005 年 2 月，我院成立就业教育研究室和就业工作领导小组。

2005 年 5 月，我院与澳大利亚南海岸学院开展合作办学。

2005 年 7 月 6 日，福建省教育厅支持我院在新校区中规划建设国际交流中心。

2005 年 7 月，我院新校区建设工作全面启动。

2005 年 9 月 26 日，教育局行风评议高教组莅临我院检查指导。

2005 年 10 月 9 日，福建省高等教育自学考试委员会同意我院设立自考助学机构。

2005 年 11 月 23 日，厦门市人民政府批复位于翔安区新店镇新店村国有土地面积 133 278 平方米作为我院翔安校区一期建设用地。

2005 年 11 月 24 日，我院与澳大利亚南澳大学代表团会谈。

2006 年学院发展大事记

2006 年 1 月 17 日，民盟福建省委领导莅临我院调研指导。

2006 年 3 月 6 日，福建省高等教育自学考试委员会同意我院开设高等教育自学考试工商企业管理专业（专科）、市场营销专业（专科）、电子商务专业（专科）和视觉传达设计专业（专科）。

2006 年 3 月，经中共厦门市委教育工委同意在我院行政机关和各系（部）分别组建了八个党支部。

2006 年 3 月 29 日，北京中华职业教育社总社记者到我院专访董事长肖川女士。

2006 年 4 月 12 日，中国作家协会会员、厦门大学客家研究中心副主任、厦门市文联作家吴尔芬与我院刘明新院长进行交流访谈。

2006 年 5 月，我院基础部曾庆栋老师荣获"福建省优秀思想政治工作者"称号。

2006 年 9 月，我院组团参加第十届中国国际投资贸易洽谈会。

2006 年 9 月 11 日，福建省教育厅专家组莅临我院检查。

2006 年 9 月 24 日，郭振家副市长带领工作检查组一行 6 人莅临我院检查指导工作。

2006 年 9 月 29 日，我院在新校区隆重举行一期工程落成典礼。

2006 年 11 月 15 日，福建省教育厅评估所专家张贤澳教授应邀到我院开设"评估·建设"专题讲座。

2006 年 11 月 16 日，福建省高等教育自学考试委员会同意我院自 2007 年 1 月起开设高等教育自学考试计算机网络（专科）、英语（外贸英语方向）（基础科）、会计（会计电算化方向）（专科）、模具设计与制造（专科）和汽车服务工程（专科）等 5 个专业。

2006 年 11 月 23 日，福建省教育工委副书记、福建省教育厅副厅长施祖美，福建省委教育工委宣传部部长林轩春等一行 5 人在厦门市教委郭庆俊副书记等有关领导的陪同下来我院调研。

2006 年 12 月，我院成立高职教育研究室。

2006 年 12 月 27 日，福建省高等教育自学考试委员会同意我院全日制自考生总规模控制在 8 000 人。

2007 年学院发展大事记

2007 年 1 月 10 日，厦门市教育局职称改革领导小组同意我院组建教师初级评委会。

2007 年 1 月 11 日，厦门市教育局赖菡局长来我院翔安校区视察工作，对我院的安保工作提出了意见和要求。

2007 年 1 月 11 日，江汉大学实验师范学院代表团来我院考察。

2007 年 3 月 14 日，福建省教育厅专家组来我院检查机电一体化专业开设准备情况。

2007 年 3 月 16 日，我院肖川董事长荣获"中国教育机构影响力品牌领袖"大奖。

2007 年 4 月 6 日，厦门华天影视学院及校园艺术团成立。

2007 年 4 月 11 日，福建省民政厅来我院调研。

2007 年 4 月 17 日，福建省物价厅来我院调研。

2007 年 5 月，中国民主同盟厦门市委员会人员来到我院，对我院教育教学、校园建设等各方面工作进行全面考察。

2007 年 5 月 13 日，中华职业教育社厦门分社成员来我院参观访问。

2007 年 5 月 29 日，福建省教育厅同意我院设立计算机应用水平等级考试考点。

2007 年 6 月 14 日，厦门市教育局专家组来我院检查大学生心理健康咨询中心工作情况。

2007 年 8 月 15 日，经中共厦门市委批准，我院正式设立党委，上级党组织向我院委派了党委正、副书记。

2007 年 8 月 25 日，我院举行"500 万爱心助学大行动"新闻发布会。

2007 年 9 月 1 日，我院影视学院正式成立暨首届开学典礼。

2007 年 11 月 12 日，厦门市人民政府批复位于翔安区新店镇溪尾村、新店村的国有土地 51 679.42 平方米作为我院二期建设用地。

2007 年 12 月 24 日，我院与台湾东泰高职成功签订了"台企订单培养"合作协议。

2008 年学院发展大事记

2008 年 1 月，三五互联科技有限公司厦门总公司与我院签订产学研合作教育协议书。

2008 年 3 月 17 日，我院党校首期辅导员培训班开学仪式在学院会议室隆重举行。

2008 年 4 月 19 日，华侨大学商学院院长庄培章教授为我院师生做"中国宏观经济运行态势分析"专题讲座。

2008 年 7 月 2 日，厦门市教育局高教处受市教育工委委派来我院检查文明城市迎评准备工作。

2008 年 7 月 18 日，厦门市商业银行有关领导一行 9 人来我院参观指导。

2008 年 9 月 3 日，我院与台湾东泰高级中学、世昌五金制品厂有限公司、益伸电子有限公司、康桥家具有限公司、全方位家具有限公司等五家大中型台企共同签订了"校校企"合作项目，开设"台企订单班"，首开海峡两岸"校校企"三方合作的新职教模式。

2008 年 11 月 13 日，著名高等教育家潘懋元教授率厦门大学博士团来我院参观访问。

2008 年 11 月 20 日，韩国协成大学中国语学院范柏枝院长来我院参观访问。

2008年11月27日，厦门市委教育工委第六检查组对我院同集校区进行检查指导。

2008年12月，著名画家、云岭书画院院长汪世炎教授来华天影视学院进行调研、学术交流。

2008年12月4日，肖川董事长参加首届海峡两岸职业院校校长论坛。

2008年12月29日，福建省教育厅同意我院举办者由肖川变更为肖川和厦门海谊教育发展有限公司。

2009年学院发展大事记

2009年3月，我院在全院范围内广泛开展"综治宣传月"活动。

2009年3月3日，我院成立对台"校校企"合作办学项目领导小组和工作小组。

2009年4月10日，我院首批对台"校校企"项目培养学生赴签约台企实训。

2009年4月16日，我院与北京北科昊月集团举行资产重组签约仪式。

2009年4月21日，我院模具设计与制造专业215名学生赴签约台企顶岗实训。

2009年4月23日，《高等学院思想政治理论课督促检查指标体系》征求意见座谈会于我院第四会议室召开。

2009年4月，首届海峡两岸高等职业教育展览会中国教育在线专访我院。

2009年5月，我院董事长肖川女士的《设立福建高等职业教育特区的构想》获得优秀论文一等奖。

2009年6月，我院"广告设计"课程（课程负责人陈锋）被福建省教育厅评为2009年省级精品课程。

2009年6月，我院数控技术（负责人姜礼勤）、机械设计与制造（负责人冷兴聚）和模具设计与制造（负责人马光锋）等3个专业获批2009年闽台高校联合培养人才项目。

2009年7月4日，在我院翔安校区会议室举行实验（训）室建设专家论证会。

2009年7月9日，我院成立服务产业发展行动领导小组。

2009年7月31日，我院"校校企"联合培养海西模具设计与制造专业人才教改综合试验项目喜获批准。

2009年8月3日，我院"飞得更高"主题夏令营活动隆重开营。

2009年8月5日，我院修订《奖学金管理办法》鼓励非统招生自主完成学业。

2009年8月19日，我院装潢艺术设计专业学生参加DAF全球公益设计大赛顺利进入复赛。

2009年9月1日，台湾朝阳科技大学杨文广院长莅临我院洽谈合作办学意向。

2009年9月15日，台湾木铎学社陈汉强理事长来我院考察访问。

2009年9月19日，我院接受福建省评估资格审查专家审核，审核通过。

2009年9月22日，我院召开2009级新生军训总结大会。

2009年9月29日，台湾龙华科技大学校长葛自祥一行5人来我院就对台合作办学相关事宜进行深度洽谈，并成功签约。

2009年10月10日至11日，我院迎来2009年补录新生入学报到小高潮。本次前来报到的学生500余人。

2009年10月19日，台湾朝阳科技大学一行4人来我院洽谈两校联合办学的相关事宜。

2009年10月21日，我院邀请杨应崧、赵书芳等评估专家来我院进行指导评估，杨应崧教授做了关于评估的重要报告。

2009 年 11 月 6 日，我院举行迎评促建系列专题报告会。

2009 年 11 月 9 日，我院保卫处进行防火安全知识教育及安全隐患排查。

2009 年 11 月 9 日，我院进行期中教学工作检查，严肃学风，为评估做准备。

2009 年 11 月 27 日，我院教学副院长余永强教授举行题为"高职院校教学质量保障体系的内涵"的专题交流会。

2009 年 12 月 10 日，我院首届田径运动会在新建成的田径运动场拉开序幕，运动会为期两天。

2009 年 12 月 21 日至 24 日，受福建省教育厅的委托，以范国强同志为组长、孙芳仲同志为副组长的专家组一行 8 人，对我院人才培养工作进行现场考察评估。厦门市委市政府十分关心此次专家组对我院的评估工作，詹沧洲副市长、吕参军副秘书长以及厦门市教育局赖菡局长、林守章副局长等领导参加了评估汇报会议。

2010 年学院发展大事记

2010 年 3 月 2 日，我院召开首届教代会暨第二届工代会第二次会议筹备工作会议。

2010 年 3 月 5 日，我院召开党委理论学习中心组学习会，学习胡锦涛总书记在闽考察的重要讲话精神。

2010 年 3 月 11 日，我院召开庆三八妇女节"谈感想、畅未来、促发展"主题茶话会。

2010 年 3 月 11 日，我院学生党员志愿服务队成立大会暨志愿服务活动启动仪式在学院金石广场举行。近 200 名学生党员和重点培养对象面对党员志愿服务队队旗庄严宣誓。

2010 年 3 月 17 日，厦门市委教育工委派检查组到我院就党委贯彻落实 2008—2009 年党建责任书情况进行全面检查。

2010 年 3 月 18 日，我院党委召开党员大会，报告 2009 年党委主要工作，叶国通书记主持会议并做重要报告。

2010 年 3 月 24 日，我院党委召开党员大会，传达胡锦涛总书记在福建省考察时的重要讲话精神。

2010 年 3 月 31 日，我院"安全教育活动月"活动正式启动。

2010 年 4 月，我院机电与汽车工程学院马光锋教授负责的课程"模具制造技术"获批 2010 年福建省省级精品课程。

2010 年 4 月 8 日，我院在阶梯二教室召开招生动员大会。

2010 年 4 月 13 日，赴台学生行前交流会在学院会议室举行，党委书记叶国通、教学副院长余永强、党委副书记王文彬、学生处处长罗永友等参加了会议。

2010 年 4 月 14 日，我院隆重召开 2009 年招生表彰动员大会。

2010 年 4 月 13 日至 15 日，我院首次组队参加 2010 年福建省职业技能竞赛，代表队参加 5 个项目比赛，成绩喜人。

2010 年 4 月 16 日，我院接受省教育厅对体育教学工作的评估。

2010 年 4 月 23 日，我院召开 2010 年招生队伍誓师大会，北科昊月集团周继庭董事长、周孟奎院长以及北科院领导与学院领导一起参加誓师大会。

2010 年 4 月 26 日，我院首批赴台交流学习的师生离厦赴台，首批赴台交流学习的共有

24 名学生，1 名带队教师，将前往台湾龙华科技大学、朝阳科技大学进行为期一年的学习。

2010 年 4 月 28 日，"万众一心向前进——翔安区第二届万人 10 公里健步行活动"开幕，我院 200 名学生积极参与此全民健身活动。

2010 年 4 月 28 日，我院邀请厦门市公安局宣传处陆处长在图书馆报告厅做了一场别开生面的安全法制讲座。

2010 年 5 月 10 日，我院召开防空警报试鸣暨防空防灾演练工作会议，各相关职能部门主要负责人到会，我院常务副院长汤秀奎主持会议。

2010 年 5 月 11 日，翔安团区委举办的"纪念五四运动 91 周年表彰会"在人力资源大厦会议大厅举行。在本次表彰大会中，我院青年志愿者协会的唐富运同学和朱志燕同学荣获"优秀志愿者"称号，陈将福同学荣获"十佳志愿者"称号，我院青年志愿者协会荣获"翔安区 2009 年度青年志愿先进组织奖"，成为翔安区五所高职院校中唯一一所包揽志愿者所有奖项的学校。

2010 年 5 月 13 日，福建省高院毕业生就业创业政策宣讲报告会在我院图书馆报告厅举行。厦门市人事局人才开发处主任科员张艺苗、厦门市教育局高等教育处副调研员刘文岗、厦门市劳动和社会保障局就业训练中心副主任郭文传、人民银行厦门市中心支行货币信贷管理处翁舒颖、厦门市青年就业创业指导中心主任林炜，我院学生处、就业指导中心、院团委相关负责人，安防科技职业学院及我院各系学生代表近 300 人参加报告会。报告会由团委书记罗永友主持。

2010 年 5 月 20 日，根据学院院系设置现状及发展需要，学院原"院级"称谓调整为"校级"称谓，即原"院级领导"称谓调整为"校级领导"、原"院长办公会"称谓调整为"校长办公会"。原"五系一部一院"改为 6 个二级学院。

2010 年 6 月，我校机械设计与制造专业（负责人冷兴聚）和模具设计与制造专业（负责人马光锋）获批 2010 年闽台高校联合培养人才项目。

2010 年 6 月 8 日，由共青团翔安区委员会主办，厦门华天学院、技师学院、南洋学院、海洋学院、演艺学院、安防学院 6 所高院联合举办的以"书画人生、励志成才"为主题的翔安区首届六高院大学生书画大赛在海洋学院隆重举行。经过激烈角逐，最终我校共有 10 名同学在本次比赛中获得奖项，并包揽了作品展示的全部奖项。

2010 年 6 月 24 日，在阶梯二教室召开我校创先争优活动部署动员大会，全校党员和党务干部、学校创先争优活动领导小组及办公室成员参加了会议。这次会议标志着以"创建先进党组织，争做优秀共产党员"为主题的创先争优活动在我校正式全面启动。校党委副书记王文彬同志主持动员大会。

2010 年 6 月 28 日，美国教师访厦团一行 9 人来到我校参观，并与人文教育学院外语专业学生进行热烈而融洽的交流互动。

2010 年 7 月，经各校申报、评审组评审，福建省高教学会校报专委会常务理事会审定，我校青年宣传中心陈思和洪春菊两位同学荣获"优秀学生记者"荣誉。

2010 年 7 月，我校宋晓丽老师主持的课题"海西民办高职院校办学特色的实证研究"和孙琳老师主持的课题"高职教育'校企合作'办学研究"荣获福建省教育科学规划 2010 年度课题。

2010 年 8 月，我校机电与汽车工程学院的模具设计与制造专业被确定为厦门市高等职业教育首批 8 个高职重点专业之一。

2010 年 8 月 25 日，中国人民解放军 73722 部队陈瑞春政治委员到我校开展关于国防教育知识讲座，我校 2010 级新生到场聆听。

2010 年 9 月，第六届"挑战杯"福建省大学生创业计划竞赛落幕，我校首次组织学生参赛就获得了 1 项银奖、4 项铜奖的好成绩。其中人文教育学院旅游英语专业姚臻等 2 位同学的作品《Healthy world 食用菌生态美食双语餐厅》获得银奖，艺术设计与影视学院装潢艺术设计专业王雨等 4 位同学的作品《厦门衫人行服意有限公司》、现代工商管理学院物流管理专业瞿冰慧等 4 位同学的作品《香 QQ 土笋冻》、现代工商管理学院物流管理专业吴其键等 5 位同学的作品《金品海蛎》、机电与汽车工程学院数控技术专业林玄等 5 位同学的作品《启航 JOB 平台》分别获得铜奖。

2010 年 9 月 28 日，我校校长助理林齐昂、工会主席宋晓丽、教务处副处长曾轩招和就业指导课任课教师共 18 人到漳州职业技术学校参观学习交流。

2010 年 9 月 28 日，我校在金石广场举办 2010 年"迎新生，庆国庆"晚会。

2010 年 10 月 14 日，我校机关总支所属各支部与现代工商管理学院 2010 级学生班级结对子开展"百日无旷课"活动启动仪式在学校报告厅举行。来自机关党总支、现代工商管理学院总支的全体党员和现代工商管理学院 2010 级旅游管理等 3 个专业共 5 个班级的学生近 400 人一起参加活动启动仪式。

2010 年 11 月 11 日，我校 2010 年田径运动会隆重召开，开幕式由汤秀奎副校长主持。

2010 年 12 月 9 日，由共青团厦门华天涉外职业技术学院委员会、学生会联合主办的纪念"一二·九"运动 75 周年表彰大会暨校园合唱比赛在我校金石广场举行。近 2 000 名学生出席了纪念活动。

2011 年学院发展大事记

2011 年 1 月 11 日，我校开展教职工培训工作，为期一周，分行政、教学及学生管理三个部分展开，北科昊月集团董事专程来我校做报告。

2011 年 2 月 27 日，2010—2011 学年第二学期全校教职工大会于学校报告厅召开。学校领导、全校教职工参加大会，会议由常务副校长汤秀奎主持。

2011 年 3 月 3 日，我校林宗朝老师任副主编、田美艳老师参编的教材《C 语言程序设计案例教程》（大连理工大学出版社，书号 978 - 7 - 5611 - 4828 - 0）被评为教育部高职高专计算机类专业优秀教材。该教材从 325 部参评教材中脱颖而出，入选计算机类 100 种优秀教材，被评为"2010 年高职高专计算机类教指委优秀教材"。

2011 年 3 月 7 日，我校举行 2011 年度工作目标与安全责任书签字仪式。

2011 年 3 月 9 日，由海峡两岸职业教育交流合作中心孙芳仲副主任、陈金建副主任、吴宗斌老师和王莹老师一行 4 人组成闽台高校"校校企"联合培养人才项目专项检查组莅临我校，对我校闽台高校"校校企"联合培养人才项目进行为期一天的专项检查。

2011 年 3 月 9 日，福建省教育厅委托厦门市教育局对我校办学资格进行审查。市教育局规划处处长黄杨、市教育局高教处唐华玲、督导蔡金萱一行 3 人来我校进行办学资格审查。

2011 年 3 月 8 日，我校举办"三八节"系列活动——组织女教职工体检、举办"谈感想、畅未来、促发展"庆三八主题茶话会、举办婴幼儿哺育健康知识讲座、广场舞培训等。

2011 年 3 月 15 日，我校被确认为全国教育科学"十一五"规划教育部重点课题"职业教育校企合作中工业文化对接的研究与实验"实验学校。

2011 年 3 月 17 日，台湾朝阳科技大学校长钟任琴莅临我校交流访问，双方就两校内涵建设、对外合作办学等议题进行了深入坦诚的探讨，一致希望今后能有更深层次的交流合作，办出特色。

2011 年 3 月 24 日，教育部中国教育发展战略学会副秘书长、海峡两岸高校推广教育交流中心主任沈浤及办公室主任李勇以及北科昊月集团总裁周孟奎、北科副校长郭俊诚教授一行 4 人来到我校，就我校的招生工作进行检查指导。

2011 年 3 月 29 日，厦门市教工委副书记林春才、厦门市高教处处长连维兴等一行 4 人莅临我校检查指导工作。

2011 年 3 月 29 日，台湾龙华科技大学葛自祥校长莅临我校交流访问，商谈今后两校继续加强合作交流事宜。台湾龙华科技大学董基良校长和国关中心副主任尹协麒教授在我校做了精彩的报告。

2011 年 3 月 31 日，我校黄琼英老师主讲的《思想道德修养与法律基础》"第二章　继承爱国传统 弘扬民族精神"获厦门市高职院校思想政治理论课教学竞赛二等奖，并选送参加首届福建省高校思想政治理论课教师教学比赛厦门赛区选拔赛，获得厦门赛区三等奖；刘晓晓老师的《思想道德修养与法律基础》"第六章 培育职业精神 树立家庭美德"课件获精彩多媒体课件三等奖；黄琼英老师的《毛泽东思想和中国特色社会主义理论体系概论》"第八章　建设中国特色社会主义经济"教案获精彩教案三等奖；曾庆栋老师的《思想道德修养与法律基础》"第三章 第一节 树立正确的人生观"教案获精彩教案三等奖。

2011 年 4 月 6 日，我校艺术设计与影视学院共 50 名学生赴海沧区参演由湖南电视台拍摄的电视连续剧《双核时代》。

2011 年 4 月 14 日，我校召开 2010 招生就业工作总结表彰会暨 2011 年招生动员大会。

2011 年 4 月 20 日，我校内涵建设迈上新台阶，61 名同学专升本。

2011 年 4 月 22 日，我校在报告厅隆重召开第三届"工行杯"创业设计大赛和第一届"建设杯"职业生涯规划大赛表彰会。

2011 年 4 月 23、24 日，我校教职工拔河队参加厦门市教育工会主办的市教育系统教职工拔河比赛，在全市 27 个参赛队中取得民办高校排名第一、全市第九的佳绩。

2011 年 5 月 12 日，我校 2010 年学生暑期"三下乡"社会实践活动获得福建省表彰。我校"大学生关爱农民工子女服务团"被评为福建省社会实践活动先进团队，志愿者张燕茹（2009 级会计电算化 2 班学生）被评为福建省社会实践活动先进个人，黄娉婷老师（校团委副书记）被评为福建省社会实践活动先进工作者。

· 2011 年 5 月 12 日，台湾岭东科技大学陈振贵校长一行 4 人莅临我校交流访问，商谈两校开展合作交流事宜。

2011 年 6 月，我校动漫设计与制作（负责人陈锋）、物流管理（负责人李海波）、市场营销（负责人林志国）、机械设计与制造（负责人冷兴聚）和模具设计与制造（负责人马光锋）等 5 个专业获批 2011 年闽台高校联合培养人才项目。

2011 年 6 月 11 日，厦门华天涉外职业技术学院首届教代会暨第二届工代会第二次会议于图书馆报告厅隆重召开。省督导专员、集美大学原副校长蔡金萱教授应邀出席会议。

2011 年 6 月 22 日，接福建省教育科学规划院（闽教科规〔2011〕8 号）文件，由马光锋教授主持的"闽台'校校企'联合培养人才模式研究与实践"课题被批准为福建省教育科学"十一五"规划重点课题。

2011 年 6 月 23 日，由校党委主办，校团委及艺术设计与影视学院承办的庆祝建党 90 周年系列活动"激扬青春跟党走"在金石广场隆重举行。

2011 年 6 月 28 日，我校隆重召开庆祝建党 90 周年暨"一先三优"表彰大会。

2011 年 7 月，我校数控技术专业喜获 2011 年中央财政支持的职业教育实训基地建设项目立项，并获中央财政资金 200 万元用于设备采购。

2011 年 7 月，我校财经学院连志霞老师荣获"福建省优秀思想政治工作者"称号。

2011 年 7 月，我校机电与汽车工程学院院长马光锋教授负责的课题"职业教育校企合作中工业文化对接的研究与实验"喜获 2011 年全国教育科学"十一五"规划教育部重点项目。

2011 年 7 月，我校财经学院院长杨雄副教授负责的课程"外贸会计"获批 2011 年福建省省级精品课程。

2011 年 7 月，我校现代工商管理学院院长苗慕时副教授负责的"以创新素质为导向的现代工商管理创业型人才培养模式高职教学改革综合实验"项目获批 2011 年厦门市高等职业教育教学综合改革实验项目。

2011 年 7 月 7 日，由福建省人大常委会委员、教科文卫工委主任王豫生、福建省人大常委会委员白京兆、厦门市人大教科文卫委主任杨益坚、厦门市教育局副局长任勇及翔安区人大常委会副主任朱丰收、翔安区副区长林奕田等领导组成的调研组莅临我校进行调研活动。

2011 年 8 月 7 日，福建省第十四届大学生运动会闭幕式在福州隆重举行。我校首次派出由汤秀奎副校长任团长、叶国通书记任副团长、校工会周小龙副主席任秘书长的代表团，共组织学生运动员 46 人参加了本届大运会高校乙组篮球、足球、田径项目的比赛，取得了女子篮球第 6 名、男子足球第 9 名的好成绩。我校机电与汽车工程学院张万真同学（2010 级汽车检测与维修专业 2 班）以 1.91 米的成绩勇夺男子跳高冠军，打破保持 10 年之久的福建省大学生运动会跳高纪录。我校获得福建省教育厅、福建省体育局"体育道德风尚奖"，我校张万真和王丽妮（2009 级计算机与电子工程学院计算机应用专业 2 班）被评为"体育道德风尚运动员"。

2011 年 9 月 26 日，我校艺术设计与影视学院影视表演和主持播音专业的师生参加由厦门市委市政府主办、翔安区政府承办、厦门电视台摄制的《情满重阳》经典诵读专场文艺晚会。

2011 年 10 月 28 日，厦门市各高校"三爱"主题教育系列活动之大学生经典诵读晚会在厦门大学建南礼堂上演。我校艺术设计与影视学院影视表演专业和主持播音专业的师生们携节目《红色箴言使命》参加晚会。

2011 年 10 月 30 日，我校陈锋和姜辽老师指导，崔文佳、王晓霞等同学设计的《厦门城市符号》，摘得"农行杯"第二届高校（厦门）文化创意设计大赛唯一金奖，我校同时获优秀组织奖。

2011 年 11 月 29 日，校工会在图书馆报告厅举行教职工校园歌手比赛。

2011 年 11 月 15 日，校团委学生会在大学生活动中心举行第六届"超级马力杯·风云新人十佳歌手赛"决赛。

2011 年 11 月 23 日，我校机电与汽车工程学院荣获厦门市"巾帼文明岗"称号，是厦门高职院校中唯一获此殊荣的单位。

2011 年 12 月 13—14 日，翔安区五所高校共同举办第二届"索牌杯"羽毛球比赛。我校学生参加所有项目比赛，获团体总分季军，男单、女双、男双、混双第三名的成绩。

2012 年学院发展大事记

2012 年 4 月 25—28 日，我校共有 42 名师生组成代表队参加 2012 年省级职业技能大赛 10 个项目的比赛，参赛项目及人数均创新高，夺取团体赛 3 个三等奖及 7 个优秀奖。在 64 个参赛院校中荣获团体总分三等奖的好成绩。

2012 年 5 月 12 日，在执行校长汤秀奎的带领下，我校一行 22 人赴闽南理工学院参观学习。学习闽南理工学院在建设与发展、专业设置与建设、师资队伍建设、实训室建设与管理等方面的经验和做法。

2012 年 5 月 24 日，厦门市教育工会主席林彬尧、办公室主任王志鸿和陈梅芳、张丽一行 4 人莅临我校检查指导工会工作和女工工作，就"面对面、心贴心、实打实服务职工在基层"活动进行走访调研。

2012 年 6 月，我校动漫设计与制作（负责人陈锋）、机械设计与制造（负责人冷兴聚）和模具设计与制造（负责人马光锋）等 3 个专业获批 2012 年闽台高校联合培养人才项目。

2012 年 9 月，中共福建省委教育工作委员会办公室发文，公布"学雷锋——我们身边的好榜样"评选活动的入选人员名单，我校廖心保同学名列其中。

2012 年 9 月 28 日，我校就业指导中心女教职工在创建"巾帼文明岗"活动中，成绩优异，被授予 2012 年厦门市"巾帼文明岗"殊荣。

2012 年 10 月，由福建省教育工委、福建省教育厅主办的首届"励志校园·感动海西"学生资助公益宣传活动如期举行，我校积极响应，组织学生参加"国家资助伴我成长"主题征文比赛。我校陈柠同学的作品《想起你》获得高校组二等奖、温桂福同学的作品《感谢，因为有你》获得三等奖，同时学生处赖鸥鸥老师被评为学生资助公益宣传活动"先进工作者"。

2012 年 10 月 25 日，我校首期预备党员培训班正式开班。开班式由校党委副书记李永松主持，全校共 92 名师生预备党员参加此次培训班学习。

2012 年 10 月 28 日，我校传媒与信息学院 2010 级动漫设计与制作专业潘金花同学，凭借一张动画场景效果图，获得"农行杯"第三届高校创意设计比赛厦门区优秀作品奖。

2012 年 10 月 30 日，中共福建省委宣传部、中共福建省教育工委等 5 个部门，在福建人民会堂召开弘扬践行福建精神知识竞答活动总结表彰会。我校获"弘扬践行福建精神知识竞答组织奖"，是全省获此殊荣的 6 所高校之一。

2012 年 11 月 1 日，由就业指导中心主办的 2013 届毕业生大型校园招聘会在金石广场举行。本次招聘会共有 220 余家用人单位参加，涉及电子、网络、酒店、旅游等多个领域，台塑集团、恒安集团、统一企业、宸鸿科技、松霖集团、麦克奥迪等多家知名企业来到现场，共提供市场营销、机电模具、电子信息、软件设计等相关专业岗位近 7 000 个，吸引了大批学生踊跃参加。

2012 年 11 月 8 日，我校第四届田径运动会在足球场隆重开幕。

2012 年 11 月 9—12 日，在第七届国际发明展览会上，我校副校长韩旻教授主持研发的新型防水尼龙拉链成型机（二代）获国际发明展览会金奖。

2012 年 11 月 8 日，举世瞩目的中国共产党第十八次全国代表大会在京隆重开幕，我校认真组织全校专兼职党务干部、师生党员收看本次大会开幕式的现场直播。

2012 年 12 月 7 日，共青团福建省委下发《省委宣传部省委文明办省委教育工委省教育厅团省委省学联关于表彰 2012 年福建省大中专学生志愿者暑期"三下乡"社会实践活动先进集体和个人的决定》（团闽委联〔2012〕55 号），我校烟害知识宣传服务团获省先进团队称号、2011 级软件技术专业林国密同学获得先进个人称号。

2012 年 12 月 7 日，我校荣获厦门市"三爱"活动优秀组织奖。

2012 年 12 月 10—12 日，全国教育科学"十一五"规划教育部重点课题"职业教育校企合作中工业文化对接的研究与实验"结题研讨会在郑州召开。我校马光锋教授主持的"职业教育校企合作中工作文化对接的研究与实践"子课题获优秀成果三等奖，是厦门高职院校中唯一获此奖项的单位。

2013 年学院发展大事记

2013 年 2 月，由中共福建省委教育工委宣传部指导、福建省高校辅导员专业委员会主办的第二届福建省高校百名优秀辅导员评选结果揭晓，我校财经学院辅导员黄荣裕老师荣获"福建省高校优秀辅导员"荣誉称号。

2013 年 4 月 23 日，校团委、青年志愿者协会、二级院学生会及学生自发组织"烛光祈福，点亮爱的希望"主题活动为四川雅安祈福。

2013 年 5 月 23 日，福建建德集团有限公司与北京北科昊月科技有限责任公司就厦门华天涉外职业技术学院举办权转让签署正式协议，在厦门华天涉外职业技术学院举行交接仪式，并特此组建厦门笃信投资有限公司，由此掀开了厦门华天涉外职业技术学院发展的新篇章。

2013 年 5 月 30 日，我校 2013 年大学生创业培训在阶梯一教室开班。开班仪式由就业中心主任章茜主持，270 名学员走进课堂认真聆听开班第一课。

2013 年 6 月 3 日，我校教职工获得翔安区第三届运动会羽毛球赛女子单打和女子团体冠军，展示了我校教职工风采和羽毛球运动水平。

2013 年 6 月 6 日，由校团委主办，财经学院分团委学生会承办的"我秀我环保 践行中国梦"第七届环保时装秀在大学生活动中心隆重举行。

2013 年 6 月 15 日，入党宣誓仪式在学校报告厅举行。我校 192 名新党员面对党旗，用铿锵的誓言庄重而严肃地表明了他们的决心。

2013 年 6 月 15 日，我校 2013 届毕业典礼在田径场隆重举行。众多嘉宾出席典礼，典礼由校长助理田瑾主持。

2013 年 6 月 18 日，我校在厦门凯宾斯基酒店隆重举行新闻发布会，发布会上正式宣告厦门笃信投资有限公司接手管理厦门华天涉外职业技术学院。出席本次发布会的来宾有省、市教育主管部门相关负责人，泉州商会代表以及数家媒体。

2013 年 6 月 27 日，厦门市黄强副市长率市政府以及翔安区政府有关部门领导莅临我校指导工作。

2013 年 6 月 27 日，我校 2012—2013 学年中层干部述职暨民主测评大会在阶梯二教室举行。全校教职员工参加了本次述职测评大会，会议由香港德辉国际集团副总经理毛金文先生主持。

2013 年 6 月，我校由韩旻教授主持研究的"电子产品封装的胶水自动加热传输机构"获得中华全国总工会"6·18"海峡两岸职工创新成果金奖；周海光教授主持研究的"智能助眠唤醒 LED 灯光枕头"获得中华全国总工会"6·18"海峡两岸职工创新成果银奖；韩旻教授研究的"智能四轴水平关节机械手的开发"荣获福建省科学技术进步二等奖。

2013 年 8 月，我校现代工商管理学院市场营销专业被确定为厦门市高等职业教育第二批重点专业。

2013 年 8 月 26 日，我校与北京中航天使教育集团在北京举行联合办学协议签署仪式。厦门笃信投资有限公司董事长佘德聪先生、副董事长邹琍琼女士与北京中航天使教育集团董事长宋岩先生出席仪式，并正式签署联合办学相关协议。

2013 年 9 月，我校财经学院 2011 级会计与审计 6 班吴林燕同学、机电与汽车工程学院 2011 级数控 1 班方江泉同学荣获省级"三好学生"称号；现代工商管理学院 2011 级酒店管理 1 班韦仁雪同学荣获省级"优秀干部"称号；财经学院 2011 级会计与审计 4 班荣获"先进班集体"称号。

2013 年 9 月 2 日，厦门市教育局任勇副局长一行 3 人到我校检查安全工作，董事长佘德聪、副董事长邹琍琼、党委书记叶国通、校长助理田瑾等参加会议。

2013 年 9 月 16 日，台湾大学经济学博士、美国斯坦福大学客座教授、台湾南亚技术学校校长王春源教授和台湾中国文化大学政治学友会理事长林忠山副教授来我校交流访问。

2013 年 10 月 14—16 日，我校副董事长邹琍琼、党委书记叶国通、党委副书记李永松、分管教学的副校长韩旻率综合办、教务处、学生处和后勤保卫处等职能部门负责人分别到各二级院调研。

2013 年 10 月 17 日，我校副董事长邹琍琼女士在校图书馆会议室组织召开了一场别开生面的校企合作座谈会。8 位毕业于厦门大学 EMBA 的企业精英，分别就"高职院校如何培养企业最爱的人""高职院校如何有效开展校企合作"等话题，结合自己的工作经历、经验一一进行精辟的阐述，赢得阵阵掌声，让与会者受益匪浅。

2013 年 10 月 25 日，我校招生就业办公室主任竞聘会在校会议室由校长助理田瑾主持召开。本次面向社会公开招聘招生就业办公室主任，是我校建校以来第一次公开竞聘中层以上干部。学校自始至终坚持公开、公平、竞争、择优的原则，开创了我校树立正确选人用人观的新局面，为我校今后进人实行公开招聘奠定了良好基础。

2013 年 10 月 31 日，由招生就业办主办，中国海峡人才网、厦门 597 人才网协办的 2014 届毕业生大型校园供需见面会在金石广场举行。本次招聘会吸引了包括德辉控股集团、巨鹏飞集团、恒安集团、统一企业、宸鸿科技、松霖集团等多家知名企业在内的 280 余家用人单位。

2013 年 11 月 14 日，我校第五届田径运动会开幕式在足球场隆重举行。

2013 年 11 月 20 日，厦门市教育工委林守章副书记和市教育局高教处洪军处长莅临我校检查指导工作。

2013 年 11 月 21 日，校团委组织 60 余名学生代表参加"厦门大学生看厦门"社会实践活动，前往厦门市东部固废处理中心参观学习。

2013 年 12 月 10 日和 12 月 12 日，我校在图书馆会议室举行了两次校园安全管理培训讲座。

2013 年 12 月 18—22 日，副董事长兼执行校长邹琍琼女士一行 13 人赴台湾高校考察学习，与致理技术学院、忠信高级工商学校、龙华科技大学、中国文化大学和醒吾科技大学等台湾学校进行交流。特别是针对职业教育定位、人才培养模式、实践教学、校园文化建设、德育教育、后勤管理、学生管理和继续教育拓展等问题较深入地请教学习，受益良多。

2013 年 12 月 21—22 日，我校财经学院选派的参赛队伍在厦门市高职校院首届会计技能大赛中荣获冠军。

2014 年学院发展大事记

2014 年 3 月 5 日，"全国最美警察"——厦门市公安局湖里分局交警大队事故科副科长刘毅警官在图书馆报告厅为我校 2013 级大一新生做了一场"让正能量照亮你的一生"的讲座。

2014 年 3 月 7 日，我校在田径场举行了 2013 级学生军训总结大会暨班导师见面会。军训总结大会由校长助理田瑾主持。

2014 年 3 月，我校喜获"厦门市 2013 年学校综治安全目标管理先进单位"荣誉称号。

2014 年 4 月，我校韩旻教授所带领教学团队的成果"产学研协同创新模式下高职教育服务现代支柱产业的探索与实践"荣获 2014 年福建省教学成果一等奖。

2014 年 4 月 1 日，国家旅游局规划财务司胡书仁副司长莅临我校指导工作。

2014 年 4 月 3 日，在图书馆报告厅隆重举行由继续教育学院开办的首届专本衔接本科班开学典礼，典礼由综合办主任林水生主持。

2014 年 4 月 10 日，教育家潘懋元先生、厦门大学原常务副校长潘世墨教授莅临我校指导。

2014 年 4 月 18 日，为加强民主办学、科学办学，学校董事会在图书馆会议室召开座谈会听取中层以上干部对学校办学各方面的意见和建议。

2014 年 4 月 19 日，在我校图书馆报告厅隆重召开"厦门市邮政行业服务中心成立大会暨高职快递试验班开班仪式"，出席大会的领导和嘉宾有中共厦门市委教育工委副书记、市教育局副局长林守章、市邮政管理局副局长陈华、市物流协会常务副会长杨名炎、市教育局高教处处长洪军、市物流协会常务副秘书长王惠军、市快递行业副会长何兵先、我校党委书记叶国通，参会的还有"服务中心"理事单位人员、"厦门市高职快递试验班"学员以及新闻媒体记者。

2014 年 4 月 20 日，我校工会在金榜山公园组织"亲近自然，放松心灵"春季登山活动，全校教职工及家属共 150 余人参加此次活动。

2014 年 4 月 30 日，我校副校长韩旻教授被厦门市人民政府授予厦门市科技创新杰出人才奖（第一名），市委书记王蒙徽亲自为韩旻教授颁奖。

2014 年 5 月 9 日，翔安区"纪念五四运动 95 周年弘扬志愿者精神优秀志愿者表彰晚会"在翔安区图书馆剧院隆重举行。我校翁耿炎等 6 名志愿者荣获"优秀青年志愿者"称号。

2014 年 5 月 15 日，福建省政协常委、享受政府特殊津贴专家、全国高等学校教学名师、福建商专原校长黄克安教授莅临我校，在图书馆报告厅做题为"高职院校改革、发展、管理若干心得"的讲座。讲座由副董事长兼执行校长邹琍琼女士主持，学校全体教职工和近百名学生代表参加。

2014 年 5 月 15 日，我校学生会联合厦门市同心慈善基金会共同组织的"宝贝别哭，爱在华天"观影会和义卖活动在图书馆报告厅隆重举行。

2014 年 5 月 19 日，台湾致理技术学院院长尚世昌先生率代表团一行 7 人应邀来我校交流访问。

2014 年 6 月，我校基础部黄琼英老师荣获"福建省优秀思想政治工作者"称号。

2014 年 6 月 4 日，台湾大华科技大学推广教育处处长曾庆祺博士和陆生组组长巫宜樱女士来我校共商校际交流合作事宜。

2014 年 6 月 5 日，由校团委主办，财经学院分团委、学生会承办的"我秀我环保 践行中国梦"第八届环保时装秀在田径运动场隆重举行。

2014 年 6 月 14 日，我校工会组队参加厦门市教育工会举办的厦门市教育系统第九套广播操比赛，并以良好的表现获得优胜奖。

2014 年 6 月 16 日，台湾大学博士、美国斯坦福大学博士后王春源教授受邀在阶梯一教室为全校师生做了一场"成功进入职场的准备工作"的讲座。

2014 年 6 月 19 日，我校 2013—2014 学年"师德标兵"评选委员会在图书馆会议室组织评审，会议由校工会主席田瑾同志主持。

2014 年 6 月 23 日，我校 2014 届毕业典礼在田径运动场隆重举行。

2014 年 7 月，根据《教育部关于"十二五"职业教育教材建设的若干意见》（教职成〔2012〕9 号），共 81 家出版单位的 4 738 种教材入选第一批"十二五"职业教育国家规划教材。其中我校副校长韩旻教授主编的《数控加工软件 Master CAM 训练教程（第二版）》和现代工商管理学院林大飞教授主编的《会展场馆经营与管理（第 2 版）》两种教材入选。

2014 年 7 月 3 日，我校 2013—2014 学年中层以上干部满意度测评暨学年总结大会在阶梯二教室举行，全校教职工参加本次大会。会议由董事会办公室主任缪长英主持。

2014 年 7 月 21—28 日，由福建省教育厅、福建省体育局主办的福建省第十五届运动会（大学生部）男子足球联赛（丙组）在福建师范大学旗山校区举行，来自全省 10 支高职高专代表队的 220 多名运动员参加比赛。我校足球队在比赛中充分发挥积极拼搏、奋勇当先的精神，夺得丙组联赛季军，张敬和黄俊峰 2 名同学荣获"体育道德风尚奖"。

2014 年 8 月 25 日，我校在图书馆会议室召开中层以上干部会议，董事长佘德聪先生代表董事会宣读《关于迟岩等同志的任职决定》，正式任命迟岩同志为我校校长，叶国通、许永辉、杨雄任副校长。至此，我校新一届领导班子正式组成。

2014 年 9 月 9 日，我校第一批赴台湾致理技术学院交流学习的师生欢送会暨行前安全教育会在图书馆会议室举行。会议由继续教育学院院长杨颖周主持。

2014 年 9 月 10 日，在庄严的国歌声中，我校庆祝第三十个教师节暨表彰大会在图书馆报告厅隆重举行。

2014 年 9 月 24 日，我校财经学院和学生处双双喜获"厦门市'工人先锋号'班组"称号。在厦门教育系统中，我校是唯一同时有两个单位获奖的民办高校。

2014年10月，我校现代工商管理学院李海波老师荣获"福建省优秀教师"称号。

2014年10月22日，台湾现代诗坛最杰出和最具震撼力的诗人洛夫伉俪一行参访我校，佘德聪董事长伉俪、邹琍琼副董事长、迟岩校长及其他校领导热情接待。

2014年10月23日，就业指导中心、现代工商管理学院主办的2015届毕业生秋季校园招聘会在图书馆拉开帷幕。本次招聘会共吸引包括利郎（中国）有限公司、沃尔玛、鸿星尔克、特步电商在内的111家企业参会，为毕业生提供就业岗位近5 000个。

2014年11月1日，来自福建各地2 000余名考生参加由我校承办的2015年福建省美术联考模拟考试和美术高考研讨会。本次考试科目主要有素描、速写和色彩，是福建省艺术联考前对考生的"大检阅"。

2014年11月9—12日，董事长佘德聪偕夫人胡月宾、副董事长邹琍琼、党委书记李永松一行赴台交流考察并同台湾高职院校洽谈深化合作办学等事宜。

2014年11月13日，我校第六届运动会开幕式在田径运动场隆重举行。

2014年11月13日，我校物流管理专业"双创双主体校企合作"的人才培养模式构建荣获2014年全国物流职业教育指导委员会物流职业教育教学成果奖三等奖。

2014年11月15日，首届厦门市高职高专足球联赛在我校隆重举行。

2014年11月20日，由校团委举办的主持人风采大赛在足球场举行。

2014年11月22日，哈军工、哈船舶、哈工程福建校友会厦门分会年终联谊会暨厦门华天学院校企合作洽谈会在图书馆会议室隆重召开。近50位来自企业、高校的专家学者莅临我校参加会议。

2014年12月11日，厦门华天涉外职业技术学院2013—2014学年"三好学生""优秀学生干部"和"先进班集体"表彰大会在报告厅隆重举行。

2014年12月4日，2014年"赢在华天"大学生创业计划大赛决赛在图书馆报告厅举行。

2014年12月24日，福建省中华职教社成立30周年庆祝大会暨第二届"清海杯黄炎培职业教育奖"颁奖大会在福州举行。我校财经学院蓝荣东老师喜获"杰出教师奖"。

2014年12月30日，由校党委主办、校团委学生会承办的红歌大合唱总决赛在图书馆二楼隆重举行。

2015年学院发展大事记

2015年1月11—12日，学生处举办辅导员培训班，学生工作系统全体成员参加，本次培训班由王海峰处长主持。

2015年1月18日，我校副董事长邹琍琼女士被南平市政协、南平市爱心协会授予"慈善家"的称号，以表彰邹琍琼女士奖教兴学的善举。

2015年3月26日，我校首届教职工象棋比赛在实训B103教职工活动室开赛。

2015年3月26日，我校召开赴台学习返校师生经验分享交流座谈会。

2015年4月14日，台湾致理技术学院郑冠荣老师的专场宣讲会在我校图书馆报告厅举行。

2015年4月17—18日，我校林大飞教授的著作《会展场馆经营与管理（第二版）》荣获"中国会展经济研究优秀成果"二等奖。

2015年5月5日，来自台湾的编剧家叶凤英，美食家黄重贤，文学家杨树清，作家杨筑君，诗人古月、颜艾琳等一行6人莅临我校参访，佘德聪董事长伉俪、迟岩校长热情接待。

2015 年 5 月 7 日，我校"纪念五四运动 96 周年·五四表彰大会暨文艺汇演"在报告厅隆重举行。

2015 年 5 月 22 日，在图书馆报告厅，台湾大华科技大学卢丰彰老师举办宣讲会。宣讲会由副校长许永辉主持。

2015 年 5 月 28 日，我校在图书馆报告厅召开评估工作动员会暨 2014—2015 学年度考核工作部署会，会议由迟岩校长主持。

2015 年 5 月 28 日，厦门市纪念毛泽东同志《在延安文艺座谈会上的讲话》发表 73 周年暨第五届厦门文学艺术奖颁奖大会在厦门市人民剧场举行。我校传媒与信息学院院长陈锋老师创作的作品《鼓浪屿》荣获优秀作品三等奖。

2015 年 6 月 9 日，波音 737 航空教学模拟舱开舱仪式在我校举行。这是福建民办高校第一架航空实体模拟舱正式启用，厦门市委办领导、厦门市教育局高教处领导、北京中航天使教育集团董事长，以及省内外兄弟院校领导和学生、家长 300 多人参加了开舱仪式。

2015 年 6 月 13 日，由校团委主办的以"奔跑吧，华天学子"为主题的毕业生欢送晚会在运动场拉开帷幕。

2015 年 6 月 24 日，厦门翔安区六大高校音乐季活动决赛在闽南大戏院正式开赛，我校现代工商管理学院谢鹏飞同学以《手放开》《单车》《慢慢》三首歌获得本届音乐节的季军。

2015 年 6 月 26—28 日，董事会组织学校党政领导班子在福建省石狮市建德集团七楼会议室，召开为期两天的研讨会。会议围绕厦门华天涉外职业技术学院未来发展目标、办学方向、办学定位、办学特色及办学规模，如何进一步完善和强化董事会领导下校长负责制的管理运行机制，校园文化建设和制度建设等议题进行深入研讨。会议由董事长佘德聪主持。

2015 年 7 月 2—4 日，全国职业院校学生技术技能创新成果交流赛在天津国际经济贸易展览中心举行，教育部副部长鲁昕到现场参观考察，我校传媒与信息学院首次遴选作品参赛，荣获一个二等奖和一个三等奖。

2015 年 8 月 27 日，我校机电与汽车工程学院机械设计与制造专业荣获 2015 年高等职业教育省级示范专业，这是我校专业建设取得的又一重大成果。

2015 年 9 月 3 日，学生处组织 2015 级首批报到新生和新生辅导员在阶梯二教室观看纪念抗战胜利 70 周年天安门大阅兵活动的实况转播。

2015 年 9 月 8 日，2015 年秋季师生赴台交流学习欢送会在会议室举行。本次将派 11 名学生和 1 名教师赴台湾致理科技大学（原致理技术学院）和台湾大华科技大学进行一个学期的学习交流。

2015 年 9 月 11 日，我校庆祝第三十一个教师节暨 2014—2015 学年总结表彰大会在图书馆报告厅隆重举行。

2015 年 9 月 12 日，全国第九届残疾人运动会暨第六届特殊奥林匹克运动会在四川成都市双流体育中心盛大开幕。我校 2015 级机械制造与设计专业新生杨三龙同学参加本次运动会并荣获男子 T/F38 级铁饼比赛铜牌。

2015 年 9 月 18 日，2015 级新生军训总结大会暨开学典礼在运动场举行。

2015 年 10 月 8 日，在阶梯二教室，杨雄副校长主持召开迎接第二轮评估的第一场专业剖析会，全校教师参加了会议。

2015 年 10 月 15 日，由我校团委主办、学生会承办的"心连新·梦飞 Young"为主题的迎新晚会在运动场隆重举行。

2015 年 10 月 19 日，厦门市委教育工委书记、厦门市教育局局长赖菡，厦门市委教育工委常务副书记林佳添，厦门市委教育工委组织处处长郑朝南等莅临我校，就陈琦同志担任学校党委书记召开宣布会。

2015 年 10 月 22 日，北京超星公司慕课研究室主编、资源创意中心主任、视频总监孔鑫凯老师主讲的"新时代下网络课程的建设与应用"专题培训在阶梯二教室举行，会议由教务处林水生处长主持。

2015 年 10 月 29 日，我校全体教师及行政兼课人员在阶梯二教室举行说课活动，会议由杨雄副校长主持。

2015 年 11 月 9 日，为加强我校全体学生的消防安全教育，由学生处、后勤保卫处联合组织全体学生开展消防疏散演练和灭火演练。

2015 年 11 月 10 日，我校与厦门荣航船务有限公司合作成立的"2015 级邮轮高铁订单班"开班仪式在阶梯二教室隆重举行。

2015 年 11 月 19 日，台湾大华科技大学国际交流中心主任廖志宏和国际交流中心两岸事务组组长黄小丽女士到我校参访交流。

2015 年 11 月 19 日，我校第七届田径运动会隆重开幕。迟岩校长、叶国通副校长、许永辉副校长、杨雄副校长等各级领导出席了开幕式并做重要讲话。

2015 年 11 月 21 日，由厦门市海沧区政府、厦门市登山旅游爱好者协会主办，我校青年志愿者协会承办的定向越野接力赛在海沧区天竺山举行。

2015 年 11 月 17 日，我校党校举办的第四期预备党员培训班开班典礼在教学楼 JA213 大教室举行。

2015 年 11 月 25 日，福建省人力资源和社会保障厅毕业生就业工作办公室副主任、副调研员吴洪秀，省大中专毕业生就业工作办公室综合科黄昌华、舒涛等一行来校检查大学生创业培训及创业孵化工作，就我校申报福建省大学生创业孵化示范基地工作进行实地考察。

2015 年 11 月 26 日，在足球场正式启动开展为期半年的"亲情账·两地书·话人生"感恩主题教育活动，该活动是为了贯彻落实十八届四中、五中全会精神，切实响应厦门市"社会主义核心价值观进校园"的活动号召，集学校、家庭、社会的力量共同培育德才兼备的大学生，从而更好地促进我校良好校风、学风的形成，培养学生的感恩意识、责任意识和高尚的道德情操。

2015 年 11 月，我校大学生心理健康教育与咨询中心被评为福建省大学生心理健康教育工作优秀机构。

2015 年 11 月，第八届海峡两岸文博会共选出"第五届福建省高校艺术设计奖"作品 79件，包括金奖 5 件、银奖 5 件、铜奖 5 件、优秀作品 64 件，我校传媒与信息学院刘浩老师指导的装潢艺术设计专业学生潘安安的作品"清心"系列花器获得工艺设计类铜奖，也是唯一一件省内民办高校学生的获奖作品。同时，我校传媒与信息学院袁早华老师指导的装潢艺术设计专业学生郑雪梅的作品"墨韵"系列茶盘获得工艺设计类优秀奖。

2015 年 12 月 2 日，厦门市副市长国桂荣及市教育局有关领导到我校调研民办职业院校办学情况，在佘德聪董事长及邹琍琼副董事长和迟岩校长的陪同下，在我校实践教学部及其他部门进行了参观调研。

2015 年 12 月 3 日，福建省以孙晓娟教授为组长的民办高校依法办学检查组一行 3 人到我校进行检查。

2015 年 12 月 3 日，厦门市教育局副局长吴亿年一行来到我校调研指导工作。

2015 年 12 月 5 日，金门燕南书院院长杨树清先生一行来我校参观访问。我校佘德聪董事长被聘为燕南书院荣誉院长，首任院长杨树清先生为佘德聪董事长颁发聘书。

2015 年 12 月 10 日，我校在图书馆报告厅举办"走近名家、走近经典、走近科学"（以下简称"三个走近"）系列讲座，第一讲邀请了集美大学教授、厦门市"鹭江讲坛"报告人杨行健先生到校演讲。杨教授为全校教职员工做了题为"新常态下的创新思维"的精彩演讲。

2015 年 12 月 11 日，我校与厦门 5 家知名企业在图书馆会议室隆重举行新一轮的"厦门华天涉外职业技术学院校企合作签约暨授牌仪式"。

2015 年 12 月 15 日，我校在图书馆报告厅举行"三个走近"系列讲座第二讲（学生专场），邀请了全国优秀心理工作者、心理咨询师刘平超老师到校演讲。刘老师为我校学生做了题为"让青春如花绽放"的精彩演讲。

2015 年 12 月 16 日，由校党委指导、校团委主办的纪念"一二·九"学生爱国运动 80 周年暨"勿忘国耻、振我中华"红歌合唱比赛决赛在图书馆二楼中厅隆重举行。

2015 年 12 月 16 日，厦门市教育局确定对民办高校对接服务我市重点支柱产业发展的 8 个专业建设给予奖补，我校机械设计与制造专业榜上有名，获专项奖补资金 18 万元，专项资金用于该专业提高教育教学质量和提升学校内涵发展的实训设备购置、公共实训基地使用、教育教学改革等。

2015 年 12 月 17 日，校党委召开各总支、支部书记会议，贯彻落实《福建省学校安全党政同责一岗双责工作机制》，并对期末校园安全稳定工作做出部署。党委书记陈琦主持会议并讲话。

2015 年 12 月 19 日，福建省职业技能指导中心林伟科长来我校督考和调研，迟岩校长和许永辉副校长陪同。

2015 年 12 月 21 日，世界礼仪小姐大赛福建赛区总决赛在福州榕城大剧院举行，我校金百合、谷鑫莉、陈锦柔、陈逸婷等 4 名同学参加本次总决赛，金百合同学进入八强并荣获"最佳形象奖"。

2015 年 12 月 25 日，根据《福建省教育厅关于开展高等学校创新创业改革项目申报工作的通知》（闽教高〔2015〕30 号），115 个创新创业教育改革试点专业和 127 门精品资源共享课（创新创业教育与专业教育融合类）为 2015 年高等学校创新创业教育改革项目。其中我校电子商务专业和汽车检测与维修专业获批福建省高等学校创新创业教育改革试点专业；"创业管理""机电一体化技术"和"Photoshop"三门课程获首批福建省高等学校精品资源共享课（创新创业教育与专业教育融合类）。

2015 年 12 月 29 日，我校举行 2015 年"赢在华天"创业创新大赛，共有 30 多个项目报名参加了比赛，参赛项目涉及网络电商、高效农业、工业制造、商业贸易、文化创意以及软件和服务外包等众多产业，其中正式创业创新项目 3 个，意向创业创新项目 19 个。

2016 年学院发展大事记

2016 年 1 月 2 日，厦门举行国际马拉松比赛，我校 250 多名同学参加了志愿者活动，在比赛现场，我校青协志愿者们负责在线路拐弯点服务。

2016 年 1 月 14 日，迟岩校长做客新华网"2016 福建两会"访谈室，就职业教育服务产业发展提出具体建议。

2016 年 1 月 14 日，我校佘德聪董事长、邹琍琼副董事长、蔡建四副董事长、迟岩校长出席了福建省政协十一届四次会议。

2016 年 1 月 15 日，在杭州阿里巴巴园区举行了全球速卖通大学高校讲师年会。我校与阿里巴巴全球速卖通大学正式签订合作教学协议。

2016 年 1 月 16 日，我校迎来了一群"不一样"的校友返回母校。经过校友会筹备办公室的精心策划，来自省内各地的近 30 名校友相聚一堂，共同参加了学校校友会筹备工作第一次会议。我校迟岩校长、教务处林水生处长、党政综合办钟德锋主任、学生处王海峰处长以及相关部门领导及老师参加了筹备工作会议。

2016 年 1 月 17 日，我校迎来了 2016 年第一期全体教职工能力提升培训。邹琍琼副董事长、迟岩校长、陈琦书记、许永辉副校长、杨雄副校长以及特邀嘉宾厦门市教育局任勇副局长出席了本次开班仪式。

2016 年 1 月 20 日，我校 2016 年新春团拜会在一片喜气洋洋的气氛中举行，集团领导以及校外嘉宾与我校全体教职工共贺华天一年以来的发展成果，一同展望新的一年。

2016 年 2 月 26 日，厦门市教育工会主席郑强带领厦门市教育工会达标创优活动考评组一行 7 人来到我校，对我校创建市级"三星职工之家"工作进行考评检查，校长迟岩和副校长杨雄全程陪同。

2016 年 3 月 21 日，我校邮轮高铁荣航订单班揭牌。校长迟岩、副校长许永辉、副校长杨雄及相关部门、学院领导，厦门荣航公司党支部书记尚龙，厦门荣航公司总经理荣猛，厦门荣航公司杨艳女士，全体首批订单班学生出席了揭牌仪式。

2016 年 3 月 23 日，厦门市教育工会授予我校"三星职工之家"荣誉称号。

2016 年 3 月 31 日，新学期第一次全校教职工大会在图书馆报告厅隆重召开。本次大会以"落实'一校一策'方案、扎实推进内涵建设"为主题，由陈琦书记主持，杨雄副校长做"一校一策"方案说明，针对评估指标做了详细的阐释。

2016 年 4 月 11 日，福建省成人高等教育教学站点检查评估小组（第四组）一行 4 人来我校进行评估指导。

2016 年 4 月 11 日，我校迟岩校长、杨雄副校长、林水生处长、陈锋院长、李海波院长、李梅主任和饶丽萍主任等 7 位福建省教育评估专家在福建会堂五楼会议厅参加 2016 年福建省教育评估专家业务提升培训会议。

2016 年 4 月 19 日，我校旅游管理专业和装潢艺术设计专业获批为 2016 年省级现代学徒制项目。

2016 年 4 月 20 日，学校党委组织全校党务干部参加市委教育工委"两学一做"学习教育工作视频会议，会议后陈琦书记做"两学一做"学习教育工作部署动员。

2016 年 4 月 27 日，福建省教育评估研究中心柏定国主任来我校指导评估工作，并对全校教职工做了评估专题讲座，对我校迎评工作具有重要的指导意义。

2016 年 4 月 28 日，厦门市委宣传部理论处处长、市委讲师团团长苏秋华教授莅临我校做题为"把纪律和规矩挺在前面——'准则'和'条例'解读"的辅导报告。

2016 年 4 月 29 日，台湾大华科技大学观光系主任王敬辉教授一行 2 人到我校参访交流。

2016 年 5 月 4 日，杨雄副校长带领教务处林水生处长、各二级院院长（副院长）共 9 人参加了由集美大学、厦门华厦学院和超星集团联合主办的"移动时代的学习变革暨通识教育创新思维研讨会"。

2016 年 5 月 5 日，2015 级学生"亲情账·两地书·话人生"感恩主题教育活动总结暨表彰大会在学校田径运动场隆重召开。

2016 年 5 月 8—14 日，实践教学部主办、各二级学院承办了以"寻找能工巧手，打造技能团队"为主题的职业教育活动周。

2016 年 5 月 12 日，校工会组织在田径运动场隆重举行庆祝五一国际劳动节教职工趣味运动会。

2016 年 5 月 13 日，我校物流学会产学研基地正式获批，现代工商管理学院李海波院长赴山西出席由中国物流学会、中国物流与采购联合会和山西省忻州市人民政府联合举办的"2016 物流领域产学研结合工作会"，接受中国物流学会产学研基地正式授牌。

2016 年 5 月 18 日，我校与加捷集团正式签订"校企合作人才培养项目"，开启现代学徒制基地建设。

2016 年 5 月 19 日，厦门市委"两学一做"学习教育督导三组江国强组长一行四人莅临我校督查"两学一做"学习教育工作开展情况。

2016 年 5 月 20 日，为更好地迎接我校第二轮高等职业院校人才培养评估工作，迟岩校长带领我校中层以上干部及相关老师走访福建电力职业技术学院，进行学习交流。

2016 年 6 月 2 日，我校"思政部实践教学活动之环保手工作品展"在图书馆二楼中庭开展。

2016 年 6 月 25 日，我校成功举办"筑梦华天校园嘉年华"活动。本次嘉年华系列活动主题为"筑梦华天"，告诉同学们要敢于做梦。活动于典礼当天陆续展开，整个活动分为华天论坛、毕业畅想、成礼聆训、爱心捐书、毕业典礼仪式、社团风采等几个模块。

2016 年 6 月 30 日，厦门市委"两学一做"学习教育督导三组组长江国强，组员苏晓纯、翁霁吟一行深入现代工商管理学院学生党支部，与支部全体党员、学生入党积极分子一起参加"两学一做"学习教育心得分享会。

2016 年 6 月 30 日，校长助理喻亮带领后勤保卫处刘雷、陈剑锋到翔安区消防大队和翔安区新店市场监督管理所学习，就我校学生食堂重新规划装修问题寻求技术指导帮助。

2016 年 7 月 12—13 日，我校工会第三次会员代表大会暨二届一次教代会在图书馆报告厅隆重召开，它是我校行使民主管理的重要形式，全面体现了学校民主管理的基本要求，共有 107 名正式代表出席了本次大会。会议成功选举出我校第三届工会委员会委员 9 名：李莉（女）、李海波、陈庆蕊（女）、杨雪婷（女）、林水生、郭新巧（女）、黄荣裕、蓝荣东、谭超；第三届工会经费审查委员会委员 3 名：皮敏（女）、杨雄、周莎莎（女）。随后，新一届委员在校图书馆会议室召开了工会第三届一次全委会，选举林水生同志为主席、李海波同志和郭新巧同志为副主席，并同时选举杨雄同志为经费审查委员会主任。

2016 年 7 月 15 日，我校物流管理专业荣获 2016 年厦门市高等职业教育第三批重点专业。

2016年7月24日，我校机械制造专业群荣获2016年福建省职业院校服务产业特色专业群建设项目。

2016年8月25日下午，我校"两学一做"学习教育指导小组成员和全体党务干部前往位于文兴西路的厦门市党风廉政教育基地参观学习。

2016年9月4日上午9时，我校"四自"学生辅导品牌启动仪式在图书馆报告厅隆重举行。

2016年9月15日凌晨3时05分，第14号台风"莫兰蒂"登陆厦门翔安，登陆时中心最大风力达15级，48米/秒，为强台风级。当晚，在迟岩校长的组织下，我校学生处、后勤保卫处、实践教学部以及其他在校留守教师积极应对台风。在邹琍琼副董事长、迟岩校长以及陈琦书记的牵头下联合校综合办、学生处、后勤保卫处、实践教学部以及各个学院紧急召开我校抢险救灾组织协调会，成立抢险救灾工作小组，按责任分工，具体工作落实到位。

2016年9月18日，在台风"莫兰蒂"过境之后，经过三天紧张而忙碌的自救工作以后，学校一早顺利复课，成为我市民办高校中率先复课的学校。

2016年9月18日，厦门市教育局局长赖菡同志到校视察自救及校园恢复情况，迟岩校长、陈琦书记以及相关领导陪同视察。

2016年9月24日上午，由"结对带教"高校华侨大学牵头，我校思政部教师参加了华侨大学马克思主义学院举办的"解读习近平总书记系列重要讲话精神"及如何申报国家社会科学基金项目课题的专题论坛。

2016年9月26日，在厦门市教育工委组织下，我校思政课教师参加了由厦门一中承办的鹭江讲坛之"'大道一中'110周年校庆论坛"。本次论坛特邀厦门大学新闻学院院长张铭清教授做"台湾政局变化后的两岸关系"专题辅导报告。

2016年9月28日，传媒与信息学院师生一行受邀参加厦门市翔安区经济和信息化局及翔安区创业孵化中心举办的厦门工业互联云服务平台推介会。

2016年10月11—14日，我校接受第二轮人才培养工作现场评估，全校师生以饱满的精神迎接评估专家组一行的到来，本次专家组由湖南广播电视大学正校级督导罗志教授任组长。

2016年10月12—14日，我校党委书记陈琦作为教育系统42名代表之一参加了在厦门人民会堂隆重召开的中国共产党厦门市第十二次代表大会。

2016年10月15日上午，厦门市第十二届社会科学普及宣传活动周在厦门市中山公园拉开帷幕。我校首次受邀参加。本次活动由市委宣传部、市社科联主办，以"树立新理念建设'五大发展'示范市"为主题，将同步举行22个大项、635个小项的社科普及系列活动。

2016年10月26日晚7点，学校在足球场举行"梦想导航　我心飞翔"2016级迎新暨军警校联欢晚会"。

2016年11月3日，以林加专（厦门市教育工会）、丁小明（厦门一中工会主席）、邹斌（金尚中学工会主席）、杨望辉（厦门科技中学工会主席）、张晓红（厦门信息学校工会主席）和王萍（厦门市教育工会）等同志组成的厦门市教育工会"达标创优活动"考评组莅临我校视察，检查指导工作。

2016 年 11 月 5—6 日，由厦门市教育局、厦门市物流协会主办，我校承办的 2016 年厦门市高等职业院校技能比赛现代物流赛项如期进行。

2016 年 11 月 20 日上午，厦门市教育工会举办的 2016 年市教育系统第二届教职工趣味运动会比赛暨教工体协成立大会在厦门二中操场举行。我校工会组织选派 32 名教职工组成代表队首次参赛并获团体三等奖，校长助理喻亮更是亲自参赛，李海波副主席担任领队，林水生主席也到现场加油助威。

2016 年 12 月 15 日，中共厦门华天涉外职业技术学院委员会党员大会在校图书馆报告厅隆重召开。市纪委教育工委书记张国兴、省民办高校督导专员蔡金萱、学校董事长佘德聪、副董事长邹琍琼、校长迟岩应邀出席会议，学校中层以上干部应邀列席会议。会议由党委委员、副校长杨雄主持。会议以差额无记名投票方式选举产生了新一届学校党委委员：王海峰、许永辉、杨雄、陈琦、陈锋、陈庆蕊、林水生。

2016 年 12 月 28 日上午，我校教学督导室饶丽萍主任作为代表参加厦门市工会第十五次代表大会，参加本次大会的正式代表共有 467 名。

2017 年学院发展大事记

2017 年 1 月 18 日上午，校党委书记陈琦、董办主任郭平辉和工会主席林水生一行走访慰问学校困难教职工及家属，春节前送去学校董事会、校务会、党委会和工会对教职工的关怀与问候。

2017 年 2 月 21 日，我校在田径场举行 2016 级新生军训动员大会，迟岩校长、许永辉副校长、杨雄副校长、喻亮校长助理、郭平辉助理、林水生主席以及各二级学院及相关处室的主要领导出席了动员大会。

2017 年 2 月 21 日，我校工会被厦门市总工会授予"四星职工之家"荣誉称号，该荣誉是对我校工会达标创优成效的充分肯定。今年全市共有 600 个单位获评"四星职工之家"，其中教育工会参评的 18 所学校中高校仅有 2 所获评此称号，我校是其中之一。

2017 年 3 月 1 日下午 3 点，福建省闽南师范大学郑声滔教授来我校为全校教师和 2016 级新生做"轮椅上的自强大学梦"讲座。邹琍琼副董事长、迟岩校长、陈琦书记、许永辉副校长、喻亮校长助理、郭平辉董办主任、林水生工会主席一同听取了讲座。

2017 年 3 月 2 日，我校 2016 级新生军训总结大会隆重召开。迟岩校长、杨雄副校长、喻亮校长助理、林水生工会主席、总教官张佳斌、副总教官刘广及各二级学院、相关处室的主要领导参加了总结大会。

2017 年 3 月 7 日上午，厦门市国际劳动妇女节 107 周年纪念表彰会在人民会堂隆重举行。我校机电与汽车工程学院在福建省妇女联合会、福建省"巾帼建功"领导小组主办的 2016 年度全省巾帼文明岗评选中，通过层层推荐、媒体展示、评委评审等环节，荣获"福建省巾帼文明岗"称号并受到表彰。

2017 年 3 月 9 日下午，为庆祝国际劳动妇女节，活跃广大女教职工文化生活，充分调动女教职工的积极性，增强凝聚力，彰显工会"娘家人"的关怀，学校工会组织全校女教职工赴翔安汇景商业广场中影国际影城观看热播电影《金刚狼 3》。

2017 年 3 月 16 日，我校旅游管理专业和软件技术专业两项目荣获 2017 年"二元制"

技术技能人才培养模式改革试点。

2017年3月23日，厦门市教育妇女联合会授予厦门华天涉外职业技术学院厦门市"巾帼文明岗"荣誉称号。这是我校首次以学校集体的名义被授予市级"巾帼文明岗"荣誉称号。

2017年3月28日，由校党委指导，思政教研部具体负责，宣传、学工、团委等部门协同配合，以大学生为主体的厦门华天涉外职业技术学院青年马克思主义理论读书社成立，并举办第一次读书分享交流会。

2017年3月29日下午，校党委召开中心组理论学习（扩大）会议，学习习近平总书记在全国高校思想政治工作会议上的重要讲话和全国高校思想政治工作会议精神。会议由党委书记陈琦主持，党委委员，校长办公会成员，中层正职干部，各总支书记、副书记参加了学习。

2017年4月6日下午，我校在学生宿舍F栋举行消防灭火疏散应急演练，我校校长助理喻亮、学生处处长王海峰、后勤保卫处处长郑清毅、实践教学部主任李梅、后勤保卫处副处长刘雷及各二级学院分管学生工作的副院长、辅导员、2016级新生参加了本次演练。翔安区消防大队出动水罐消防车和云梯消防车各一部到我校指导并联合演练。

2017年4月20日下午，我校"鹭江讲坛"在图书馆报告厅开讲，学校邀请了市委宣传部理论处副处长王彦龙同志做首场讲座主讲人，本次讲座主题是"如何把握意识形态工作的主导权"，学校领导和全体教职员工听取了本场讲座。

2017年4月20日下午，我校举行生活垃圾分类动员大会，我校各级领导及全体教职工参加了本次大会。

2017年4月27日，韩国大邱加图立大学国际处的孙荣秀处长和金泰延主任一行来我校参访。校长迟岩等人专程接待陪同参访。

2017年4月27日和5月4日，分别在图书馆会议室（二）和阶梯二教室开展了评估回访第二阶段专业剖析交流会。专业剖析交流会由杨雄副校长主持。

2017年4月29日，2017年厦门市教育系统教职工气排球比赛在厦门市云顶学校和厦门第十中学拉开帷幕，我校参赛队在校工会主席林水生带领下参加了比赛。

2017年5月4日是中国共产主义青年团建团95周年纪念日，也是五四爱国主义青年运动98周年纪念日。值此特殊纪念日，我校思政部黄琼英老师协同钟秋梅、张观海两位辅导员，带领2016级汽修3班、2016级电商3班学生过了一个特别的青年节。通过组织学生参观陈嘉庚纪念馆和鳌园，师生们接受了一次深刻的爱国主义教育。

2017年5月5日，校党委书记陈琦同志组织思政部全体教师于党委书记办公室召开思政专题教研会议。

2017年5月7日，2017年职业教育活动周正式拉开帷幕，各学院积极开展职业教育活动。

2017年5月10日，我校全体师生进行了一次防空防灾应急疏散演练。

2017年5月11日，学校党委邀请《中国教育报》记者熊杰到我校做"写好新闻，提升传播能力"的培训讲座。讲座由党委书记陈琦主持。

2017年5月12日，我校组织安排了校园开放日活动，让初中毕业生、社区群众走进校园，走进课堂，亲身体验职业教育的内涵与功能。

2017 年 5 月 12 日，我校举行"彩虹人生——奋斗的青春最美丽"优秀毕业生报告会。副校长杨雄、副校长许永辉、工会主席林水生等领导参加了报告会。

2017 年 5 月 18 日，校长助理喻亮带队前往黎明职业大学学习易班网络平台建设。易班网是教育部组织建设和推广的全国高校思政教育、文化生活平台，福建省作为全国试点省份，我校是第三批规划院校。

2017 年 5 月 18 日，由共青团翔安区委员会和厦门市精神卫生中心指导、翔安区卫生与计划生育局主办、翔安区疾病预防控制中心和我校承办的"培养健康心态，绽放美丽青春"暨"防艾、禁毒、博爱、人道，共建特区心，和谐进校园"活动在我校举行。

2017 年 5 月 18 日，我校隆重举办以"马克思主义能够给予青年学生什么"为主题的"精彩一课"教学比赛。本次比赛特邀集美大学马克思主义学院副院长、硕导李晋玲教授，华侨大学马克思主义学院毛中特教研室主任、哲学博士赵琰老师担任校外专家评委。

2017 年 5 月 18 日，2017 年全国高职院校职业技能大赛中餐主题宴会设计赛项在青岛举行，我校现代工商管理学院周莎莎老师和解芳君老师指导的代表队在比赛中荣获一等奖。这是我省首次获得该项目一等奖，也是我市高职院校首次获得全国职业院校技能大赛一等奖，更是华天建校以来国赛金牌历史性的零的突破。

2017 年 5 月 20—21 日，我校承办的福建省 2017 年度二级建造师执业资格考试顺利进行。

2017 年 5 月 21 日，我校男子篮球队在刘博主教练的带领下重回巅峰，勇夺第十四届职教杯篮球赛冠军。

2017 年 5 月 22 日，学校党校第 14 期入党积极分子培训班开班暨首场讲座在教 A 阶梯一教室举行。

2017 年 5 月 23 日，厦门市资助中心来我校检查学生资助管理中心标准化建设情况。迟岩校长、陈琦书记等领导参加会议。

2017 年 5 月 24 日，由教育部专家兼我省教育厅专家、福州职业技术学院马克思主义学院党总支书记（院长）陆芳教授、福建幼儿师范高等专科学校伊文婷教授、厦门海洋学院思政部主任王斌副教授组成的福建省教育厅高校思想政治理论课专家组一行 3 人莅临我校调研思政课教学及思政部建设情况。

2017 年 5 月 25 日，厦门市委教育工委召开全市教育系统推进"两学一做"学习教育常态化、制度化工作座谈会。我校党委书记陈琦、党委组织委员林水生参加了会议。党委书记陈琦做了题为"做好'知行合一'这篇文章"的工作交流发言。

2017 年 5 月，由我校基础部承办的第三届"青春英语·自我魅力"英语演讲比赛在图书馆报告厅举行。

2017 年 5 月，我校受邀参加了江西工程学院举办的"2017 年高校庆端午智能龙舟邀请赛"。

2017 年 5 月 27 日，我校首届"一'马'当先"马克思主义理论知识竞赛活动在图书馆报告厅举行。

2017 年 5 月 27 日，《海峡导报》刊发大篇幅报道我校获得全国职业院校技能大赛一等奖的新闻。

2017 年 6 月 1 日下午 6 时 30 分，在图书馆报告厅由校团委生活部主办的"华天学院第二届'华超杯'宿舍文化艺术节"圆满落幕。

2017 年 6 月 1 日，校工会为 173 名 14 岁以下的教职工子女送上了一份精美的节日礼品。

2017 年 6 月 2 日，在 2017 年全国职业院校技能大赛高职组银行业务综合技能赛项比赛中，由我校分管教学的副校长兼财经学院院长杨雄教授领队，财经学院陈薇、黄秋风老师指导的代表队荣获团体三等奖。

2017 年 6 月 3 日下午，"志愿服务，有你有我，助力金砖会晤——危机事件预防与应对"会议在前埔南社区召开，我校志愿者与厦门各高校志愿者参加了此次会议。

2017 年 6 月 8 日，由思政教研部主办、财经学院协办、青马社承办的思政课实践教学活动之环保手工作品展在实训楼 B201 举行。

2017 年 6 月 10 日，厦门市第十一届高校"未来导游之星"大赛落下帷幕，我校 2016 级旅游管理专业学生文蠡睿和陈新燕分别获得"十佳未来导游之星"和"导游之星优秀奖"，我校荣获"优秀组织奖"。

2017 年 6 月 12 日，《厦门日报》刊登我校国赛荣获一等奖的新闻，华天师生获得大赞。

2017 年 6 月 14 日，我校党委召开"两学一做"学习教育常态化制度化工作会。

2017 年 6 月 15—16 日，校青年志愿者协会携手厦门市义工联合会开展"衣分温暖——让爱在你我之间传递"衣物捐赠活动。

2017 年 6 月 20 日，由福建省教育厅组织的"大学生创新创业就业公益导师服务团进校园活动"进入我校。省教育厅学生处谢友平处长带领人社厅就业与创业专业委员会副主任、天使投资人、贞观文化创始人兼 CEO 曹明浩莅临我校做福建省大学生创新创业与就业公益讲座。

2017 年 6 月 21 日，我校党委在图书馆报告厅召开了"两学一做"学习教育"一支部一品牌"评审会。市委"两学一做"学习教育督导组组长曾文瑛一行参加会议并指导工作。

2017 年 6 月 23 日，学校董事会邀请杭州职业技术学院院长贾文胜教授来我校做专题报告。副董事长邹琍琼、校长迟岩、副校长许永辉、副校长杨雄、校长助理喻亮、校长助理林水生、董事会办公室主任郭平辉及中层副职以上干部等聆听了报告。督察室主任陈锋主持会议。

2017 年 6 月 24 日，我校 2017 届毕业生毕业典礼在图书馆报告厅隆重举行。"凤凰花开时，青春不再见"2017 届毕业生毕业晚会在学校足球场举行。

2017 年 6 月 25—26 日，邹琍琼副董事长率领我校在全国"中餐主题宴会设计"赛项中荣获一等奖的师生赴台湾金门参访。

2017 年 6 月 27 日，《福建日报》刊登我校国赛获一等奖的新闻，华天师生获得大赞。

2017 年 6 月 29 日，由校工会主办、现代工商管理学院工会承办的第二届教职工足球赛闭幕式暨颁奖仪式在图书馆会议室（二）举行。

2017 年 6 月 29 日，我校"七一"表彰大会在图书馆报告厅隆重举行，会上表彰了在学校建设和发展中涌现出来的先进基层党组织、优秀共产党员、优秀党务工作者和优秀思想政治教育工作者。

2017 年 6 月 30 日，《中国教育报》深度报道了我校国赛获一等奖的新闻。

2017 年 7 月 3 日，我校 2017 年全体教职工能力提升培训班开班仪式在图书馆报告厅举行。

2017 年 7 月 3 日上午，厦门华天涉外职业技术学院第三届工代会暨第二届教代会第二次会议在图书馆报告厅举行，来自七个代表团的正式代表 99 人、列席代表 2 人出席了大会。

2017 年 7 月 6 日下午，我校 2017 年全体教职工能力提升培训班在图书馆报告厅举行闭学式。校长迟岩、副校长许永辉、副校长杨雄、校长助理喻亮、校长助理林水生在主席台就坐，人事处长缪长英主持。

2017 年 7 月 7 日，我校会计专业和汽车检测与维修技术专业获批为省级现代学徒制项目。

2017 年 7 月 7 日，我校商贸物流专业群获批为 2017 年福建省职业院校服务产业特色专业群建设项目。

2017 年 7 月 8 日，我校会计专业 2007 届校友毕业 10 周年，主题为"十载耕耘梦始华，难忘师恩等身齐"的师生座谈会在校图书馆会议室召开。

2017 年 8 月 7 日，我校 12 项科研课题被确认为 2017 年福建省中青年教师教育科研项目立项课题，其中社科类立项课题 8 项、科技类立项课题 4 项。

2017 年 8 月 11 日，由福建省委教育工委主办，福建省高校思想政治理论课教学指导委员会、福建教育电视台承办的第二季福建省高校大学生学习马克思主义理论"一'马'当先"马克思主义理论知识竞赛（高职高专组）晋级赛、半决赛落下帷幕。我校 2016 级旅游管理专业的陈惠娇同学以第一场第四名的成绩挺进半决赛。

2017 年 8 月 20 日上午，在教 A201 召开校园安全稳定再动员再部署工作会议。会议由党委书记陈琦主持，副董事长邹琍琼出席会议并做重要讲话，此外我校董事会、校务会、各二级学院及重点部门负责人均参加了会议。

2017 年 9 月 3—5 日，金砖国家领导人第九次会晤在厦门举行。我校现代工商管理学院的学生作为志愿者服务人员，在厦门空港佰翔花园酒店和厦门佰翔软件园酒店圆满完成重要保障团组的接待。我校航空旅游学院的 14 名航空专业学生作为本次峰会的礼仪服务志愿者亮相厦门国际会展中心。

2017 年 9 月 1—7 日，我校金砖应急分队 91 名志愿者负责翔安区五大镇街主要干道的平安建设，为金砖会晤贡献自己的一份力量。

2017 年 9 月 4 日，2017 年秋季迎新工作及军训动员大会工作协调会在图书馆会议室召开。

2017 年 9 月 8 日，厦门市教育系统举行 2017 年教师节庆祝大会，我校周莎莎老师喜获职业教育振兴奖，高炳忠老师喜获高校优秀思政工作奖。

2017 年 9 月 9 日，我校 2017 年大学生应征入伍欢送仪式在图书馆会议室（二）举行。

2017 年 9 月 13 日，我校 2017 级新生军训开训仪式在足球场举行。

2017 年 9 月，我校团委洪群老师指导的声乐作品《谷雨时节的菊花台》入选福建省第五届大学生艺术节艺术表演类展演作品。

2017 年 9 月 11 日至 13 日，我校组织 2017—2018 学年第一学期新入职教职工进行岗前培训，并由迟岩校长亲自讲授第一堂课"学校发展沿革与未来展望"，给全体新入职教职工以鼓舞与激励。

2017 年 9 月 14 日，我校在图书馆会议室（二）召开 2017—2018 学年第一学期中层正职干部工作会议，安排部署新学期任务，动员全校上下进一步统一思想，明确目标，全力以赴做好下半年的工作。

2017 年 9 月 15 日，在图书馆会议室（二）召开了人才培养工作第二轮评估回访专业整改报告交流会，杨雄副校长主持会议。

2017 年 9 月 17 日晚上，校长迟岩带队检查学校食堂及新生宿舍，并走访看望新生。同行的有校长助理喻亮、董事会办公室主任郭平辉、董事会督察室主任陈锋及党政综合办、学生处、后勤保卫处负责人。

2017 年 9 月 18 日，我校新学期开学第一天，迟岩校长带队检查开学首日教学开展情况，副校长许永辉、副校长杨雄、校长助理喻亮、校长助理林水生、董事会督察室陈锋及相关部门负责人随行检查。

2017 年 9 月 18 日，福建省学生资助工作巡察领导小组庄一民、郭银清、罗维铨、潘菲、李润民一行 5 人莅临我校检查指导学生资助工作。

2017 年 9 月 19 日，厦门市消防协会林乐坦讲师在足球场为 2017 级新生做消防安全知识讲座暨灭火演练。

2017 年 9 月 19 日，财经学院 2015 级会计专业"现代学徒制"班 23 名学生前往校企合作企业加捷集团总部参加第二届"现代学徒制"拜师礼仪式。

2017 年 9 月 19 日，第二届中国国际设计周暨中国国际设计论坛在厦门国际会展中心 B2 举办。我校传媒与信息学院院长陈锋教授应邀出席厦门 98 国际投资洽谈会——中国国际设计论坛，并被组委会聘为中国国际大奖赛（室内设计）评委。

2017 年 9 月 21 日，由校党委指导、思政教研部和学生处主办、校团委及各二级学院协办的 2017 级新生"算亲情账·植感恩心·尽孝忠责"主题教育活动启动仪式在田径运动场举行。

2017 年 9 月 24 日，我校现代工商管理学院获得厦门市"工人先锋号"荣誉称号。

2017 年 9 月 28 日，由厦门市共青团翔安区委指导的"春暖童心 爱与责任"陪伴成长活动暨厦门市翔安区疾控中心与我校合作共建心理健康教育课程"艾滋病 性与健康"在我校阶梯一教室开课。

2017 年 9 月 29 日，校工会组织全校教职工以及关注华天教育事业发展的企业朋友欢聚一堂，举行"感恩教师节，喜迎中秋节，同庆国庆节"中秋博饼晚宴。

2017 年 9 月 30 日，我校召开以"立足新起点，以优异的成绩迎接党的十九大胜利召开"为主题的教职工大会，会上进行了人民教师宣誓。

2017 年 10 月 18 日，学校党委在教学楼教 A503－504 举行党校揭牌仪式，厦门华天涉外职业技术学院党校正式成立。

2017 年 10 月 19 日下午，我校在教 A5 楼举行第二期团校学生干部培训班开班仪式。

2017 年 10 月 23 日，我校在办公楼二楼会议室（二）召开了意识形态工作专题会议，校党委书记陈琦主持会议并讲话。

2017 年 10 月 23 日，学校机关第一党支部在学生宿舍楼举行"党员服务进学生社区"支部品牌项目的启动暨"机关第一党支部党员服务站"揭牌仪式。

2017 年 10 月 23 日，我校 2 项科研课题被确认为厦门市教育科学"十三五"规划 2017 年度课题。

2017 年 10 月 26—28 日，迟岩校长带队赴浙江育英职业技术学院和杭州职业技术学院考察学习，重点考察学习品牌专业建设、实训室建设、创新创业等情况。

2017 年 10 月 28 日，由中国商业会计学会主办、厦门科云信息科技有限公司承办的 2017 年"科云杯"全国职业院校财会职业能力大赛（高职组）全国网络选拔赛圆满结束，我校财经学院石菲菲、刘小英老师指导的代表队荣获团体三等奖。

2017 年 10 月 31 日，厦门市委教育工委意识形态责任制考核工作组组长周振塘一行 4 人莅临我校检查考核 2017 年度党委落实意识形态责任制情况。党委书记陈琦、校长迟岩分别进行了情况汇报。

2017 年 10 月，在"数字工匠"2017 全国三维数字化创新设计大赛中，我校机电与汽车工程学院的 MVD 创新工作室荣获福建省赛区特等奖。

2017 年 10 月，在"职教杯"首届福建省黄炎培职业教育奖创新创业大赛中，我校机电与汽车工程学院的参赛项目"为创机器人教育"荣获"职教杯"首届福建省黄炎培职业教育奖创新创业大赛铜奖。

2017 年 10 月，由张秀菊和卢招娣老师组织指导王亚蓉、陈晓云、杨晓琪、罗明华、张锗滢、李杰勇、周时容、王友爱、邹日照等 9 名同学获得"税友衡信杯"高职组预选赛（福建赛区）二等奖。

2017 年 11 月 1 日下午，校党委召开党委理论中心组学习会，学习党的十九大精神，并就全校学习宣传党的十九大精神做出部署。党委书记陈琦、校长迟岩、党委委员杨雄、许永辉、陈锋、林水生、王海峰、陈庆蕊及党委职能部门负责人参加了集体学习。

2017 年 11 月 3—6 日，由中共中央台办、文化部、国家新闻出版广电总局主办，福建省人民政府、厦门市人民政府、台湾亚太文化创意产业协会承办的第十届海峡两岸（厦门）文化产业博览交易会在厦门国际会展中心隆重开幕。我校传媒与信息学院学生喜获第七届海峡两岸高校设计展金奖 1 项、银奖 1 项、铜奖 2 项。

2017 年 11 月 4 日，由市委宣传部、市社科联主办的 2017 年厦门市第十三届社会科学普及宣传活动周启动仪式及社会科学"生活大百科"宣传咨询活动在中山公园隆重举行。我校百余名师生在陈琦书记的带领下参加了社科普及周启动仪式及宣传咨询活动。

2017 年 11 月 4 日，2017 年厦门市高职院校职业技能竞赛现代物流赛项和艺术设计赛项在我校进行。

2017 年 11 月 7 日，由校团委主办、校团委学生会承办的"骊歌飞扬，青春绽放"2017 迎新晚会在校足球场举行。

2017 年 11 月 8 日，厦门市委教育工委召开学习贯彻十九大精神座谈会。会上我校党委书记陈琦做"用展板把大道理讲成大实话"的发言，并谈到我校"竹叶之声"每日播报、宣传展等学校践行十九大精神的特色举措。发言摘录被刊登在 2017 年 11 月 10 日《厦门日报》的"新时代 新使命 新征程——认真学习贯彻党的十九大精神专题报道"专版上。

2017 年 11 月 9 日，我校第九届田径运动会在田径场隆重开幕。

2017 年 11 月 9 日，福建省学生资助管理中心标准化建设评估验收组组长耿永泉、陈秀兵、郑永红、余姿以及厦门市教育局工作人员一行莅临我校评估验收学生资助管理中心标准化建设工作。

2017 年 11 月 9 日，我校特邀复旦大学教授、博士生导师葛剑雄到校做题为"读书永无毕业"的讲座。

2017 年 11 月，我校选拔并推荐的项目"为创机器人教育"从全省 43 所高职院校的 271 个项目中脱颖而出，最终获得"职教杯"首届福建省黄炎培职业教育奖创新创业大赛铜奖。指导老师为机电与汽车工程学院陈庆蕊副教授、苏小燕老师。

2017 年 11 月 13 日，在海峡两岸（厦门）大学生话剧比赛中，我校由洪群、陈秋炜、王静老师指导的话剧《大家都在忙》荣获短剧比赛三等奖，这是我校在文化艺术比赛中一个新的突破。

2017 年 11 月 14 日，校党委主办的第六期预备党员培训开班仪式在党校教 A503 – 504 举行。

2017 年 11 月 14 日，我校第一批素质拓展选修课学分论证会在办公楼二楼会议室（二）召开，会议由杨雄副校长主持。

2017 年 11 月，我校邀请"鹭江讲坛"讲师、元翔（厦门）国际航空港股份有限公司郭前进先生到校为 2017 级新生做"人生、成长和未来——试析人生目标的选择和奋斗"的主题讲座。

2017 年 11 月，在全国高校商业精英挑战赛上，我校林大飞老师和解芳君老师指导的会展策划与管理专业代表队荣获 2017 年会展创新实践竞赛一等奖。

2017 年 11 月 18 日，在中国对外贸易经济合作企业协会主办的"南北科技杯"第七届全国国际贸易职业能力竞赛中，我校现代工商管理学院曹玮老师、林晓静老师指导的团队在比赛中荣获本科高职组团体一等奖。

2017 年 11 月 18 日，厦门市教育工会主办的教育系统教职工趣味运动会在厦门二中（五缘校区）运动场隆重举行。我校工会主席林水生带领 37 名教职工组成代表队积极参赛。

2017 年 11 月，我校财经学院傅阳阳、陶珍珍老师指导的学生参加由中国高等教育学会高等财经教育分会举办的 2017 年全国高职院校审计技能竞赛获得团体三等奖。

2017 年 11 月 22 日，厦门市委宣讲团组织的"学习贯彻党的十九大精神"民办高校专场报告会在南洋学院举行，我校 60 多名师生前往厦门南洋职业学院参加了报告会。

2017 年 11 月 22 日，校党委在党校教室组织召开了"三会一课"制度落实和发展党员工作情况检查工作部署会。

2017 年 11 月 25 日，在中国总会计师协会主办的 2017 年"畅享杯"全国财会技能大赛出纳技能赛中，我校财经学院黄秋凤、张燕雪老师指导的团队荣获团体二等奖，2 人获个人单项二等奖，1 人获个人单项三等奖。

2017 年 11 月 25 日，在中国总会计师协会主办，中国对外贸易经济合作企业协会、中教畅享（北京）科技有限公司协办的"畅享杯"第一届全国国际贸易会计职业技能竞赛中，我校财经学院张燕雪老师和现代工商管理学院林晓静老师指导的代表队荣获团体一等奖。

2017 年 11 月 24 日，由我校思政部副主任黄琼英、卢银霞、钟幸老师带队，由范天赏、徐元福、魏雅雯、杨煜、韦松 5 名同学组成的参赛队，在福建教育电视台参加了"学习新思想"福建省高校大学生学习党的十九大精神知识竞赛。

2017 年 11 月 28 日，在第七届 POCIB 全国外贸从业能力大赛中，我校由财经学院华丹老师和陈巧玲老师指导的学生代表队荣获团队二等奖。

2017 年 11 月 28 日，我校思政教研部连志霞老师申报的课题"现代学徒制试点背景下高职院校思想政治理论课教学存在问题及对策探讨——以厦门华天学院荣航邮轮订单班为例"被确定为 2017—2018 年度厦门市社会科学大学生思想政治教育研究立项课题。

2017 年 11 月 29 日，由中国银监会厦门监管局、厦门市公安局、共青团厦门市委、厦门市教育局主办的"金融知识进校园活动"走进我校。

2017 年 11 月，在中共福建省委教育工委主办的以"马克思主义能给予我们什么"为主题的征文活动中，我校财经学院 2016 级会计专业戴小杰同学的《一个孩子对马克思主义的告白》、现代工商管理学院 2016 级旅游管理专业陈惠娇同学的《马克思主义能给予我们什么——闪耀的马克思主义之光》荣获得高职高专组优秀奖。

2017 年 12 月 1 日，2017 年全国高校商业精英挑战赛"会计乐杯"财会职业能力竞赛暨国际化管理会计能力大赛中国区精英赛（总决赛），在北京市举行。我校财经学院张淑贞老师和张燕雪两名教师指导的代表队荣获高职组团体一等奖。

2017 年 12 月 3 日，"天福杯"2018 年福建省高职院校职业技能竞赛在漳州科技职业学院举行，我校由现代工商管理学院吴晓欧老师和石珂老师共同指导的代表队喜获中华茶艺项目二等奖。

2017 年 12 月 3 日，"清新福建·游在蕉城"2017 霍童溪国际山地自行车赛在千年历史文化古镇——霍童镇鸣枪开赛，世界各地的 660 名自行车竞技爱好者在最美乡村赛道上展开角逐。我校航空旅游学院 2016 级傅婉晴、张泽莹、张书仪分别荣获"2017 年中国宁德霍童溪第四届国际山地自行车邀请赛·形象代言人选拔赛"十佳、最佳媒体印象奖、最佳上镜奖，李瑞萍、周秋妮、陈薇霖、钟芙丽、任芳、林文华荣获优秀奖，航空旅游学院荣获优秀组织奖。

2017 年 12 月 4 日，是第四个国家宪法日。我校思政部教师结合"思想道德修养与法律基础"课中的法治篇，专门向学生深入进行"国家宪法日"主题宣传教育。

2017 年 12 月，厦门市教育局微信公众号重点报道我校"竹叶之声"每日播报微信音频。

2017 年 12 月 5 日，是第 32 个"国际志愿者日"，我校传媒与信息学院学生党支部开展志愿者服务活动。

2017 年 12 月 7 日上午，华天－加捷财经学院第二届现代学徒制学生谢师礼暨毕业典礼在加捷集团总部隆重举行。

2017 年 12 月 7 日，我校 2016 级旅游管理专业武媚和陈新燕同学在谢红梅老师的指导下，凭借惟妙惟肖的导游解说、落落大方的舞台展示，在福建省职业院校技能大赛导游服务（普通话）赛项中表现优异，分别获得一等奖和二等奖的好成绩。

2017 年 12 月，我校董事长佘德聪当选福建省侨联第十届委员会副主席。

2018 年 12 月 7 日、14 日、21 日、28 日，在阶梯二教室举行了全校 20 个专业整改汇报活动。校长迟岩、副校长杨雄参加汇报会，汇报会由校长助理林水生主持。

2017 年 12 月 13 日，西安交通大学继续教育学院党委副书记苗树胜一行来我校考察交流。

2017 年 12 月，我校黄琼英老师领队，王静、陈秋炜老师指导的代表队（参赛选手：陈微微、吴宏达、周建辉、刘婧颖）在 2017 年福建省"思政杯"大学生辩论赛中战胜上届冠军福建信息学院队，获得本届比赛的一等奖，这是我校首次参赛，也是我校在文化类比赛中取得的新突破。

2017 年 12 月 13 日，我校党委举行党的十九大精神辅导报告会，邀请"鹭江讲坛"特聘教师、集美大学马克思主义学院梅进禄教授做"领航新时代的政治宣言——认真学习贯彻十九大精神"报告。

2017 年 12 月 13 日，我校"学习贯彻党的十九大精神党务干部培训班"开班仪式在党校教室举行。

2017 年 12 月 14 日，学校旅游协会举办的第六届旅游文化节开幕。

2017 年 12 月 14 日，在 2018 年福建省高职院校技能大赛中，我校现代工商管理学院杨运娇老师指导的代表队荣获企业沙盘模拟经营赛项一等奖。

2017 年 12 月 16 日，我校特邀台湾李坤崇教授到我校做"自强自律自创自翔"能力量表的辅导讲座。

2017 年 12 月 18 日，由中共福建省委教育工委主办、福建教育电视台承办的以"学习新思想"为主题的全省高校大学生学习党的十九大精神电视竞赛活动总决赛（高职高专组）在福建教育电视台举行。我校是全省 39 所参赛高职院校中厦门地区唯一一所进入总决赛，也是所有参赛学校团体总分进入前十名的唯一一所民办高职院校。

2017 年 12 月，我校与北京超星尔雅教育科技有限公司正式签署合作协议，进一步加快我校信息化建设进程，提高我校信息化教学水平。

2017 年 12 月 20 日，我校海外学院季革胜同志当选福建省教育国际交流协会副秘书长。

2017 年 12 月 22 日，我校现代工商管理学院苏建军和黄金帅老师指导的，2016 级市场营销专业陈昌奎、高丽丽、薛恒峰和 2017 级市场营销专业的胡瑞玲同学组成的代表队荣获 2018 年福建省职业院校技能大赛市场营销技能赛项三等奖。

2017 年 12 月 23 日，2018 年福建省职业院校技能大赛"会计技能"赛项在福州举行，我校财经学院周英珠、吴思丹老师指导的代表队荣获团体二等奖。

2017 年 12 月 23 日，2018 年度福建省职业院校技能大赛平面设计技术赛项在福州职业技术学院举行，我校传媒与信息学院的林淑尼同学（罗远斌老师指导）荣获一等奖，周鸿珠同学（周晓琼老师指导）荣获二等奖。

2017 年 12 月 25 日，成立学校品牌专业建设领导小组。

2017 年 12 月 27 日，学校党校举行"学习贯彻党的十九大精神党务干部培训班"第三场专题讲座，特邀厦门市委非公企业和社会组织工委办公室主任科员、中国人民大学法学硕士邹杨老师做"走进新时代 抢抓新机遇：全面打造有活力有温度有色彩的非公领域党建工作"主题报告。

2017 年 12 月 27 日，以"扬创业之帆 启梦想之门"为主题的 2017 年厦门高校大学生创新创业大赛决赛在厦门北站举行。我校机电与汽车工程学院陈庆蕊、苏小燕老师指导的"雨伞甩干机"项目喜获二等奖。

2017 年 12 月 27 日，在 2018 年福建省高职院校技能大赛中，我校财经学院郑雪玲、华丹老师指导的代表队荣获互联网＋国际贸易综合技能赛项二等奖。

2017 年 12 月，我校大学生心理健康教育与咨询中心教师携手翔安区疾控中心专家带领 31 名大学生朋辈心理健康服务志愿者组成身心健康教育团队，深入武警厦门市边防支队机动大队为新入伍的士兵进行了一场别开生面的心理素质拓展训练。我校校长助理喻亮和机动大队政委柳旭全程参与了活动。

2017 年 12 月，我校团委洪群老师指导的《谷雨时节的菊花台》荣获福建省第五届大学生艺术节声乐类节目一等奖和最佳创意创作奖，同时该作品被推荐参加全国大学生艺术节声乐类竞赛，这是我校文化艺术类学生参加国赛零的突破。

2017 年 12 月，我校党委书记陈琦同志带领"学习贯彻党的十九大精神党务干部培训班"全体学员，专程到厦门市集美区实地参观集美区党群活动服务中心和集美区创业大厦党建综合服务中心，认真学习非公领域党建工作经验。

2017 年 12 月，2018 年福建省银行综合业务技能大赛在厦门举行，我校代表队荣获团体二等奖。

2018 年学院发展大事记

2018 年 1 月 3 日下午，厦门市教育系统学习贯彻党的十九大精神知识竞赛颁奖仪式暨宣讲报告会在厦门六中至善大礼堂举行。我校各党支部书记、支委共 23 人参加会议。

2018 年 1 月 3 日下午，我校"学习贯彻党的十九大精神党务干部培训班"在党校教室举行结业仪式。仪式由党校副校长王海峰主持，党委书记、党校校长陈琦等领导出席，校长迟岩应邀出席会议。

2018 年 1 月 8—10 日，我校接受高等职业院校第二轮人才培养工作评估回访，评估回访专家组由湖南广播电视大学正校级督导罗志教授任组长。

2018 年 1 月 11 日下午，为庆祝校青年马克思主义理论读书社（以下简称"青马社"）成立 1 周年，青马社在教 B101 举行纪念活动暨换届大会。

2018 年 1 月 18 日晚，校工会组织的 2018 年新春团拜会隆重举行。学校董事会、校务会、党委领导、校企合作单位代表及全校教职员工 400 余人齐聚一堂，载歌载舞，共话友情，共叙未来。新春团拜会由工会主席林水生主持。

2018 年 1 月 19 日下午，校党委书记陈琦、工会主席林水生一行走访慰问学校困难党员和教职工，春节前送去学校董事会、党委、校务会和工会的关怀与问候。

2018 年 1 月 22 日，我校学生公寓党支部、财经学院学生党支部、联合教工党支部、机电与汽车工程学院学生党支部、现代工商管理学院学生党支部、传媒与信息学院教工党支部和传媒与信息学院学生党支部等 7 个党支部荣获市委教育工委厦门党建 e 家"优秀达标党支部"。我校学生公寓党支部朱为生（累计积分 70 007）、黄水菊（累计积分 38 535）、王少珍（累计积分 36 305）3 名同志个人累计积分位列全市党员前 300 名，喜获中共厦门市委组织部授予的"e 家之星"称号。

2018 年 2 月，佘德聪董事长当选政协第十三届全国委员会委员。

2018 年 2 月，蔡建四副董事长当选政协第十二届福建省委员会常委。

2018 年 3 月 2 日，我校 2017—2018 学年第二学期全体教职工大会在阶梯二教室举行。会议由党委书记陈琦主持，会议主题为"贯彻党的十九大精神，凝聚新共识，聚合新能量，为创建省级示范性现代职业院校而努力"。

2018 年 3 月，校团委举行"传承雷锋精神，倡导时代新风"志愿者服务月活动启动仪式。启动仪式由校团委陈秋炜老师主持，校长助理喻亮出席。

2018 年 3 月 5 日上午，常务副校长杨雄、执行董事陈锋、副校长许永辉、校长助理兼工会主席林水生、校长助理喻亮一行进行新学期开学第一天例行检查。

2018 年 3 月 5 日上午，我校在操场举行了新学期首次升旗仪式。校长助理喻亮、学生处处长王海峰、各学院领导、辅导员及学生 1 000 余人参加了本次升旗仪式。

2018 年 3 月 6 日，我校在办公楼二楼会议室（二）召开了 2017—2018 学年第二学期素质拓展选修课学分论证会。会议由杨雄副校长主持，执行董事陈锋、教学指导委员会成员等参加了会议。

2018 年 3 月 7 日，董事会、校务会、党委、工会领导和学生系统工作人员在党校教室召开"不忘初心 立德树人 全面推动我校学生工作再上新台阶"座谈会。邹琍琼副董事长出席了会议。

2018 年 3 月 8 日，校工会组织全校女教职工开展以"巾帼心向党·建功新时代"为主题的国际劳动妇女节 108 周年纪念活动——"相约春天、与爱同行"健步行。

2018 年 3 月 12 日，省委常委、市委书记裴金佳调研我市高校基层党建工作，调研座谈会上，7 所高校党委书记汇报了党建工作情况。我校党委书记陈琦围绕"发挥党委在民办高校的政治核心作用"汇报了我校基层党建工作。

2018 年 3 月 16 日，2017—2018 年度全国青少年校园足球联赛（福建赛区）大学生高职高专组比赛在福建船政交通职业学院落幕。我校足球队荣获高职高专组二等奖。

2018 年 3 月 16 日，台湾李坤崇教授一行到我校进行"四自"辅导学生品牌之"四自"能力量表网络测试，校长助理喻亮、学生处处长王海峰、学生处副处长黄水菊、网络信息中心陈延钧及学生处相关人员参加。

2018 年 3 月 19 日下午，我校医务室主任江玉敏在教 A201 举行"'你我共同参与 消除结核危害'——结核病防治"健康知识培训讲座。

2018 年 3 月 21 日上午，我校佘德聪董事长一行到市教育局拜会市委教育工委书记、市教育局局长郭献文，汇报了近年来学校办学的主要成果以及下一步学校发展规划。

2018 年 3 月 22 日，澳大利亚联邦议员、维多利亚理工学院校董 Alan 与维多利亚理工学院国际招生办主任 Jeff Liu 访问我校。学校执行董事陈锋、副校长许永辉等校领导热情接待并就我校中澳班学生情况进行了座谈交流。

2018 年 3 月 23 日下午，我校召开党委中心组扩大学习会，传达学习福建省高校思想政治工作会议精神，研究部署贯彻落实工作。党委书记陈琦主持会议并提出要求。

2018 年 3 月 28 日下午在航空旅游学院形体教室（一楼），校工会组织女教职工开展"魅力巾帼、舞动华天"形体舞蹈健身活动，作为贯彻党的十九大精神开展全民健身活动之一。

2018 年 3 月 29 日下午，我校在阶梯二教室举办"不忘初心，牢记使命"学习贯彻党的十九大精神"名师及特色示范课堂"之萧冰教授书法作品展暨"文化自信与艺术创新"讲座。

2018 年 3 月 30 日，厦门市教育局微信公众号报道我校萧冰教授举行讲座，题为"华天涉外学院学习贯彻十九大特色示范课堂开讲"。

2018 年 3 月 30 日，厦门华天涉外职业技术学院思想政治工作座谈会在党校教室举行。

会议由党委书记陈琦主持。学校董事长佘德聪出席座谈会并做重要讲话。

2018 年 3 月 30 日，2018 年厦门市教育系统安全稳定工作会议召开。我校荣获 2017 年度"厦门市 5A 级平安校园"和"厦门市 2017 年学校综治安全目标管理先进单位"荣誉称号。

2018 年 4 月，我校为教职工购买每人 60 元第 13 期职工医疗互助保障。

2018 年 4 月 3 日下午，第十一届省政协副主席、省中华职教社主任郭振家率队莅临我校调研指导工作。参加调研的领导还有省中华职教社副主任陈毅萍、厦门市中华职教社副主任翁玉华、省中华职教社办公室主任林平、省政协经济委员会办公室副主任陈小龙、省中华职教社办公室主任科员阮章荣、市职教社干部王然。

2018 年 4 月 4 日，厦门市教育局微信公众号报道我校的思想政治工作座谈会，题为"全国政协委员进校宣传'两会'精神"。

2018 年 4 月 9 日，台湾东方设计大学董事长李福登、董事长夫人严蓉蓉、校长吴淑明、副校长刘光盛等一行来我校参观交流。

2018 年 4 月，我校刘英杰、陈妙华老师撰写的论文《体育教学设计与教案编写若干理论问题剖析》喜获第十三届全国学生运动会科学论文三等奖、福建省二等奖。

2018 年 4 月 10 日下午，我校在党校教室开展"辅导员成长共同体——依靠学习走向未来"世界咖啡沙龙活动，主要聚焦"高校辅导员依靠学习走向未来"这个话题。此次活动由校党委牵头、学生处主办，厦门市教育科学研究院科研人员、厦门青年教师成长共同体发起人段艳霞老师主持。

2018 年 4 月 12 日下午，我校召开新疆籍学生座谈会。校党委书记陈琦、副校长许永辉、校长助理喻亮、学生处处长王海峰、副处长黄水菊和福建省新疆内派服务管理老师陈海洲参加座谈。团委、学生处、辅导员、新疆籍学生代表共 60 多人参加。

2018 年 4 月 12 日下午，我校在阶梯二教室召开创建"省级示范校"动员暨 2018 年安全稳定工作大会。

2018 年 4 月 18 日，为传承"红船精神"，教育师生牢记党的历史、向革命先烈学习，我校举行了弘扬"红船精神"史料巡展活动。开展仪式后，在思政部老师的带领下，校领导和学生 100 余人一起走进巡展馆进行参观学习。

2018 年 4 月 19 日下午，财经学院电子商务教研室在校外实训基地——名鞋库网络科技有限公司开展教研活动。这是我校首次把教研活动安排到校外进行，校企联动、定制培养、共同育人，重点落实"现代学徒制"式的培养。

2018 年 4 月 19 日星期四下午，我校传媒与信息学院与天宏创世校企合作企业一同举办项目成果展示交流会，参会的有执行董事陈锋，副校长许永辉，校长助理林水生，传媒与信息学院副院长谭超、副院长张玲，天宏创世副总经理刘月，企业代表谢霖、林瑾丽以及 2017 级全体新生和参加项目开发的学生。

2018 年 4 月 20 日上午，台湾南台科技大学副校长李坤崇教授和助理林堂馨博士一行到我校对"四自"品牌学生辅导品牌建设——四自能力量表推行与"四自"总结报告进行指导。

2018 年 4 月 20 日，我校 2015 级动漫二班张宏斌和 2015 级装潢艺术设计一班韦松向学校捐赠现金 6 000 元。

2018年4月20日下午，我校在党校隆重举行"第三届辅导员职业技能大赛"决赛。"四自"辅导学生品牌导师李坤崇教授和林堂馨博士特邀出席，我校党委学工部、学生处、党政综合办相关负责人以及兄弟高校资深辅导员出席大赛并担任评委，校党委书记陈琦、常务副校长杨雄、副校长许永辉、校长助理林水生和校中层以上干部、学生工作系统全体成员和学生代表60余人观摩了比赛。

2018年4月26日上午，市委组织部非公办主任谢舒展一行莅临我校调研党建工作。

2018年4月26日下午，我校在党校召开省级示范性现代职业院校工作总结暨部署会议。会议由执行董事陈锋主持，校领导及中层副职以上人员参加。

2018年4月26日下午，校长助理兼教务处处长林水生分别在实训楼C及实训楼B主持召开了我校专业设置与调整调研会，现代工商管理学院、财经学院、机电与汽车工程学院、传媒与信息学院、基础部、思想政治理论教研部及实践教学部全体教职工分别参加了调研会。

2018年4月26日下午，我校第三届教职工气排球比赛在篮球场举行开幕式。工会主席林水生、副主席李海波以及各二级工会负责人出席了开幕式。

2018年4月，在中国国际贸易学会、全国外经贸职业教育教学指导委员会主办的第七届POCIB全国外贸从业能力大赛上，现代工商管理学院的曹玮和林晓静老师指导的20名学生获得全国高职组团体二等奖，2人获得个人全国一等奖，4人获得个人全国三等奖。

2018年4月，为全面了解党的十八大以来我国改革开放和社会主义现代化建设的历史性成就，深入贯彻党的十九大精神，领悟习近平新时代中国特色社会主义思想，我校党委分批组织全校党员、中层管理干部开展观影《厉害了，我的国》主题党日活动。

2018年5月5—6日为我校2018年职业教育活动周校园开放日。开放日期间，我校邀请了厦门市鹭岛职业技术学校的师生参观我校工科、计算机、管理、航空等各科类实训室、实训基地以及大学生展厅，实践教学部主任李梅全程解说。

2018年5月，财经学院与实践教学部联合举办的第五届会计技能大赛在实训楼C405进行。校长助理林水生、实践教学部主任李梅、财经学院副院长蓝荣东、教务处副处长陈忠喜、财经学院副院长黄荣裕主持开赛仪式。

2018年5月7日，学校领导在校门口欢送我校机电学院黄慧萍老师、实践教学部叶龙老师带领机电学院2016级应用电子技术专业学生蔡彭和苏海燕出征国赛。执行董事陈锋、校长助理林水生、校长助理喻亮、实践教学部主任李梅参加。

2018年5月8日，我校在办公楼二楼会议室（二）召开示范校建设安排工作协调会议，会议由杨雄常务副校长主持。

2018年5月8日上午，我校在办公楼二楼会议室（二）召开2018年春季迎新工作协调会，会议由许永辉主持。

2018年5月8日下午，由思政教研部主办、青马社承办的思政部实践教学活动之第三届环保手工作品展在实训楼B201举行。

2018年5月9日上午，我校2018年职教周活动之一传媒与信息学院职业技能大赛开幕。执行董事、传媒与信息学院院长陈锋，校长助理林水生，教学督导室主任吴凤云等出席开幕式。

2018年5月9日上午，我校思政部教师在党委书记陈琦的带领下赴闽南师范大学参观学习。此行受到闽南师范大学马克思主义学院党委书记朱志明教授、院长陈再生、院长助理何孟飞教授以及教务科科长柯晓梅等老师的热情接待。

2018 年 5 月 11 日，为纪念马克思诞辰 200 周年，我校思政部在党校会议室开展读书分享活动，并举行了"习近平新时代中国特色社会主义思想研习社"授牌仪式，党委委员杨雄、许永辉、林水生、陈锋、王海峰、陈庆蕊出席。

2018 年 5 月 5 日、6 日、12 日，在 2018 年厦门市教育系统教职工气排球比赛中，我校男子气排球队经过三天的鏖战，荣获团体三等奖。

第三节　二级院（部）简介

学校以高等职业技术教育为主，设有机电与汽车工程学院、传媒与信息学院、财经学院、现代工商管理学院、航空旅游学院、基础部和思政教育研究部等二级教学单位，近 3 年来开设了 38 个紧贴福建省、厦门市产业结构和社会发展需求的专业。

一、机电与汽车工程学院

机电与汽车工程学院成立于 2004 年，2005 年开始招生。现设有模具设计与制造、机械设计与制造、数控技术、机电一体化技术、汽车检测与维修技术、汽车营销与服务、应用电子技术、工业机器人技术、汽车车身维修技术、汽车电子技术、无人机应用技术 11 个社会急需的热门专业。未来拟新增游艇维护维修、电梯维护维修 2 个专业。

学院自成立以来，在校董事会、校领导的带领下，取得了辉煌的成绩，机械大类各专业是福建省 2009 年、2010 年、2011 年、2012 年的闽台高校联合培养人才项目专业；2010 年模具设计与制造专业获批厦门首批重点建设专业；2011 年数控技术专业获批国家中央财政支持的实训基地建设专业；2015 年机械设计与制造专业分别获批福建省示范专业、厦门市"以奖代补"建设专业；2016 年获批福建省机械制造专业群；学生在福建省高职技能大赛中多次获三等奖以上奖项；截至 2016 年 4 月已申请立项各类课题达 20 余项。

学院通过市场调研制定人才培养方案，明确学生培养目标，学生毕业后就业率平均达到 98% 以上，在工作中也受到用人单位的好评。

目前，机电与汽车工程学院在校学生达 900 余人。学院具有雄厚的师资力量，其中教授 2 人、副教授 8 人、讲师和"双师"教师 30 多人，中高级职称占 80%，具有研究生学历和"双师"素质的教师占教师总人数的 82%，同时聘请了具有较丰富的企业现场生产实践经验的兼职教师，为专业群建设、开发利用行业教学资源和合作办学发挥了重要作用。

目前，学院建立了一个集专业教学、岗位培训、技能鉴定、技术研发、职业素质训导于一体的实训室和实训基地，可以保证各课程的实践教学及学生综合知识能力的培养，学院在国家、省、市科研立项中均取得了很好的成绩，在各项技能大赛中取得了优异成绩。

（一）各专业实训室

序号	实训室名称	门牌号
1	机械制图实训室（一）	实 A201
2	机械基础实训室（1）	实 A202
3	机械制图实训室（二）	实 A203
4	机械基础实训室（2）	实 A204
5	公差测量实验室	实 A206
6	金相及热处理实验室	实 A208
7	汽车整车综合实训室	实 B102
8	汽车发动机综合实训室	实 B104
9	汽车电器综合实训室	实 B105
10	汽车底盘综合实训室	实 B106
11	汽车整车一体化实训室	实 B107
12	模具实训室	实 C107
13	工程力学/测量实验室	实 C102
14	机电一体化综合实训室	实 C106
15	液压与气压传动实训室	实 C108
16	传感技术实验室	实 B202
17	继电接触控制实训室	实 B205
18	PLC 控制技术实验室	实 B206
19	电工技术实验室	实 B207
20	EDA 实训室	实 C201
21	嵌入式/DSP 实验室	实 C202
22	单片机实验室	实 C205
23	电子技术实训室	实 C206
24	模拟电路实验室	实 C207
25	数字电路实验室	实 C208
26	工业机器人实训室	现代维修实训基地
27	机械专业软件实训室（一）	实 B203
28	机械专业软件实训室（二）	实 B402
29	机械专业软件实训室（三）	实 B403
30	机械专业软件实训室（四）	实 B404

（二）校内实训基地

序号	实训室名称	门牌号
1	现代机械设计制造实训基地	实 D（1）
2	金工实训基地 – 钳工实训室	实 D（3）
3	金工实训基地 – 焊工实训室	实 D（3）
4	汽车美容实训基地	现代维修实训基地

（三）校外实训基地

序号	实训室名称	实训内容
1	厦门银华机械有限公司	生产实训、毕业实习
2	达运精密工业（厦门）有限公司	生产实训、毕业实习
3	厦门大金机械有限公司	生产实训、毕业实习
4	厦门汉维期特科技有限公司	生产实训、毕业实习
5	厦门视贝科技有限公司	生产实训、毕业实习
6	厦门雷特森机电科技有限公司	生产实训、毕业实习
7	厦门睿恩五金有限公司	生产实训、毕业实习
8	中航太克（厦门）有限公司	生产实训、毕业实习
9	通力电梯（厦门）有限公司	生产实训、毕业实习
10	厦门日日建安汽车有限公司	生产实训、毕业实习
11	厦门兴明超汽车用品有限公司	生产实训、毕业实习
12	深圳车美盟汽车服务有限公司	生产实训、毕业实习

（四）专业介绍

1. 机械设计与制造专业

（1）培养目标

本专业坚持立足厦门，服务海西，突出为区域经济服务的指导思想，培养德、智、体、美全面发展，具有良好职业道德、创新精神，掌握专业必备的理论知识，具有熟练的机械加工设备操作、较强的工程机械装配和设备工装维护能力，能熟练进行产品检验和质量管理、机械产品工艺编制、生产技术实施、机械产品售前及售后技术服务等的高素质、高技能型专门人才。

（2）培养规格

基本素质要求	专业知识要求	职业能力要求
① 热爱社会主义祖国，树立社会主义价值观，遵纪守法，艰苦奋斗，热爱劳动，养成文明的行为习惯，具有良好的职业道德 ② 具有社会公德和责任感，有团队合作精神和较高的人文素养 ③ 身体状况良好，心理健康	① 具备基本的科学文化素养，掌握必需的人文科学基础知识 ② 掌握机械制图、计算机辅助绘图（AutoCAD）的方法 ③ 掌握机械设计的基础知识和工程材料及其加工的应用技术基础知识 ④ 掌握机械设计与制造的应用技术基础知识和自动机与自动线的选型设计的基础知识 ⑤ 掌握电气、电子、液压传动和气压传动技术在本专业的应用技术基础知识 ⑥ 掌握生产管理、技术经营管理及产品营销管理的一般性基础知识	能力结构主要指的是专业核心能力：机械设计与制造，高精密机械设备的操作、调试、维护和管理 ① 具备小型机械产品的设计能力 ② 具备编制和实施金属材料等制造、加工工艺的能力 ③ 具备非机械产品机械化生产机械设备安装、调试、维护和管理的能力 ④ 初步具备数控加工的编程和操作能力 ⑤ 具备从事机械产品和机械生产的质量控制和生产现场管理的能力

（3）就业方向

就业范围	初始岗位群（毕业2年内）	发展岗位群（毕业2年后）
机械设计类	普通的制图员	机械设计
机械加工、装配类	普通的生产加工、装配类流水线	机械产品制造工艺、装配的设计
机械产品的检验和质量管理类	普通生产线上产品尺寸、公差的测量	机械产品的质量检验和质量的管理
自主创业	现代机械产品和零部件的维修和售后服务	代理商、维修服务部

2. 模具设计与制造专业

（1）培养目标

本专业坚持立足厦门，服务海西，突出为区域经济服务的指导思想，培养德、智、体、美全面发展，具有良好职业道德、创新精神，面向生产第一线，从事模具设计、制造、装配与调试，模具加工设备的调整与操作，模具日常维护、经营管理的高技能型人才。

（2）培养规格

基本素质要求	专业知识要求	职业能力要求
① 热爱社会主义祖国，树立社会主义价值观，遵纪守法，艰苦奋斗，热爱劳动，养成文明的行为习惯，具有良好的职业道德 ② 具有社会公德和责任感，有团队合作精神和较高的人文素养 ③ 身体状况良好，心理健康	① 具备基本的科学文化素养，掌握必需的人文科学基础知识 ② 掌握机械制图、计算机辅助绘图（AutoCAD）的方法 ③ 掌握机械设计的一般性基础知识和工程材料及其加工的应用技术基础知识 ④ 初步掌握电气、电子、PLC、液压传动和气压传动技术在本专业的应用技术基础知识 ⑤ 掌握模具设计与制造的应用技术基础知识 ⑥ 掌握生产管理、技术经营管理及产品营销管理的一般性基础知识	① 具备金属材料、塑料等中等复杂程度模具的设计能力 ② 初步具备数控加工、电加工的编程、操作、调试和维护的应用能力 ③ 具备模具 CAD/CAM 应用的初步能力 ④ 具备从事模具产品和模具生产的质量控制和生产现场管理的初步能力 ⑤ 具备查阅本专业一般外文资料的初步能力

（3）就业方向

就业范围	初始岗位群（毕业 2 年内）	发展岗位群（毕业 2 年后）
模具设计类	普通的制图员	模具设计
模具加工、装配类	普通的生产加工、装配类流水线	模具制造工艺、装配的设计
模具的检验和质量管理类	普通生产线上模具尺寸、公差的测量	模具产品的质量检验和质量的管理
自主创业	现代模具产品和零部件的维修和售后服务	代理商、维修服务部

3. 数控技术专业

（1）培养目标

本专业坚持立足厦门，服务海西，突出为区域经济服务的指导思想，培养德、智、体、美全面发展，具有良好职业道德、创新精神，能够从事数控设备的安装、调试、使用和维修等工作，具有良好职业生涯发展基础的高素质技术技能人才。

（2）培养规格

基本素质要求	专业知识要求	职业能力要求
① 热爱社会主义祖国，树立社会主义价值观，遵纪守法，艰苦奋斗，热爱劳动，养成文明的行为习惯，具有良好的职业道德	① 具备基本的科学文化素养，掌握必需的人文科学基础知识 ② 掌握机械制图、计算机辅助绘图（AutoCAD）的方法 ③ 掌握机械设计的一般性基础知识	① 具备编制和实施金属材料等制造、加工工艺的能力 ② 初步具备数控机床的编程、操作、调试和维护的应用能力

基本素质要求	专业知识要求	职业能力要求
② 具有社会公德和责任感，有团队合作精神和较高的人文素养 ③ 身体状况良好，心理健康	和工程材料及其加工的应用技术基础知识 ④ 初步掌握电气、电子、PLC、液压传动和气压传动技术在本专业的应用技术基础知识 ⑤ 掌握数控技术应用基础知识 ⑥ 掌握生产管理、技术经营管理及产品营销管理的一般性基础知识	③ 具备 CAD/CAM 应用的初步能力 ④ 具备从事机械产品和机械生产的质量控制和生产现场管理的初步能力 ⑤ 具备查阅本专业一般外文资料的初步能力，达到全国公共英语二级水平

（3）就业方向

就业范围	初始岗位群（毕业 2 年内）	发展岗位群（毕业 2 年后）
数控编程类	数控编程员	数控编程主管
数控加工、管理类	普通的生产加工、管理类流水线	数控制造、加工生产线主管
数控设备调试、装配类	数控设备安装、调试	数控设备安装调试工程师
自主创业	产品和零部件的加工和售后服务	代理商、维修服务部

4. 机电一体化技术专业

（1）培养目标

本专业坚持立足厦门，服务海西，突出为区域经济服务的指导思想，培养德、智、体、美全面发展，具有良好职业道德、创新精神的高素质人才；培养具有本专业相关设备机电设备安装、调试、使用和维修工作的高技能型人才。

（2）培养规格

基本素质要求	专业知识要求	职业能力要求
（1）热爱社会主义祖国，树立社会主义价值观，遵纪守法，艰苦奋斗，热爱劳动，养成文明的行为习惯，具有良好的职业道德 （2）具有社会公德和责任感，有团队合作精神和较高的人文素养 （3）身体状况良好，心理健康	具有机电一体化技术专业必需的计算机技术以及网络技术的基础知识；掌握读图（包括电器原理图）和制图（包括计算机绘图）的基本知识；掌握机械、电工、电子技术方面的基本知识；具有机电检测技术以及自动控制技术方面的基本知识；具有单片机及可编程控制器方面的基本知识；具有液压传动和气动方面的基本知识；具有机电设备维修、机电一体化系统设计的基本知识	（1）初步具备数控机床的编程、操作、调试和维护的应用能力 （2）具备 CAD/CAM 应用的初步能力 （3）具备典型机电一体化系统设计能力 （4）具备查阅本专业一般外文资料的初步能力

（3）就业方向

就业范围	初始岗位群（毕业 2 年内）	发展岗位群（毕业 2 年后）
生产线加工类	生产线设备加工人员	自动机、自动线设计人员
设备维护、改造类	生产中的机电一体化设备维护、技术改造、安装调试	设备维护、技术改造、安装调试主管
电器控制与 PLC 营销类	PLC 设备销售人员	PLC 设备销售工程师、区域经理
自主创业	产品和零部件的加工和售后服务	代理商、维修服务部

5. 应用电子技术专业

（1）培养目标

本专业培养德、智、体、美全面发展，掌握电子信息工程技术基本理论知识、专业知识和基本技能，具备一定电子线路分析设计和电子产品制造、维护能力，能在电子信息行业从事生产、技术、管理、服务一线工作的高素质、高技能专门人才。

（2）培养规格

基本素质要求	专业知识要求	职业能力要求
① 热爱社会主义祖国，树立社会主义价值观，遵纪守法，艰苦奋斗，热爱劳动，养成文明的行为习惯，具有良好的职业道德 ② 具有社会公德和责任感，有团队合作精神和较高的人文素养 ③ 身体状况良好，心理健康	① 掌握电子设备、电子产品常用元器件与材料的基本知识 ② 熟练掌握电工技术和电子技术的理论知识，掌握电子仪器测量技术、可编程逻辑控制器应用技术、单片机应用技术、电子线路设计及图纸绘制等基本知识 ③ 掌握典型电子应用电路的结构、工作原理 ④ 掌握计算机绘图的基本知识 ⑤ 掌握应用电子技术专业的基本技术词汇和中英文写作的基本知识 ⑥ 了解电子产品营销知识，了解电子整机生产中所用到的各种新技术、新工艺	① 具备对电子元器件的识别、熟练进行焊接操作及电子线路读图的基本能力 ② 能正确分析常用的电子线路，掌握电子技术的实验方法，具备一定的电子技术工艺和实践的基本技能 ③ 能够进行电子仪器及设备的安装、调试、检验及维护 ④ 能够进行电子线路的基本设计及 PCB 板的制作 ⑤ 能够应用单片机系统硬件及软件设计电路对电子系统进行控制，解决实际问题 ⑥ 能够通过可编程控制器实现电子电路的自动控制、检测及管理，并能应用计算机编程设计方法解决工业控制中的常见问题 ⑦ 具备电子产品初步设计能力及电子产品检测能力、单片机技术综合应用能力、可编程控制器的应用能力

（3）就业方向

就业范围	初始岗位群（毕业2年内）	发展岗位群（毕业2年后）
生产制造、研发	装配、生产调试工、质检员、开发调试	产品维修和售后服务、电子产品生产管理和IE研发等工作
经营服务单位	采购、销售、技术支持工作	销售经理、技师、软件工程师、硬件工程师等
自主创业	现代电子产品（家电、通信等）的维修和售后服务	代理商、维修服务部

6. 工业机器人技术专业

（1）培养目标

本专业培养拥护党的基本路线，德、智、体、美全面发展，具有良好的科学文化素养、职业道德和扎实的文化基础知识；具有获取新知识、新技能的意识和能力，能适应不断变化的工作需求；熟悉企业生产流程，具有安全生产意识，严格按照行业安全工作规程进行操作，遵守各项工艺流程，重视环境保护，并具有独立解决非常规问题的基本能力；掌握现代工业机器人安装、调试、维护方面的专业知识和操作技能，具备机械结构设计、电气控制、传感技术、智能控制等专业技能，能从事工业机器人系统的模拟、编程、调试、操作、销售及工业机器人应用系统维护维修与管理、生产管理及服务生产第一线工作的高素质、高技能型人才。

（2）培养规格

基本素质要求	专业知识要求	职业能力要求
① 热爱社会主义祖国，树立社会主义价值观，遵纪守法，艰苦奋斗，热爱劳动，养成文明的行为习惯，具有良好的职业道德 ② 具有社会公德和责任感，有团队合作精神和较高的人文素养 ③ 身体状况良好，心理健康	① 能读懂机器人应用系统的结构安装图和电气原理图，整理工业机器人应用方案的设计思路 ② 能测绘简单机械部件生成零件图和装配图，跟进非标零件加工，完成装配工作 ③ 能维护、保养工业机器人应用系统设备，能排除简单电气及机械故障 ④ 能根据自动化生产线的工作要求，编制、调整工业机器人控制程序 ⑤ 能根据工业机器人应用方案要求，安装、调试工业机器人及应用系统 ⑥ 能应用操作机、控制器、伺服驱动系统和检测传感装置，绘制逻辑运算程序 ⑦ 能收集、查阅工业机器人应用技术资料，对已完成的工作进行规范记录和存档 ⑧ 能对机器人应用系统的新操作人员进行培训 ⑨ 能维护、保养设备，能排除简单电气及机械故障	① 具有制订出切实可行的工作计划，提出解决实际问题的方法能力 ② 具有对新知识、新技术的学习能力，通过不同途径获取信息的能力，以及对工作结果进行评估的能力 ③ 具有全局思维与系统思维、整体思维与创新思维的方法能力 ④ 具有决策、迁移能力，能记录、收集、处理、保存各类专业技术信息资料的方法能力 ⑤ 具有创新意识和创新能力，能根据企业的发展及需求改造和革新原有设备

（3）就业方向

就业范围	初始岗位群（毕业 2 年内）	发展岗位群（毕业 2 年后）
工业机器人设备操作类	工业机器人设备操作员	工业机器人工作站设计与安装
工业机器人设备的调试与维护类	机器人运行维护与管理人员	工业机器人工作站设计与安装工程师等
工业机器人产品营销类	工业机器人设备销售人员	设备销售工程师、区域经理
自主创业	工业机器人产品和零部件的加工和售后服务	工人机器人代理商、维修服务部

7. 汽车检测与维修技术专业

（1）培养目标

本专业培养汽车维修企业一线需要的，具有良好职业道德素养，德、智、体、美全面发展，掌握本专业必备的基础理论和专业知识，具有较强的汽车机电故障诊断专业技术应用能力和较高综合素质，能胜任汽车机械故障诊断及修复、汽车电路故障诊断及修复、汽车保险与理赔、事故车辆勘查与车损评估等岗位，具有创新精神和较强实践能力的高技能专门人才。

（2）培养规格

基本素质要求	专业知识要求	职业能力要求
具有本专业大专层次学历的基础理论知识和较强的工作技能，具有本专业所适用的英语应用能力和计算机应用能力，具有诚实守信、爱岗敬业的职业道德素质，具有一定的创新能力、转换职业的能力，具有一定的文化修养以及良好的身体素质	具有汽车构造与维修、汽车机械及电控设备故障诊断及排除技术的知识；掌握一般的汽车机械及电控设备故障诊断及排除、汽车维护与保养的基本知识；掌握汽车保险、理赔及企业管理的基本知识；掌握汽车消耗品的选用及使用的基本知识	① 机械技术基本能力：机械识图与制图的能力，零件的测量、测绘的能力，钳工基本操作技能 ② 汽车机电维修能力：汽车机械及电控设备检测、修复能力；汽车钣金件检验、修复能力；具备基本的修理操作技能 ③ 汽车结构拆装调整能力：汽车发动机、底盘主要总成的解体、装配、调试的能力 ④ 汽车电子电路的解读分析能力：对于现代汽车电子控制系统的解体、装配、调试的能力 ⑤ 外语应用能力：能够阅读英语汽车维修手册及检测诊断设备、相关产品的使用说明书；获得大学英语应用能力考试合格证书

（3）就业方向

就业范围	初始岗位群（毕业 2 年内）	发展岗位群（毕业 2 年后）
汽车维修企业	汽车机电维修	车间主管、维修技师、二手车评估师

续表

就业范围	初始岗位群（毕业 2 年内）	发展岗位群（毕业 2 年后）
汽车服务企业	汽车维护保养、保险理赔员、索赔员、查勘定损员及汽车保险销售工作；汽车配件销售	科室主管、部门经理
自主创业	汽车维修店、汽车维护保养店	汽车维护保养连锁企业、汽车维修连锁企业

8. 汽车营销与服务专业

（1）培养目标

本专业培养适应我国汽车产业需要的，具有良好的政治素质、文化修养、职业道德、服务意识，德、智、体、美全面发展，掌握现代汽车的基本理论和技术、汽车整车及配件营销的理论及技巧，具有汽车营销策划、汽车销售谈判技巧和汽车美容、装潢的能力，适应汽车营销、美容企业管理、服务第一线需要的高职层次专业技术人才。

（2）培养规格

基本素质要求	专业知识要求	职业能力要求
具有本专业大专层次学历的基础理论知识和较强的工作技能，具有本专业所适用的英语应用能力和计算机应用能力，具有诚实守信、爱岗敬业的职业道德素质，具有一定的创新能力、转换职业的能力、文化修养以及良好的身体素质	具有计算机技术以及网络技术的基础知识；掌握读图（包括电器原理图）和制图（包括机械计算机绘图）的基本知识；掌握机械、电工、电子技术方面的基本知识；具有汽车构造方面的基本知识；掌握汽车整车与零配件的基础知识；掌握汽车美容与装潢的相关知识；掌握汽车企业管理的相关知识以及汽车相关的法律和法规。总之一句话："懂技术，懂营销，懂管理"	① 具有一定的汽车整车及配件营销技术水平 ② 具有一定的汽车美容与装潢技术水平 ③ 具有一定的汽车企业管理水平 ④ 具备查阅本专业一般外文资料的初步能力，达到全国公共英语二级水平

（3）就业方向

就业范围	初始岗位群（毕业 2 年内）	发展岗位群（毕业 2 年后）
汽车专营企业（4S 店）	销售顾问、服务顾问	展厅经理、销售经理、精品店长
汽车装潢美容企业	汽车美容、装潢	汽车装潢美容店店长、自主创业
汽车保险企业	汽车保险销售、理赔员、索赔员、查勘定损员	科室主管、部门经理
自主创业	汽车美容店、汽车维修店	汽车美容连锁企业、汽车维修连锁企业

9. 汽车电子技术专业

（1）培养目标

本专业培养汽车电子产品生产企业、维修企业一线需要的，具有良好职业道德素养，德、智、体、美全面发展，掌握本专业必备的基础理论和专业知识，具有较强的汽车电子专业技术应用能力和较高综合素质，能胜任汽车电子产品研发、设计、生产、销售、维修，也可以胜任汽车营销、汽车保险与理赔等岗位，具有创新精神和较强实践能力的高技能专门人才。

（2）培养规格

基本素质要求	专业知识要求	职业能力要求
① 热爱社会主义祖国，树立社会主义价值观，遵纪守法，艰苦奋斗，热爱劳动，养成文明的行为习惯，具有良好的职业道德 ② 具有社会公德和责任感，有团队合作精神和较高的人文素养 ③ 身体状况良好，心理健康	① 具有计算机技术以及网络技术的基础知识 ② 掌握读图（包括电器原理图）和制图（包括机械计算机绘图）的基本知识 ③ 掌握机械、电工、电子技术方面的基本知识 ④ 具有液压传动和气动方面的基本知识 ⑤ 掌握汽车电控技术和电器设备的基础知识，掌握电气制图知识，熟练使用 Auto CAD 和 Protel 等软件	① 具有扎实的汽车电子、电路，汽车电子控制技术基础知识 ② 掌握汽车电子产品和电子元件的工作原理、结构及测控技术 ③ 初步具备汽车电子产品的研发、设计、生产、试验、使用和检修的技能 ④ 具备查阅本专业一般外文资料的初步能力，达到全国公共英语二级水平

（3）就业方向

就业范围	初始岗位群（毕业 2 年内）	发展岗位群（毕业 2 年后）
维修汽车电子设备	汽车维修电工	维修技师
设计简单的电子线路	电子设计人员	设计工程师等
销售客服和售后服务	汽车整车、零配件销售人员	项目经理
自主创业	维修和售后服务	代理商、维修服务部

10. 汽车车身维修技术专业

（1）培养目标

本专业培养汽车维修企业一线需要的，具有良好职业道德素养，德、智、体、美全面发展的，掌握本专业必备的基础理论和专业知识，具有较强的汽车车身修复专业技术应用能力和较高综合素质，能胜任汽车车身测量与校正、汽车钣金与喷漆、汽车营销、汽车保险与理赔、事故车辆勘查与车损评估等岗位，具有创新精神和较强实践能力的高技能专门人才。

（2）培养规格

基本素质要求	专业知识要求	职业能力要求
① 热爱社会主义祖国，树立社会主义价值观，遵纪守法，艰苦奋斗，热爱劳动，养成文明的行为习惯，具有良好的职业道德 ② 具有社会公德和责任感，有团队合作精神和较高的人文素养 ③ 身体状况良好，心理健康	① 具有汽车构造与维修、汽车车身结构及测量校正技术的知识 ② 掌握一般的汽车车身测量与校正、汽车钣金与喷漆的基本知识 ③ 掌握汽车保险、理赔及企业管理的基本知识 ④ 掌握汽车消耗品的选用及使用的基本知识	① 机械技术基本能力：机械识图与制图的能力，零件的测量、测绘的能力，钳工基本操作技能 ② 汽车车身维修能力：汽车及车身检验、修复能力，汽车钣金件检验、修复能力，基本的修理操作技能 ③ 汽车结构拆装调整能力：汽车发动机、底盘主要总成的解体、装配、调试的能力 ④ 汽车电子电路的解读分析能力：对于现代汽车电子控制系统的解体、装配、调试的能力 ⑤ 外语应用能力：能够阅读英语汽车维修手册及检测诊断设备、相关产品的使用说明书；获得大学英语应用能力考试合格证书

（3）就业方向

就业范围	初始岗位群（毕业2年内）	发展岗位群（毕业2年后）
汽车维修企业	汽车钣金、维护保养	汽车钣金维修技师、车间主管
汽车车身修复企业	汽车喷漆、车身测量与校正	汽车喷漆维修技师、车身维修主管
自主创业	汽车维修店、汽车钣喷店	汽车钣喷连锁企业、汽车维修连锁企业

（五）学院各专业考证指南

序号	专业名称	专业代码	通识考证	必考专业资格证	选考专业资格证
1	机械设计与制造	560101	国家计算机一级、英语B级	CAD一级	CAD二级、电工证
2	模具设计与制造	560113	国家计算机一级、英语B级	CAD一级	CAD二级、电工证
3	数控技术	560113	国家计算机一级、英语B级	CAD一级	CAD二级、电工证
4	机电一体化技术	560301	国家计算机一级、英语B级	CAD一级	CAD二级、电工证

序号	专业名称	专业代码	通识考证	必考专业资格证	选考专业资格证
5	应用电子技术	610102	国家计算机一级、英语 B 级	电工证	CAD 一级、CAD 二级
6	工业机器人技术	560309	国家计算机一级、英语 B 级	电工证	可编程控制系统设计师机器人操作技师证
7	汽车检测与维修技术	560702	国家计算机一级、英语 B 级	汽车修理工（中级）	二手车评估师（三级）、汽车美容师（三级）、助理汽车营销师、机动车驾驶证
8	汽车营销与服务	630702	国家计算机一级、英语 B 级	汽车修理工（中级）	二手车评估师（三级）、汽车美容师（三级）、助理汽车营销师、机动车驾驶证
9	汽车电子技术	560703	国家计算机一级、英语 B 级	电工证	汽车修理工（中级）、机动车驾驶证、助理汽车营销师
10	汽车车身维修技术	600210	国家计算机一级、英语 B 级	汽车维修钣金工或汽车维修漆工（中级）	汽车修理工（中级）、机动车驾驶证、助理汽车营销师

二、传媒与信息学院

传媒与信息学院是我校最具特色的二级学院，学院现有信息技术、艺术设计、建筑工程 3 个专业类，分别为软件技术、计算机应用技术、计算机网络技术、物联网工程技术、视觉传播设计与制作、动漫制作技术、工艺美术品设计、人物形象设计、建设工程管理和建设工程监理 9 个专业。学院经过多年的专业建设和课程改革，目前拥有省级精品课程和省级资源共享课程各 1 门，现代学徒制试点专业 3 个，生产性实训室 1 个，省级专业带头人 1 名，企业订单式培养专业 4 个；学院拥有一支年富力强、奋发向上、治学严谨的教学与科研师资队伍，现有专兼教职工 70 人，专任教师 54 人，教授 5 人，副教授 5 人，讲师以上师资比例 70%，硕士以上学位师资比例 75%，拥有省级课题 8 项，出版教材 30 余部，目前学院在校学生 1 416 人。

学院始终坚持教学工作的中心地位，紧紧围绕"提高层次、优势突出、特色明显"的总体目标，采取"校企合作、工学结合"的人才培养模式，教学成绩斐然，学生屡获国家、省市级各类大赛奖项，学生就业率达97%以上。

学院拥有专业画室（9间）、专业苹果电脑机房（2间）、艺术造型实训室（2间）、艺术设计实训室（2间）、室内设计实训室（1间）、信息系统实训室（2间）、编导摄制室、网络技术实训室、网络综合布线实训室、移动应用工程实训室、工程测绘实训室、总全装饰材料实训室、智游IOS开发实训室、笔墨云（BIM）建筑信息实训室、奥肯动漫实训室、美帮人物形象综合实训室等校内实训室。

各个专业群教学强化企业师资和实操技能培养，现已建设成校内与校外递进布局、相互衔接的实训实习基地，依托厦门总全装饰有限公司、厦门智游网安科技有限公司、厦门中软卓越教育服务有限公司、触控未来有限公司（厦门）、福建安溪聚贤数字科技有限公司、厦门笔墨云科技有限公司、未来空间设计装饰工程有限公司、厦门世纪峰装饰工程有限公司、厦门一飞工程项目管理有限公司、厦门中煤建设开发监理有限公司、奥肯（厦门）动漫有限公司、美帮在线信息软件有限公司等十几家合作企业和校外实训基地，开展订单式人才培养和校企合作。学院同时加入了福建省室内设计师协会、厦门建筑装饰协会、福建省动漫游戏行业协会、福建省电影动画协会。学院和合作企业为学生提供了知识向能力转化的场所，学生在校就可参与大量的社会市场服务，拓宽与丰富了学生的专业知识面，实现了学生的所学和职业岗位零距离对接。

（一）信息技术专业类

1. 软件技术专业

（1）培养目标

本专业培养软件行业一线需要的，具有良好职业道德素养，德、智、体、美全面发展、掌握本专业必备的基础理论和专门知识，具有较强的软件技术专业能力和较高综合素质，能胜任软件开发等相关岗位，具有创新精神和较强实践能力的高技能专门人才。专业主线培养程序员、Web前端开发工程师，根据兴趣爱好和自身能力，可以升级选修移动应用开发或3D交互设计等方向。

通过工学结合人才培养模式和联合招生招工方式，根据发展方向、专精程度、工作岗位情况，毕业生工作3~5年能胜任UI设计师、.NET平台开发工程师、Java平台工程师、移动应用开发工程师、Web网站开发与维护工程师、软件销售经理等职位。

（2）就业方向与培养规格

就业范围	岗位描述	核心技能	对应课程
程序员	对项目经理负责，负责软件项目的详细设计、编码和内部测试的组织实施，对小型软件项目兼任系统分析工作，完成分配项目的实施和技术支持工作	① 至少掌握三大主流开发体系之一（.NET，Java，PHP） ② Web开发 ③ 质量控制 ④ 软件性能 ⑤ 移动开发	初级程序员（C语言） 中级程序员（.NET） 数据库构建与管理 数据结构 高级程序员（Java）（选修） PHP开发实训（选修）

就业范围	岗位描述	核心技能	对应课程
HTML5 前端设计师（核心培养岗位）	协调前端设计员、后端程序员实现网站页面或程序的界面美化、交互体验的一个职位	① 精通 HTML5、CSS3、JavaScript、JQuery、Ajax 等这些核心的 Web 前端技术 ② 具备互联网交互设计能力，熟悉后端服务器运行环境和数据通信协议 ③ 掌握响应式布局框架、Bootstrap、AngularJS 等最新的 JS 框架	图形图像处理（PS） HTML 5 UI 框架技术 CSS 样式设计实训 JavaScript 脚本设计实训（选修） JQuery 特效设计实训（选修）
移动应用开发工程师（主选修岗位 1）	移动应用操作系统、游戏和各种移动应用的开发和测试	① Android/iPhone 平台手机终端软件开发能力 ② 基础扎实，精通常用数据结构与算法和设计能力 ③ 熟悉移动终端特性和开发特点；熟悉移动终端网络编程，了解 3G\4G\Wi-Fi 等技术	初级程序员（C 语言） 高级程序员（Java）（选修） Android 项目开发（选修） IOS 项目开发（选修）
3D 游戏、VR 脚本交互设计师（主选修岗位 2）	与前端设计师合作，通过脚本设计实现游戏或 VR 项目中的交互设计、动画控制、碰撞检测等功能的编码工作	① 熟悉 UNITY 模型导入与地图编辑等基本操作 ② 精通 C# 编程技术 ③ 精通 UNITY 事件处理机制 ④ 精通角色、武器及各类怪物动作设计与制作	中级程序员（.NET） 游戏设计基础（选修） Unity 3D 引擎技术（选修） 游戏编程实践（选修） 虚拟现实技术（VR）（选修）

2. 计算机应用技术专业

本专业培养德、智、体、美全面发展，具有良好的职业道德和创新精神，熟悉计算机软硬件基础知识，掌握计算机及网络管理与维护、数据库管理与维护、程序设计能力、IT 产品销售及服务等技能，熟悉物联网的应用，在机关及企事业单位从事网络维护管理员、数据库管理员、网页设计员、手机应用开发程序员、IT 产品销售及售后服务员、物联网开发与维护员等方面工作，有可持续发展能力的高素质、复合型、技能型专门人才。

根据发展方向、专精程度、工作岗位选择情况，毕业生工作 3~5 年能胜任数据库维护工程师、系统维护工程师、程序设计师、互联网系统维护工程师、网络营销工程师等职位。

3. 计算机网络技术专业

本专业主线针对目前人才需求量较大的网络安全领域，培养拥护党的基本路线，适应生产、建设、管理、服务第一线需要的，德、智、体、美全面发展，具备在信息安全与网络安全方面的规划、设计、实施及运行管理能力，能够承担企事业单位的网络安全维护和管理工作，能够承担网络信息安全产品的设计、集成、销售与服务等工作的高技术应用型专门人才。

本专业从线培养具备一定的审美能力和专业创作能力，掌握网站图片设计与处理、网站整体规划等工作的高技能高素质的网页美工人才；培养具备计算机及网络设备的售前与售后技术支持，网络工程的设计与施工、配置、管理、维护和网络应用开发等技术支持，在企事业单位的 IT 领域从事网络管理、网络维护、网络应用设计、开发和维护等方面工作，具有一定的可持续发展能力的高素质的网络管理人才。

计算机网络技术专业就业岗位群

就业范围	初始岗位群（毕业 2 年内）	发展岗位群（毕业 2 年后）
网络安全	国家信息安全员	注册信息安全专业人员
网页美工	网页美工员	网页美工设计师
Linux 运维	Linux 运维员	Linux 运维师

计算机网络技术专业岗位及对应工作任务内容

序号	专业岗位	岗位工作任务	岗位工作内容
1	网络安全员	针对企业网络进行安全维护和管理	系统安全、服务器安全、网络设备安全等各方面的安全问题进行监控、管理和维护；能够及时解决网络中存在的各种安全隐患
2	网页美工	对网站的前端开发进行美工和设计	网页美工、网页设计等与网站前端开发有关的各项工作
3	Linux 运维	维护网络正常运行	网络运维、系统运维，保证企业网络能够正常运作

4. 物联网工程技术专业

本专业培养具有物联网工程布线、传感器安装与调试、自动识别产品安装与调试和软件产品安装能力，具有系统联调、工程验收、硬件维修、软件维护升级、实施方案设计、系统操作培训以及项目现场管理等技能，能够进行物联网工程项目的运行维护、管理监控、优化及故障排除，能够胜任物联网设备制造、项目实施和管理一线的系统集成（服务）工程师、设备安装工程师、现场应用工程师、设备（维护/调试）工程师、技术支持工程师等工作的高素质技能型专门人才。

根据发展方向、专精程度，工作岗位选择情况，毕业生工作 3～5 年能胜任物联网设备销售专员或经理、物联网设备安装工程师、物联网系统设备（维护/调试）工程师、物联网技术支持工程师、物联网研发工程师、物联网集成及平台运营工程师、物联网现场应用工程师等职位。

信息技术专业类考证指南

序号	专业名称	专业代码	通识考证	必考专业资格证	选考专业资格证
1	软件技术	610205	国家计算机一级、英语 B 级	网页制作员（中级）	程序员
2	计算机应用技术	610201	国家计算机一级、英语 B 级	网页制作员（中级）	程序员
3	计算机网络技术	610202	国家计算机一级、英语 B 级	网络管理员（高级）	注册信息安全人员（CISM）图形图像处理（PS 高级）图形图像处理（Illustrator 中级）等
4	物联网工程技术	610307	国家计算机一级、英语 B 级	网页制作员（中级）	物联网管理员

（二）艺术设计专业类

1. 视觉传播设计与制作专业（装潢艺术设计方向）

本专业培养在装潢艺术设计职业领域内，具备良好职业道德素养，德、智、体、美全面发展，掌握本专业必备的基础理论和专业知识，具有较强的装潢艺术设计专业技术应用能力和较高综合素质，能胜任装潢艺术设计各工作岗位，具有创新精神和较强实践能力的高端技能型专门人才。

本专业毕业生面向全国的建筑公司、装饰公司、家具设计公司等，从事室内设计、展示设计、家具设计、室内陈设（软装）设计、工程监理等工作。在获得一定工作经验（进修）后可升任设计部门经理或设计总监，也可自主创业开办设计公司。

视觉传播设计与制作专业（装潢艺术设计方向）就业岗位群

就业范围	初始岗位群（毕业 2 年内）	发展岗位群（毕业 2 年后）
建筑装饰行业	绘图员、设计助理	室内设计师、室内陈设（软装）设计师、设计项目主管、设计总监
家具设计行业	绘图员、设计助理	家具设计师、室内陈设（软装）设计师、设计项目主管、设计总监

视觉传播设计与制作专业（装潢艺术设计方向）岗位及对应工作任务内容

序号	专业岗位	岗位工作任务	岗位工作内容
1	绘图员助理设计师	设计施工图、效果图绘制	绘制相应图纸，协助设计师实现设计目标
2	室内设计师	实现设计主管的设计意图	对设计项目进行整体实施方案的设计

续表

序号	专 业 岗 位	岗位工作任务	岗位工作内容
3	室内陈设（软装）设计师	进行室内装饰设计，实现客户的设计诉求	对室内装饰的整体风格进行定位 对室内装饰的各功能区间进行合理布局 对室内装饰的具体内容进行设计
4	项目主管设计总监	对设计项目进行全面管理	与甲方进行对接、沟通与提案 对设计项目进行整体的规划 监督整个设计进程，评估设计师的设计效果是否达到预期

2. 视觉传播设计与制作专业（计算机平面设计方向）

本专业培养在平面设计职业领域内，具备良好职业道德素养，德、智、体、美全面发展，掌握本专业必备的基础理论和专业知识，具有较强的平面设计专业技术应用能力和较高综合素质，能胜任平面设计各工作岗位，具有创新精神和较强实践能力的高端技能型专门人才。

本专业毕业生可任职于广告公司、设计工作室、图书出版行业、影楼、喷绘制图公司等相关领域，可从事新闻出版、彩色印刷、平面广告、户外广告、企业 CIS 策划设计、海报设计、招贴设计、刊物设计、产品包装设计、商业手绘、网站形象设计、网页制作、商业摄影、效果图设计、展览及展示设计、界面设计等当今流行行业的工作。

在获得一定工作经验（进修）后可升任设计部门经理或设计总监，也可自主创业开办设计公司。

视觉传播设计与制作专业（计算机平面设计方向）就业岗位群

就业范围	初始岗位群（毕业 2 年内）	发展岗位群（毕业 2 年后）
广告公司、设计工作室	美工、助理设计师	平面设计师、包装设计师、设计项目主管、设计总监
图书出版行业、影楼、喷绘制图公司	绘图员、助理设计师	平面设计师、包装设计师、设计项目主管、设计总监

视觉传播设计与制作专业（计算机平面设计方向）岗位及对应工作任务内容

序号	专 业 岗 位	岗位工作任务	岗位工作内容
1	美工、绘图员、助理设计师	提供各设计项目的最基础服务	制图排版、刻字出图、打印喷绘等
2	平面设计师	为客户提供专业性的设计服务，实现客户的设计诉求	海报设计、标志设计、版面设计、广告设计、企业形象设计、网站设计等
3	包装设计师	为客户提供专业性的设计服务，实现客户的设计诉求	图案设计、字体设计、包装结构设计、产品包装设计、书籍装帧设计等

序号	专 业 岗 位	岗位工作任务	岗位工作内容
4	项目主管 设计总监	对设计项目进行全面管理	与甲方进行对接、沟通与提案 对设计项目进行整体的规划 监督整个设计进程，评估设计师的设计效果是否达到预期

3. 动漫制作技术专业

本专业培养在动漫设计职业领域内，具备良好职业道德素养，德、智、体、美全面发展，掌握本专业必备的基础理论和专业知识，掌握二维和三维动画设计与制作的基本方法及操作技能，具有较强的动漫设计专业技术应用能力和较高综合素质，能胜任动漫设计各工作岗位，具有创新精神和较强实践能力的高端技能型专门人才。

本专业毕业生面向动画制片公司、动漫游戏公司、玩具公司、网络公司、手机游戏公司、动漫培训机构等动漫相关企业，从事动画设计、游戏设计、玩具设计、动画制作等工作，以及在出版社从事插图、卡通连环画的创作。在获得一定工作经验（进修）后可升任设计部门经理或设计总监，也可自主创业开办设计公司。

动漫制作技术专业就业岗位群

就业范围	初始岗位群（毕业 2 年内）	发展岗位群（毕业 2 年后）
动漫行业	动画绘图员、设计助理	原画设计师、动漫角色设计师、插画设计师、二维动画设计师、设计项目主管、设计总监
游戏行业	动画绘图员、设计助理	原画设计师、3D 建模设计师、三维动画特效设计师、影视后期合成设计师、设计项目主管、设计总监

动漫制作技术专业岗位及对应工作任务内容

序号	专 业 岗 位	岗位工作任务	岗位工作内容
1	动画绘制员 助理设计师	领会和贯彻动作设计意图和技术要求，进行具体细节的实施	进行动画角色造型的绘制、动态图的绘制以及不同场景的绘制，并将关键动作过程连续绘制完成
2	原画设计师 动漫角色设计师、	原画设计、动漫角色设计	对设计项目进行故事脚本、角色、场景、道具、分镜等环节的设计
3	二维动画设计师	针对不同媒体（如网页动画）进行二维动画设计	运用 Flash 等软件进行二维动画设计
4	3D 建模师	人物、道具的三维模式绘制	运用 3Dmax、Maya 等软件进行三维模型设计

续表

序号	专业岗位	岗位工作任务	岗位工作内容
5	三维动画特效设计师 影视后期合成设计师	动画特效后期合成设计	运用 3Dmax、Maya、After Effects（PR）等软件进行三维模型设计
6	项目主管 设计总监	对设计项目进行全面管理	与甲方进行对接、沟通与提案 对设计项目进行整体的规划 监督整个设计进程，评估设计师的设计效果是否达到预期

4. 工艺美术品设计专业

本专业培养在工艺美术设计职业领域内，具备良好职业道德素养，德、智、体、美全面发展，掌握本专业必备的基础理论和专业知识，具有较强的工艺美术设计专业技术应用能力和较高综合素质，能胜任工艺美术各工作岗位，具有创新精神和较强实践能力的高端技能型专门人才。

本专业毕业生面向全国各类工艺美术产品生产企业、各地域性具有民族特色的民间工艺品、旅游工艺品生产企业，从事工艺美术品的设计、加工、制作和营销工作。在获得一定工作经验（进修）后可升任设计部门经理或设计总监，也可自主创业开办设计公司。

工艺美术品设计专业就业岗位群

就业范围	初始岗位群（毕业 2 年内）	发展岗位群（毕业 2 年后）
全国各地各类工艺美术产品生产企业	美工、工艺品生产技师	工艺美术师、工艺品营销师、设计项目主管、设计总监
全国各地域性具有民族特色的民间工艺品、旅游工艺品生产企业	美工、设计助理	旅游工艺品设计师、工艺品营销师、设计项目主管、设计总监

工艺美术品设计专业岗位及对应工作任务内容

序号	专业岗位	岗位工作任务	岗位工作内容
1	美工、 工艺品生产技师	进行工艺品生产最基础的工作	进行工艺品生产线上的各生产步骤工作，如拉胚、塑性、烤制、上釉、描绘等
2	工艺美术师、 旅游工艺品设计师	进行工艺品的创作设计工作	对设计项目进行创意、开发和创作
3	工艺品营销师	进行工艺品的市场推广和营销	进行工艺品的市场推广和营销

序号	专业岗位	岗位工作任务	岗位工作内容
4	项目主管 设计总监	对设计项目进行全面管理	与甲方进行对接、沟通与提案 对设计项目进行整体的规划 监督整个设计进程，评估设计师的设计效果是否达到预期

5. 人物形象设计专业

本专业培养在人物形象设计职业领域内，具备良好职业道德素养，德、智、体、美全面发展，掌握本专业必备的基础理论和专业知识，具有较强的人物形象设计专业技术应用能力和较高综合素质，能胜任人物形象设计各工作岗位，具有创新精神和较强实践能力的高端技能型专门人才。

本专业毕业生面向影视公司、电视台、影楼、婚庆公司等企业从事影视人物造型设计、新娘形象设计、美容化妆，以及为个人提供形象咨询等工作；并能兼任商务形象顾问，色彩形象顾问，色彩服装搭配师，职业导购，职业形象设计师，职业色彩顾问师，职业化妆师，造型师，彩妆化妆品公司培训师、彩妆导师、产品技术督导等多领域的工作。

人物形象设计专业现为我校校企合作专业，与美帮在线（厦门）信息软件有限公司进行深入的合作，成立了美帮人物设计学院，由企业提供实训环境，企业导师入驻学校开展前期基础教学，后期学生到企业进行顶岗培训，毕业后直接推荐到相关企业就业。学院通过市场调研制定人才培养方案，明确学生培养目标，现设有人物风格定制色彩美学、彩妆美甲两个专业方向。

目前学院已建立了一个集专业教学、岗位培训、实践体验馆于一体的实训室和实训基地，可以保证各课程的实践教学及学生综合知识能力的培养。

专业实训室

序号	实训室名称	门牌号
1	美颜教室（1）	实 A201
2	美颜教室（2）	实 A202
3	彩妆教室（1）	实 A203
4	美甲教室（1）	实 A204
5	风格定制教室（1）	实 A206
6	美发造型教室	实 A208

校内实训基地

序号	实训室名称	门牌号
1	彩妆体验馆	实 D（1）
2	美颜体验馆	实 D（3）
3	风格定制体验馆	实 D（3）

校外实训基地

序号	实训室名称	实训内容
1	艺施美甲	毕业实习
2	鹭美医疗美容	毕业实习
3	后谷摄影	毕业实习
4	美帮信息技术	毕业实习
5	涟漪美容公司	毕业实习

（1）培养目标（人物风格定制色彩美学专业方向）

本专业方向立足厦门，服务海西，培养目标偏向于舞台与影视专业人员，偏向于化妆整体造型、个人形象打造，就业面向人物造型讲师、演艺工作者、婚纱摄影、美容院、医疗整形医院、高端服装名品店等，服务面向中高端收入群体。

（2）培养规格（人物风格定制色彩美学专业方向）

基本素质要求	专业知识要求	职业能力要求
① 个人形象气质佳 ② 有良好的审美能力与眼光 ③ 动手能力	① 具备基本的色彩基本常识 ② 掌握面部美学标准 ③ 掌握影视、舞台、新娘、生活各种妆面设计 ④ 掌握整体造型与服饰搭配技术基础知识	专业核心能力：妆容发型设计能力、形象创新造型能力、礼仪接待咨询能力

（3）就业岗位群（人物风格定制色彩美学专业方向）

就业范围	初始岗位群（毕业2年内）	发展岗位群（毕业2年后）
影视公司	化妆助理	影视造型师
影楼	化妆师	高端美容会所
整体造型培训机构	奢侈名品销售	时尚博主
各大职业高校		美学课程讲师
医疗整形医院	医美前台	医美咨询师
高端名品销售		

（4）培养目标（彩妆美甲专业方向）

本专业立足厦门，服务海西，培养目标偏向于舞台与影视专业人员，偏向于化妆整体造型、个人形象打造，就业面向人物造型讲师、演艺工作者、婚纱摄影、美容院、医疗整形医院、高端服装名品店等，服务面向中高端收入群体。

（5）培养规格（彩妆美甲专业方向）

基本素质要求	专业知识要求	职业能力要求
① 个人形象气质佳 ② 有良好的审美与眼光 ③ 耐心细心	① 色彩理论 ② 彩绘艺术 ③ 面部美学标准	专业核心能力：美甲甲艺设计、彩妆设计能力

（6）就业岗位群（彩妆美甲专业方向）

就业范围	初始岗位群（毕业 2 年内）	发展岗位群（毕业 2 年后）
美容美甲会所	美甲师	高级甲艺设计师
化妆品公司	化妆师	明星造型师
影楼影视公司	影视化妆助理	影视造型师
自主创业		

艺术设计专业类考证指南

序号	专业名称	专业代码	通识考证	必考专业资格证	选考专业资格证
1	视觉传播设计与制作	650102	国家计算机一级、英语 B 级	室内设计方向：CAD 中级操作员证书	室内装饰设计员证；Photoshop 中、高级图像制作员证书
				平面设计方向：Photoshop 中级图像制作员证书	CorelDRAW 中、高级操作员证书 平面设计师证书（助理、中级、高级）
2	动漫制作技术	610207	国家计算机一级、英语 B 级	Photoshop 中、高级图像制作员证书	全国计算机高新技术证书（动漫设计师中、高级证书证书） 全国信息化工程师 NACG 数字艺术专业人才证书（二维、三维动画设计师）
3	工艺美术品设计	650119	国家计算机一级、英语 B 级	Photoshop 中级图像制作员证书	工艺美术师证书（初级、中级、高级）
4	人物形象设计	650122	国家计算机一级、英语 B 级	化妆师证书（中、高级）	Photoshop 中、高级图像制作员证书 艺术形象设计师证书（中、高级）

（三）建筑工程专业类

1. 建设工程管理专业

本专业培养适应社会主义现代化建设需要，德、智、体、美全面发展，掌握本专业必备的基础理论知识，具有本专业相关领域工作的岗位能力和专业技能，适应建筑工程生产一线的技术、管理等职业岗位群要求的技术及管理人才。

毕业生应具有从事本专业技术及管理岗位工作所必需的专业知识、专业能力及专业技能；掌握综合处理有关施工现场技术及管理问题的基本能力；具有健康的体魄，良好的心理素质，能够经受挫折，不断进取；具有广泛的社会交往能力，适应各种社会环境；思路开阔、敏捷，善于处理突发问题；具有公平竞争与组织协调的能力；具有敬业精神、团队意识和创新能力。

毕业生任职于建筑施工企业、建筑设计院、工程监理公司、造价咨询公司、政府相关职能部门等，主要从事工程项目组织、现场施工管理、质量验收、施工安全、材料检测、技术资料等专业岗位的业务工作，获得一定的工作经验或进修后，可升任设计主管和项目经理等工作岗位。

2. 建设工程监理专业

本专业培养适应社会主义现代化建设需要，德、智、体、美全面发展，掌握本专业必备的基础理论知识，具有本专业相关领域工作的岗位能力和专业技能，适应建筑工程生产一线的技术、管理等职业岗位群要求的技术及管理人才。

毕业生应具有监理人员必备的公平、公正、诚实守信的职业道德，具有严谨的工作作风，爱岗敬业；工作中以事实为依据，以法律和有关合同为准绳，在维护建设单位的合法权益时，不得损害承建单位的合法权益；具有本专业必需的文化基础知识和专业知识，具备施工监理人员的基本素质和自学能力，具有一定的可持续发展潜能和创新精神；具有良好的心理素质和身体素质，能适应岗位对体质的要求；思路开阔、敏捷，能处理突发问题；具有进行人际交往、团队合作和协调人际关系的能力。

毕业生就业面向建设工程监理、建筑工程施工、建设咨询等建筑领域的相关企业，从事建设监理工作，或在工程造价咨询单位从事技术与管理工作，或在建筑施工单位从事施工技术工作。

建筑工程专业类考证指南

序号	专业名称	专业代码	通识考证	必考专业资格证	选考专业资格证
1	建设工程管理	540501	国家计算机一级、英语 B 级	计算机辅助设计 AutoCAD 绘图员证	施工员证、质量员证、安全员证、标准员证、材料员证、机械员证、劳务员证、资料员证、造价员证
2	建设工程监理	540505	国家计算机一级、英语 B 级	计算机辅助设计 AutoCAD 绘图员证	施工员证、质量员证、安全员证、标准员证、材料员证、机械员证、劳务员证、资料员证、造价员证

三、财经学院

财经学院是本校设置的财务会计类和商务运营类专业群的二级学院，学院于 2004 年批准设立，原名为"经贸系"，2010 年 5 月升格为"财经学院"。学院现设有会计、审计、会计信息管理、电子商务和中小企业创业与经营等 5 个专业。2017 年在校生达到 1 850 人。各专业类（群）通过课程融合与优势互补，主要面向中小企业培养高素质技能型人才。

经过 10 多年的建设，学院的专业（群）建设不断增强，教学质量得到很大的提升。现有省级创新创业试点专业 1 个，省级现代学徒制试点项目 1 个、校级培育品牌专业 1 个，校外实习基地 10 个，省级与校级教育与教学质量研究课题立项 8 项。

学院现有专任教师 57 人，校外企业兼职教师 14 人。在教师队伍中，有副高以上职称者 12 人，占 20%；有中级以上职称者 48 人，占 85%；具有硕士以上学位者 17 人，占 30%；有"双师"型教师 40 人，占 70%。

学院教学资源丰富，拥有校内专业实践教学基地（实训楼 C 栋 4 层）共计 8 间实训室（200 平方米/间）：会计综合实训室 2 间、会计电算化实训室 2 间、会计手工模拟实训室 1 间、跨境电子商务实训室 1 间、电子商务综合实训室 2 间。各实训室以国家级职业技能竞赛要求配备专业实训软、硬件设施，每间可同时容纳 50 人进行教学，为同学们营造了良好的学习环境和条件。

学院已经建立了较为稳定的校外实习实训基地，主要有厦门加捷股份有限公司、名鞋库网络科技有限公司、福建金算子集团、厦门柒牌电子商务有限公司等数十家企业，这些企业为学生提供了实训、实习平台，为学生积累一线工作经历提供了良好条件。

在校党委的领导下，财经学院党总支设有教师党支部和三个学生党支部，设有学生团总支和学生会，有自律部、生活部、实践部、女生部、体育部、文艺部、外联部、学习部等团体，开展了文艺下乡、学科知识竞赛、各种晚会、各类体育比赛、青年志愿者活动等一系列有益于大学生身心健康的活动，践行"月月有比赛、周周有活动"，深受好评。

近年来，财经学院曾获国家级职业技能竞赛三等奖 1 项，福建省职业技能竞赛一等奖 1 项、二等奖 3 项、三等奖 3 项，厦门市职业技能竞赛一等奖 2 项、三等奖 4 项，在其他行业赛中获得二等奖以上的多达 10 项。这些包括会计技能、银行业务综合技能、电子商务、互联网＋国际贸易等赛项，都是我们专业特长与特色的表现。通过两轮人才培养评估工作，学院的教学工作取得长足进展，培养的学生质量明显提升。特别是通过校企合作，加强"双师"型教师队伍的建设等途径，大大提高了对学生实践能力的培养。近 3 年毕业生就业率均达 98% 以上。

1. 会计专业

培养目标： 出纳、往来结算核算员、存货核算员、工资核算员、资金核算员、固定资产核算员、成本核算员、销售与利税核算员、中介会计代理、进出口业务核算员、会计主管。

主干课程： 会计实务、财务会计、成本会计、税务会计、财务管理、审计实务、会计电算化、会计综合模拟实训、国际贸易单证与实务、出纳实务等。

就业方向： 面向中小型工商企业、外贸企业、事业单位、会计中介机构，从事会计核算业务、会计咨询业务、会计代理业务，也可从事工商企业人力资源管理、企业财产管理相关业务的各项专业工作。

专业特色： 会计电算化专业定位于培养立足本省，面向海西经济区域，符合中小企业、中介代理机构需要的人才。专业定位是培养会计专业素质、综合岗位能力兼备的应用型财务管理技能型高级专门人才。该专业学生具有适应性强、操作能力强、学习能力强等特点。

2. 审计专业（原会计与审计专业）

培养目标： 审计专员、审计助理、出纳、往来结算核算员、存货核算员、资金核算员、成本核算员、销售与利税核算员、中介会计代理、进出口业务核算员、会计主管。

主干课程： 会计实务、财务会计、税务会计、成本会计、会计报告分析、审计实务、会计电算化、会计综合模拟实训、审计综合模拟实训、国际贸易单证与实务等。

就业方向： 中小型工商企业、外贸企业、事业单位、会计中介机构，从事审计、会计、审计咨询、会计代理业务，也可从事工商企业人力资源管理、企业财产管理相关业务的各项专业工作。

专业特色： 会计与审计专业定位于培养立足本省，面向海西经济区域，适应会计师事务所、税务师事务所、会计代理机构等中介机构需要的专门审计人才和会计核算人才。培养的学生兼具会计核算能力和审计能力，具有适应当前审计和会计业务需要的实际操作能力。该专业学生具有审核能力强、操作能力强、学习能力强等特点。

3. 会计信息管理专业

培养目标： 在工商企业、会计师事务所、行政事业单位会计核算中心从事会计核算、计算机财务信息处理和财务管理工作的高技术应用型人才。

主干课程： 会计实务、财务会计、税务会计、成本会计、财务报表分析、审计实务、财务应用软件、Excel 在财务中的运用、会计电算化、会计综合模拟实训、审计综合模拟实训等。

就业方向： 中小型工商企业、商场超市、金融机构、外贸企业、事业单位、会计中介机构，从事财务管理、信息处理、票据结算、资金结算、信贷管理等工作。

专业特色： 会计信息管理专业定位于培养立足本省，面向海西经济区域，适应会计师事务所、税务师事务所、会计代理机构等中介机构需要的专门会计信息管理人才和会计核算人才。培养的学生兼具会计核算、计算机财务信息处理和财务管理工作能力。该专业学生具有审核能力强、操作能力强、学习能力强等特点。

4. 电子商务专业

培养目标： 在企事业单位从事电子商务活动策划、运营、推广和服务的人才。

主干课程： 电子商务基础与应用、现代推销技术、Photoshop 操作、网络营销与策划、跨境电子商务、网上支付与结算、网上开店与创业、电子商务运营、跨境电子商务营运、商务谈判技巧与实务、电子商务网站建设与设计等。

就业方向： 网站策划/编辑人员、网站设计/开发人、网站美工人员、网络营销人员、外贸电子商务人员、网站营运人员/主管、网站推广人员、网店经营者。

专业特色： 电子商务专业是一个紧跟时代步伐的专业。该专业紧跟国家经济发展的步伐，主要培养适应海西经济区域需要的，掌握最新电子商务发展动态、信息网络技术、网络营销和现代商务知识的电子商务应用型高技能人才。电子商务专业学生具有良好的电子商新技术学习能力和电子商务实战能力。

5. 中小企业创业与经营

本专业为创新型专业，以多变的教学方式和多元化的课程设置，激发学生的创新精神和创业意识，培养并引导学生具备一定的专业素质和心理品质，形成创业知识结构，提高学生的创业能力。

培养目标：依托学院创业孵化平台，培养学生的自主性、创造性和独立处理问题的能力，并逐渐树立市场开拓意识，引导学生增强发现市场、把握市场机遇的事业敏感性，让学生学会审时度势，善于捕捉和创造商机，积极主动地去开拓市场。

主干课程：创业与中小企业管理、创业环境分析、创业机会识别与评估、设计思维、商业模式设计、网上开店与创业、商业计划书、企业财务管理、中小企业人力资源管理、中小企业项目管理等。

就业方向：自主创业，共赢创业。

专业特色：本专业通过创业大赛实训、实际企业案例分析、企业项目训练、自主创业项目实际运作，培养掌握中小企业创业及成长规律和中小企业经营管理活动必需的基本理论和技能的应用型人才。

财经学院各专业考证指南

序号	专业名称	专业代码	通识考证	必考专业资格证	选考专业资格证	备注
1	会计	630302	国家计算机一级、英语 B 级	初级会计师证书	会计信息化证书	
2	审计	630303		初级会计师证书	会计信息化证书	
3	会计信息管理	630304		初级会计师证书	会计信息化证书	
4	电子商务	630801		助理电子商务师证书	跨境电子商务操作员	

四、现代工商管理学院

现代工商管理学院是秉承"以就业为导向、校企合作、工学结合"的现代高职育人理念，专门为沿海物流、旅游等现代工商企业服务，培养具备国际视野和较强创新能力、动手能力的高级管理人才的二级学院。现设有市场营销、网络营销、报关与国际货运代理、物流管理、国际商务、商务英语、旅游管理、酒店管理、会展策划与管理等 9 个专业。目前在校生达 1 900 多人；专兼职教师 68 人，其中有副高以上职称的 11 人，有研究生学历的占 40%。

我院市场营销专业于 2012 年获批厦门市高职第二批重点专业；物流管理专业于 2016 年5 月获批厦门市高职第三批重点专业，同年获批"中国物流学会产学研基地"；旅游管理专业于 2015 年获批福建省现代学徒制项目，并于 2017 年获批省级二元制项目。

我院 2017 年荣获福建省职业院校服务产业特色专业群建设项目——商贸物流专业群，该专业群以物流管理为核心专业，由物流管理、报关与国际货运、市场营销、商务英语、国际商务、网络营销 6 个专业构成。

　　我院通过引进国内外先进、优质的教育资源，造就了一支敬业爱生的教师队伍，配备了较为完备的教学设施。我院目前有多个校内外实训基地及校企合作单位，实行现代学徒制人才培养模式，实现了实践与教学的紧密结合，提高了学生的综合知识能力，为学生实习和就业提供了广阔的平台。

　　通过师生的共同努力，我院于2018年荣获厦门市总工会颁发的"工人先锋号"荣誉称号，并在各类技能大赛中取得优异成绩，尤其在2017年国家职业技能竞赛"中餐主题宴会设计"赛项中获得了全国一等奖。这一奖项不仅是我校建校史上国赛金牌零的突破，更是厦门市高职院校参加国赛金牌零的突破，也是该项目福建省代表队金牌零的突破。

（一）校内外实训基地

1. 校内实训基地

序号	实训基地名称	实训内容
1	企业经营沙盘模拟实训室	企业经营模拟实训
2	来典咖啡屋	小型服务业经营模拟实训、调制酒水
3	市场营销综合实训室	市场营销、商务洽谈、会展策划
4	企业模拟实训室	企业仿真模拟经营
5	厦门华天超市	条码设计、商品陈列
6	物流一体化实训室	物流管理、报关货运相关实训
7	导游实训室	导游相关实训
8	华天旅行社	旅游相关实训
9	中餐实训室	酒店中餐摆台实训
10	西餐实训室	酒店西餐摆台实训
11	客房实训室	酒店客房实训
12	茶艺实训室	茶道实训

2. 校外实训基地

序号	实训基地名称
1	厦门高鹏房产
2	厦门零贰零网络科技有限公司
3	众事达（福建）信息技术有限公司
4	厦门阜鸿电子科技有限公司
5	厦门科拓通讯股份有限公司
6	厦门裕昕创业货运代理有限公司

序号	实训基地名称
7	厦门钰通源实业有限公司
8	泉州市强富美农业发展有限公司
9	厦门捷递物流有限公司
10	厦门荣航船务有限公司
11	厦门惠和石文化公园
12	厦门旅游培训中心
13	厦门佰翔五通酒店
14	厦门佰翔软件园酒店
15	厦门温德姆酒店
16	厦门杏林湾大酒店
17	厦门乘源会展公司
18	厦门惠尔康集团有限公司

（二）技能大赛获奖情况（部分）

序号	参加时间	技能大赛名称	获得奖项
1	2012 年 4 月	福建省企业沙盘模拟经营大赛	三等奖
2	2013 年 4 月	福建省企业沙盘模拟经营大赛	三等奖
3	2014 年 4 月	福建省企业沙盘模拟经营大赛	二等奖
4	2014 年 11 月	厦门市第二届沙盘模拟竞赛	全市第一名
5	2015 年 4 月	福建省企业沙盘模拟经营大赛	二等奖
6	2015 年 4 月	福建省市场营销技能大赛	三等奖
7	2015 年 5 月	海峡两岸市场营销技能大赛	二等奖
8	2015 年 10 月	福建省职业技能大赛高职组导游服务（英文）	三等奖
9	2015 年 11 月	厦门市西餐宴会服务大赛	二等奖、三等奖
10	2015 年 11 月	厦门市第二届高职旅游（酒店）管理专业技能竞赛	二等奖
11	2015 年 11 月	海峡两岸营销模拟决策大赛（全国赛）	二等奖
12	2015 年 11 月	厦门市第三届高职会计技能和沙盘模拟经营比赛	一等奖、三等奖
13	2015 年 12 月	厦门市第三届高职会计技能和企业沙盘模拟经营技能竞赛	三等奖

续表

序号	参加时间	技能大赛名称	获得奖项
14	2015 年 12 月	全国市场营销模拟决策竞赛	二等奖
15	2016 年 1 月	福建省西餐宴会服务大赛	二等奖、三等奖
16	2016 年 1 月	福建省高职院校职业技能大赛（现代物流）	三等奖
17	2016 年 1 月	福建省高等职业院校技能大赛（导游服务）	三等奖
18	2016 年 1 月	福建省中华茶艺大赛	三等奖
19	2016 年 11 月	厦门市高职院校职业技能竞赛现代物流赛项	一等奖
20	2016 年 12 月	易木杯全国供应链管理运营大赛	三等奖
21	2017 年 5 月	全国职业院校技能大赛（中餐主题宴会设计）	一等奖
22	2017 年 11 月	福建省职业院校技能大赛（中文导游服务）	一等奖、二等奖
23	2017 年 11 月	福建省职业院校技能大赛（英文导游服务）	二等奖、三等奖
24	2017 年 11 月	福建省职业院校技能大赛（西餐宴会服务）	二等奖、三等奖
25	2017 年 11 月	福建省职业院校技能大赛（中华茶艺）	二等奖
26	2017 年 11 月	福建省职业院校技能大赛（中餐主题宴会设计）	三等奖
27	2017 年 11 月	厦门市高职院校职业技能竞赛现代物流赛项	一等奖
28	2017 年 11 月	南北科技杯第七届全国国际贸易职业能力团体赛	一等奖
29	2017 年 11 月	第七届全国国际贸易职业能力——进口业务操作单项技能奖	二等奖
30	2017 年 12 月	2018 年福建省高职院校职业技能大赛（现代物流）	二等奖
31	2017 年 12 月	福建省企业沙盘模拟经营大赛	一等奖

（三）各专业介绍

1. 市场营销专业

（1）专业培养目标

本专业培养适应社会主义市场经济需要和营销管理、企业管理等一线需要，具备良好的政治素质、职业道德、创新意识和团结协作精神，掌握市场营销的基本理论和基本知识，具有市场分析、营销管理、营销执行、营销策划和自主创业能力，能从事企业营销部门的市场调查、产品销售、市场开发、门店管理和营销策划等工作的高素质技能型专门人才。

（2）就业方向

市场营销专业面向企事业单位及政府部门，主要从事产品（服务）销售市场开发，客户服务，策划、组织、执行产品和品牌市场推广方案，进行渠道管理与维护等工作。

具体而言，市场营销职业岗位主要为市场调研、产品管理、广告策划、公关策划、促销策划、渠道管理、店面管理、销售代表、客户管理和物流管理等。

① 市场调研岗位主要任务：制定市场调研方案，组织实施市场调研项目，制作调研报告，收集各类市场情报及相关行业政策和信息，向客户管理层提出建议。

② 产品管理岗位主要任务：进行企业产品宣传，并反馈、总结所有信息，收集和应用产品市场信息，策划新产品上市和已有产品更新换代，包括计划的制订、实施，广告创意，宣传文案的撰写及相关活动的策划与实施。

③ 广告策划岗位主要任务：制定与市场情况、产品状态、消费群体相适应的经济有效的广告方案并加以评估、实施和检验，为广告主的整体经营提供良好的服务。

④ 公关策划岗位主要任务：制订和执行市场公关计划，开展公关调查，策划主持重要的公关专题活动，建立和维护公共关系数据库，提供市场开拓及促销、展会、现场会方面的公关支持，协助接待企业来宾。

⑤ 促销策划岗位主要任务：根据企业整体规划，组织实施不同时间的促销活动，拟定各种促销方案，并监督各种促销方案的实施与效果评估。

⑥ 渠道管理岗位主要任务：制定分销战略规划，选择不同的分销方式与分销渠道，对分销渠道加以控制和评估，以确保渠道成员间、公司和渠道成员间相互协调。

⑦ 店面管理岗位主要任务：按照企业制订的计划和程序开展产品推广活动，介绍产品并提供相关产品资料，在所管辖的零售店进行产品宣传、入店培训、样品陈列、公关促销等工作。

⑧ 商品推销岗位主要任务：开发市场、与顾客进行有效信息沟通、介绍产品、为顾客提供专业性支持。

⑨ 客户管理岗位主要任务：进行有效的客户管理和沟通，了解并分析客户需求，进行维护客户的方案规划，发展、维护良好的客户关系，建立售后服务信息管理系统（客户服务档案、质量跟踪及信息反馈）。

2. 网络营销专业

（1）培养目标

培养具有独创精神和较强实践能力，掌握必要的文化基础和专业知识，具备扎实的计算机及网络知识、商务基础知识、网络营销知识、电子商务平台建设和管理能力的专门人才。

（2）主干课程

计算机基础、计算机网络与应用、电子商务基础与应用、电子商务网站建设及管理、商品与品牌学、移动电子商务、客户关系管理、会计基础、网络营销与策划、现代推销技术、微信营销、跨境电子商务等。

（3）就业方向

网站策划/编辑人员、网络营销人员、网站推广主管、外贸电子商务人员、网站营运人员/主管、网站推广人员、网店经营者。

（4）专业特色

网络营销专业是电子商务时代为商务活动推广服务的专业。该专业紧跟国家经济发展的步伐，主要培养适应海西经济区域需要的，掌握最新电子商务发展动态、信息网络技术、网络营销和现代商务知识的电子商务应用型高技能人才。网络营销专业学生具有良好的电子商务新技术学习能力和网络营销实战能力。

3. 报关与国际货运专业

（1）培养目标

通过系统的专业学习，学生能在较强的外语、计算机能力基础上，了解相关专业的基础知识，熟悉国际贸易的相关法律规范及通行规则，掌握扎实的国际贸易、报关、报检和国际货运基础知识，具有对服务对象实施管理和操作服务的基本能力，成为能运用现代信息手段处理贸易、报关、报检和国际货运业务的实用型专门人才。

（2）核心能力

具有独立开展报关和报检业务的能力；掌握报关和报检程序管理和商务管理知识；具备处理国际货物运输业务和运输组织的能力；具备国际货物运输的经济分析、经济核算、成本核算等方面工作的能力；具备应用计算机进行 EDI 系统操作及电子单证、国际货物运输单证制作的能力；具备各种国际货物运输方式的商务处理能力。

（3）就业方向

本专业毕业生主要就业方向是在货运代理企业、运输企业（海运、空运）、进出口公司、外贸公司、保税区、出口加工区等从事业务员和报关员或与专业相关的其他工作。其初始岗位和发展岗位群如下表所示：

就业范围	初始岗位（毕业 2 年内）	发展岗位群（毕业 2 年后）
货运代理企业、运输企业（海运、空运）	国际货运代理操作员、物流运输员、物流配送员	货运代理经理、货运代理经纪人、物流经理
进出口公司、外贸公司	外贸业务员、外贸文员	外贸业务经理、资深文员
保税区、出口加工区	报关员、报检员	报税物流经理、资深报关员、资深报检员

（4）区位优势

随着海峡西岸经济区建设的深入发展，为了做大做强东南优良港口，福建省决定大力发展厦门港，厦门湾区域性国际物流中心随之形成。厦门市政府为此专门出台了港口物流发展的方针政策和战略目标，建成依托闽南地区、背靠福建、覆盖赣粤部分区域，与国际物流接轨，具备较强服务能力，初步适应厦门及腹地区域需求的物流体系，基本实现物流的专业化、规模化和信息化，物流业成为新经济增长点，初步形成区域性航运物流中心；到 2020年，建立与国际通行规则接轨的多层次、社会化、专业化现代物流服务体系，成为长江三角洲和珠江三角洲之间对接台湾的现代物流枢纽港口。

报关与国际货运业作为港口物流的重要组成部分，在近年的发展中逐渐从小到大，从改革开放之前的独家企业发展到目前的 2 500 多家，无论在数量上还是在质量上都得到了长足的发展，而且其发展呈现大幅上升势头。厦门市外贸进出口每年增加百亿美元，报关与国际货运人才紧缺，从业人员数量远远不能满足市场的需求。据权威部门统计，今后 5 年内货运代理人员缺口在 10 000 人左右。

4. 物流管理专业

（1）培养目标

本专业依据海西经济建设和厦门自贸区建设的发展需求，培养相适应的物流行业服务、管理一线人员，使其掌握本专业必备的基础理论知识和实践操作技能；培养具有较强的物流专业技术应用能力和较高的综合素质，能胜任物流及其相关企业一线服务与管理岗位，具有创新精神和实践能力的高技能专门人才。

（2）核心能力

具备采购、运输、配送、仓储、流通加工、信息处理等的操作能力；掌握日常物流设备的使用方法，能熟练使用现代物流管理应用软件；具备物流系统基本的运营设计、供应链管理、物流成本的核算与分析能力；能根据不同群体的需求提供专业的技术支持和进行客户关系管理。

（3）就业方向

1）初始岗位。

① 仓储及运输公司的输单、理货、仓库管理、运输调度、出库配载等；

② 生产制造企业的计划、采购、仓库管理等；

③ 第三方物流企业的操作、客户服务、销售等。

2）发展岗位

① 预计 1 ~ 2 年可担任相应的单证主管、仓库主管、调度主管、计划主管、采购主管、客服主管、现场主管、销售主管等。

② 预计 3 ~ 5 年可升任相应的仓储部经理、运输部经理、生产部经理等。

（4）区位优势

物流产业在厦门市国民经济中的定位，从"十五"计划的现代服务业三大支柱产业之一到"十二五"计划的六大支柱产业之一。厦门市被确定为全国九大发展区域之一的东南沿海物流发展区域中心城市、一级物流节点城市和一级物流园区布局城市。

面对中国经济"增长速度换挡期、结构调整阵痛期、前期刺激政策消化期"的发展新常态，面对经济全球化趋势的发展和网络信息技术革命带动新业态的涌现，面对产业结构调整、居民消费转型升级和区域经济一体化步伐的加快，厦门市获得国务院批准建设自贸试验区并着力打造"21 世纪海上丝绸之路"中心枢纽城市，使厦门现代物流业的发展迎来了新的挑战和新的机遇。

为此，厦门市委、市政府着力实施打造包括现代物流产业在内的十大千亿产业链（群）工程，把物流产业作为厦门市中长期产业发展重点之一，未来将以建立与国际接轨、适应厦门和周边腹地及区域经济协作发展要求的现代物流服务体系为基础，以供应链模式创新和现代信息技术应用推动物流业转型升级为重点，加快转变物流产业发展方式，塑造高端物流资源和高端物流集聚功能，进一步延伸产业链和拓宽发展空间，培育壮大五大物流产业集聚区，全面做大做强厦门的物流产业。

物流业的发展必然带来巨大的人才需求，物流人才，特别是掌握实战技能的物流操作型专业人才大量缺乏。物流人才被国家列为十二种紧缺人才之一，社会对物流人才的需求日益增大，物流本土化人才的培养迫在眉睫。

5. 旅游管理专业

（1）专业培养目标

本专业培养具有较高思想品德和行业素质，熟练掌握旅游业基础知识和旅行社运行与操作知识，具备导游讲解、导游服务、旅行社经营管理能力等专业技能，能在旅行社、旅游景区、饭店、旅游行政管理部门及相关企事业单位从事导游、外事工作、旅游经营管理等职业的高素质、高技能应用型人才。

（2）核心能力

具有独立带团及处理问题的能力，能胜任地陪、全陪的工作，熟悉旅行社基本业务流程及内容；具有一定的人际交往能力，能很好地与人沟通；掌握旅行社经营管理的理论方法和手段，熟悉旅行社各部门的业务及基本操作技能，具有一定的管理工作能力。

（3）就业方向

1）旅游行政管理部门。

2）旅行社。旅行社各职能部门分为：业务部、计调部、接待部、导游部、外联部、财务部等。业务部：负责旅行社产品的营销策划、组团、地接等旅行社业务以及会议、中小型展览的组织营销业务；主要有经理、助理、文秘、组团、地接等职位。计调部：具体操作旅行社业务，包括设计旅游线路及报价等。接待部：接待来咨询的客人及来访的其他人员。导游部：安排导游带团，导游人员需有导游证。外联部：旅行社在外地的代言人，经常到其他城市宣传该旅行社等。财务部：负责旅行社所有资金运作，工作人员需有一定的财务管理知识。

3）旅游管理咨询公司。主要业务包括出境旅游咨询、国内旅游咨询、旅游中介、商务考察咨询、移民及留学咨询、代订全国各地酒店、代订旅游（商务）用车、会议会展、导游培训服务等。

4）旅游规划策划机构。毕业生可从事旅游规划与策划，旅游规划策划机构主要包括旅游业发展规划、旅游景区规划、旅游策划等业务。

5）旅游营销策划企业。包括旅游景区、大型旅游演出、大型旅游活动、旅游线路以及旅游目的地的市场营销策划，也包括会展的组织营销业务。

6）旅游景区管理机构。毕业生可从事旅游景区的经营和管理。可从事旅游行政管理部门、旅行社、旅游景区、旅游咨询公司、旅游电子商务企业、旅游规划策划机构、主题公园的旅游经济管理和企业管理工作，或旅游与休闲行业的自主创业。

上述岗位发展，3年后可升迁的岗位为现场主管等，4~7年可升任部门经理，之后根据个人职业发展规划方向及个人能力资质可以晋升总监等，还可做职业经理人或者自主创业。

（4）区位优势

国务院《关于支持福建省加快建设海峡西岸经济区的若干意见》明确提出要打造我国重要的自然和文化旅游中心的战略定位，为福建旅游业快速发展提供了契机。《厦门市旅游千亿产业工作指导手册》进一步促进了厦门旅游产业链的完善。目前厦门市第二条环岛路、环东海域高端酒店片区等旅游发展规划正在稳步实施中。这些新的旅游片区的形成也将厦门旅游业的发展推向一个新高潮。旅游行业不断扩充，对人才的需求也不断增加。

6. 酒店管理专业

（1）专业培养目标

本专业培养适应酒店业的服务、管理一线需要，德、智、体、美全面发展，具有酒店行业相应岗位必备的理论基础知识和专门知识，具有良好的职业道德、创业精神和健全的体魄，能适应市场经济和酒店业发展需要的从事旅游酒店业经营管理和接待服务管理等工作的高素质技能型专门人才。

（2）核心能力

能熟练应用酒店管理软件系统进行酒店管理与服务操作；具有良好的酒店英语综合应用

能力；有较强的人际交往和协调能力。

（3）就业方向

中国已经成为全球第二大经济体，未来 10 年中国将成为全球第一大旅游接待国。国家"十二五"规划明确将旅游业作为国家战略性产业，酒店业相比其他产业，发展更为强劲。万豪、香格里拉、喜来登、希尔顿等全球知名品牌酒店集团纷纷进入中国市场，对酒店管理的人才需求日趋迫切，尤其是对于接受过系统教育的酒店管理专业性人才，更是求贤若渴。

酒店管理专业毕业的学生，在酒店产业中相关就业岗位及企事业单位包括：

1）涉及酒店管理的企事业单位，如宾馆、饭店、度假村、旅行社、风景区、高尔夫球场、俱乐部、会所等；

2）涉及酒店管理或项目策划的企事业单位，如酒店管理公司、旅游策划公司、媒体、培训中心、政府会议中心、夜总会、演艺吧、酒吧、广告策划公司、规划局、行业监督或监管部门等；

3）涉及酒店用品和关联服务的企事业单位，如酒店家具、酒店洁具、酒店餐具、布草供应、酒店清洁保养、食品供应、酒店设计、酒店耗材制造与销售等企事业单位；

4）对酒店餐饮服务需求频率较高的单位及行业，如公关礼仪公司、政府机关部门、培训机构、会务接待公司、影视公司、销售公司、房地产公司、建筑工程公司、金融证券公司等；

5）涉及酒店管理的理论机构，如研究、教育培训、刊物、咨询、信息等单位；

6）经常需要酒店与餐饮服务的社团、行业协会、商会、学会；各级政府行业监督管理的职能部门及其下属机构；

7）自己开办酒店、餐厅、会所等类似企业进行创业发展，或创办行业咨询机构及人力资源承包企业与行业共同发展。

上述岗位发展，3 年后可升迁的岗位为领班及主管，4~7 年可升任部门经理，之后根据个人职业发展规划方向及个人能力资质可以晋升总监等，还可做职业经理人或者自主创业。

（4）区位优势

国务院《关于支持福建省加快建设海峡西岸经济区的若干意见》明确提出要打造我国重要的自然和文化旅游中心的战略定位，为福建旅游业快速发展提供了契机。《厦门市旅游千亿产业工作指导手册》进一步促进了厦门旅游产业链的完善。据酒店组织预测，到 2020 年，中国将成为世界酒店业发展最快的第一大国。目前厦门市五星级酒店已有 19 家，未评星的五星标准酒店 10 余家。23 家星级酒店（如美高梅、香格里拉等）入驻厦门，厦门全新度假酒店模式即将开启。环东海域高端酒店片区正在形成中。酒店行业在不断扩充，对人才的需求也不断增加。

7. 会展策划与管理专业

（1）培养目标

本专业培养拥护党的基本路线，掌握必需的文化科学知识、会展专业知识和职业技能，具有良好的职业素质和创新创业意识，在会展以及相关行业从事策划、设计、营销、服务、管理等岗位工作，面向生产、建设、服务、管理一线岗位需要的，德、智、体、美全面发展的高素质技能型专门人才。

（2）核心能力

能独立进行市场调研，策划会展（参展）方案和广告方案；掌握对各种项目方案进行经济核算的能力；熟练掌握项目设计所需的各种绘图技巧；能熟练使用电脑进行项目平面设计；具有较强的业务洽谈能力（普通话、英语）和市场推广能力；具有较高的项目管理能力；具备良好的学习能力，关注本行业发展动态，不断更新专业知识。

（3）就业方向

学生毕业后可根据自己的特长和具体情况选择会展产业链中的各相关岗位就业。

1）涉及会展活动空间管理的单位，如展览馆、会议中心、会展中心、文化馆、文化宫、大会堂、体育馆、博物馆、科技馆、宾馆、景区等。

2）涉及会展主（承、协）办和项目策划运作的单位，如会议展览公司、会展策划中心、媒体、旅行社、旅游目的地管理公司以及政府主导型与商业运作会展项目所涉及的单位和部门。

3）涉及展品物流的企业，如通关、运输、保税、留购、回运、展贸等企业。

4）涉及会展活动气氛及场地布置的企业，如礼仪庆典公司、展示设计搭建工程公司、展览器材生产厂家及销售公司。

5）涉及会务服务的单位，如广告、媒体、翻译、商务、印刷、影像、公关礼仪、演艺、旅游、酒店等行业企业。

6）常年有参展需求和自行举办活动的单位，如各类企事业单位的广告策划部、会展部、宣传销售部等。

7）涉及会展理论与信息的单位，如研究、教育培训、刊物、咨询、信息等单位。

8）经常举办活动的单位，如各社团、行业协会、商会、学会等。

9）各级政府涉及会展项目的主、承办和行业监督管理的职能部门及其下属机构。

初始岗位群。新入职就业的学生可以在以上单位所涉及的会展项目中担任业务人员或一般管理人员、项目联系人等。

发展岗位群。经1~2年的工作实践和经验积累之后，可以胜任以上单位所涉及的会展项目经理；工作3~4年，可以胜任以上单位所涉及的会展策划部经理、管理部经理等；之后根据个人职业发展规划方向及个人能力资质可以晋升会展项目执行总监、会展职业经理人、独立策展人或者自主创业组建会展公司。

（4）区位优势

国务院《关于支持福建省加快建设海峡西岸经济区的若干意见》明确提出要打造我国重要的自然和文化旅游中心的战略定位，为福建旅游业快速发展提供了契机。《厦门市旅游千亿产业工作指导手册》进一步促进了厦门旅游产业链的完善。厦门是我国对外开放较早的沿海城市之一。厦门自贸区挂牌与运行推动了厦门经济的发展，促进了厦门产业的转型。会展业作为第三产业，必将在这轮新经济发展大潮中快速扩充，对人才的需求将不断增加。

8. 国际商务专业

商贸物流群专业整合提高了商贸物流各专业办学水平，国际商务专业在专业群的大类优势中凸显了其专业特色，真正适应形势发展，培养符合市场需求、体现职业教育特点的高素质技术技能型人才。

（1）专业培养目标

本专业培养具有良好的综合素质和职业道德，掌握进出口贸易的业务流程、技能和方法，具备从事外贸业务员、外贸跟单员、外贸单证员、报关员、报检员、跨境电商专员等岗位的基本理论知识和职业能力，能胜任从事外贸经营与管理、跨境电子商务等一线工作任务的高素质技能型专门人才。

（2）核心能力

具有本专业大专层次的国际贸易业务操作能力，能够理论联系实际，具有基本的分析、解决国际商务问题的能力；具有商务英语沟通及函电书写的能力；具有进行基本成本核算及报价工作的能力；具有制作与审核业务单证的能力；具备从事国际货物运输工作的基本技能；具备报关报检的工作能力。

（3）就业方向

外贸企业进出口业务部门，外贸企业制单部门，国际贸易运输、保险、报关等各种代理业务机构，跨境电商企业操作与推广部门。

职业岗位		岗位描述
外贸业务员/ 跟单员	能力 要求	① 制作各项外贸单证的基本能力 ② 签订外贸合同的能力 ③ 运用外贸函电进行外贸业务活动能力 ④ 外贸业务海关报关、报检的实务操作能力
	素质 要求	① 能够完成从寻找客户到最后交单退税的整个流程 ② 懂得产品的特点、款式、性能、品质 ③ 懂得合同法、票据法、经济法等与跟单工作有关的法律知识 ④ 能够预测客户的需求、企业的生产能力及物料的供应情况
职业岗位		岗位描述
外贸 单证员	能力 要求	根据销售合同和信用证条款从事缮制、出具各种国际商务结算单证，提交银行办理议付手续或委托银行进行收款业务的能力
	素质 要求	能够制作外贸单证、交单议付
职业岗位		岗位描述
国际 货代员	能力 要求	① 制作托运单、提单、派车单等单据的能力 ② 办理进出口货物的订舱、报关、报检、配货的能力 ③ 办理费用结算的能力
	素质 要求	能够完成国际货运代理的业务操作

职业岗位	岗位描述	
跨境电商操作专员岗位	能力要求	① 负责跨境电商平台的商品发布、上传产品信息，联系客户，对客户的询盘及时处理，提高询盘订单转化率 ② 负责订单确定及传达、回款跟踪、发货跟踪等；负责将单据及时寄给客商清关报关；负责跨境电商平台账户的稳定安全并协助社交账户的运营 ③ 负责对意向客户的不断跟进；熟练应用客户开发工具与客户沟通，跟踪客户产品使用情况，维护客户关系；专业答复产品售前咨询，维护店铺好评 ④ 负责订单物流过程的实施、回款的跟踪，能独立完成所负责的任务 ⑤ 合理处理争议、换货、退款，及时反馈客户争议和客户意见，以顾客为中心，协助优化内部业务流程 ⑥ 按照业务的操作流程及管理制度执行和跟踪贸易业务
	素质要求	有较强的学习能力，工作认真，责任心强，具有较强的沟通、协调能力和团队精神
职业岗位	岗位描述	
跨境电商运营与推广专员岗位	能力要求	① 热爱推广工作，能合理地控制成本；及时整理网站相关报表，配合主管做好日常工作 ② 具有较强的逻辑思维能力和数据分析能力；熟悉各跨境网站的产品刊登，维护关键字竞价优化等工具；熟悉外文各大互动性社区网站 ③ 能够利用"数据纵横"，收集、总结、分析产品营销过程中的市场信息，与公司内部其他部门协作并提供建设性优化意见 ④ 能够根据公司战略和营销策略，通过网络营销工具制订推广计划并及时实施，提高产品优化率 ⑤ 能够科学管理平台广告账户，对广告费用能做到合理规划、精准投放，并通过对相关的、精准的关键词列表的创建、展示位置的设置，以及数据分析等手段对投放的关键词广告进行分析和优化，促进销售 ⑥ 负责产品详情描述优化，做好关联营销；负责产品搜索排序优化、转化率优化，优化各推广平台，确保推广资源效果最大化 ⑦ 具有很强的应变能力与创新精神，具有一定的文案创意、策划能力，能主动提出各种推广策划方案
	素质要求	具有较强的学习能力，工作认真，责任心强，具有较强的沟通、协调能力和团队精神

（4）专业特色

国际商务专业是立足本省，面向海西经济区域的外向型企业，培养基本知识够，实践能力强，综合素质好，能直接从事外贸行业一线岗位工作，具备职业生涯发展基础和可持续发展力的、内外兼修型的、企业适用的、具有较强学习能力的高级技能型人才。

9. 商务英语专业

商贸物流群专业整合提高了商贸物流各专业办学水平，商务英语专业在专业群的大类优势中凸显了其专业特色，真正适应形势发展，培养符合市场需求、体现职业教育特点的高素质技术技能型人才。

（1）专业培养目标

商务英语专业采用校企合作、工学结合的人才培养模式，培养具有良好职业素质和职业道德，具备扎实的英语基本功和熟练的语言综合应用能力，掌握英语语言文化知识，熟悉常用的外贸电子商务平台操作、运营和管理，拥有国际贸易知识和基本运作能力，能够从事国际贸易、网络贸易和跨境电子商务业务操作的复合应用型人才。

（2）核心能力

具有较好的商务英语听、说、读、写、译的综合能力；初步具备从事对外贸易的商务业务活动的能力、组织能力、团队协作能力、跨文化交际能力；掌握现代办公软件程序的运用，具有较强的计算机应用能力；具有较强的中英文理解能力和文字处理能力；具有职业生涯规划能力；具有独立学习能力；具有获取新知识和更新知识的能力。

（3）就业方向

在跨境电子商务企业、外向型企业、国际商务与驻外机构等涉外单位，从事跨境电子商务、外贸业务员、跟单员、商务助理等工作。

（4）专业特色

集语言、文化和国际商务三方面知识、技能和素质于一体，突出学生的职业能力以及基于商务英语语言实践能力的团队协作能力和创业能力，同时注重培养学生的元认知、高端思维、国际视野、终身学习等专业能力与素质。

（四）各专业考证指南

序号	专业名称	通识考证	必考专业资格证	选考专业资格证
1	市场营销	国家计算机一级、英语 B 级		助理营销师证书助理电子商务师证书
2	报关与国际货运代理	国家计算机一级、英语 B 级		单证员、国际货运代理从业资格证
3	物流管理	国家计算机一级、英语 B 级		助理物流师、国际货运代理从业资格证书
4	旅游管理	国家计算机一级、英语 B 级		导游证、计调证
5	酒店管理	国家计算机一级、英语 B 级		导游证、计调证
6	会展策划与管理	国家计算机一级、英语 B 级		导游证、计调证

续表

序号	专业名称	通识考证	必考专业资格证	选考专业资格证
7	国际商务	国家计算机一级、英语 B 级		国际商务单证员证、外贸跟单员证、外贸会计证、国际货运代理职业资格证、POCIB 外贸从业能力合格证、助理跨境电子商务师证书
8	商务英语	国家计算机一级、全国大学英语四级	商务英语口语（中级）	高等学校英语应用能力 A 级证书、剑桥商务英语（BEC）初级证书、国际商务单证员证、外贸跟单员证、POCIB 外贸从业能力合格证、助理跨境电子商务师证书
9	网络营销	国家计算机一级、英语 B 级	网络营销师证书	助理营销师证书、助理电子商务师证书、跨境电子商务操作员证书

五、航空旅游学院

航空旅游学院是我校与北京中航天使教育集团于 2013 年联合创办的独具特色的二级学院，是典型的校企合作共建学院、共建专业，也是订单式培养人才模式的典范。

北京中航天使教育集团是全国最大的空乘专业培训基地，目前与全国 56 所高校开展了合作，我校是福建省第一所合作院校。校企双方共同制定人才培养方案，共建实训室（模拟舱、模拟机场、化妆室、形体室、舞蹈室等），共同开发课程、教材，双方师资联合培养学生。学生的就业由集团推荐，新生入学时与企业签订推荐就业协议书，依托北京中航天使教育集团雄厚的人力资源平台，与国内外航空公司、机场、旅游机构、铁路等建立长期良好的合作关系，对学生的专业学习、技能训练及就业，都有更充分的保障，就业渠道多，就业层次高，强有力地保障了毕业生 99% 以上的高就业率。通过校企合作，资源互补共享、"强强联合"，学院走出了一条"办学有创新，教育有质量，就业有保障"的可持续发展道路，深受社会的好评。

学院目前设有民航运输和空中乘务两个特色专业，学生全部实行订单式的培养模式，采用"1.5＋1.5"培养模式，前一年半在学校接受公共课、专业基础课和基础技能训练，后一年半在北京中航天使实训基地强化专业核心技能训练和定岗实训。

2015 年 6 月 9 日，波音 737 航空教学楼模拟舱揭牌仪式在学校举行，标志着福建民办高校第一个航空实体模拟舱正式启用。目前校内实训室主要有模拟舱、形体房、化妆室、模拟机场等，全面、专业、先进的实训教学设备确保了学习过程中展现真实场景。企业师资团队专业顶尖，曾为北京 2008 年奥运会、上海 2010 年世博会的礼仪队进行培训，为中央电视台剧组进行化妆。学生社会实践活动丰富多彩、高端大气，比如参加 2014 年 APEC 峰会礼仪服务，参加《建党伟业》电影拍摄；李镜荣获 2014 年世界旅游小姐大赛福建赛区冠军；黄铮瀛同学担任世界反法西斯战争胜利 70 周年北京阅兵式志愿者；温美琴、贺晨希、黄铮瀛担任福建高铁代言人，金百合名列 2015 年世界旅游小姐大赛福建赛区八强并获得"最佳形象奖"；120 多名同学担任 2016 年海峡两岸企业峰会年会志愿者；17 名同学参加厦门金砖国家峰会应急分队志愿者，其中 4 人被评选优秀志愿者。航空旅游学院良好的教学环境，培育出一批批优秀的学生。目前已就业的学生分布在全国，甚至海外，比如李镜、周林灿、贺辰希等 22 名同学被厦门航空公司录取；黄晓柳、陈佳亨等被上海东方航空公司录取；王玲、彭敬祥等 13 名同学被浙江长龙航空公司录取；还为南方航空、首都航空、吉祥航空、深圳航空、福州航空、山东航空、瑞丽航空、九元航空、春秋航空等 9 家航空公司输送了 26 名优秀乘务员；为首都机场、厦门高崎国际机场、福州长乐机场、泉州晋江国际机场、三明沙县机场、上海浦东机场、上海虹桥机场、广州白云机场、深圳宝安机场、贵州铜仁机场、四川双流国际机场、新疆喀什机场、阿联酋迪拜机场、新加坡丽星邮轮、美国加勒比邮轮、香港邮轮、意大利哥斯达邮轮等数十家国内外机场、邮轮、高铁输送了 300 多名优秀学生。

1. 民航运输

本专业主要培养面向国内外航空公司、民航机场及民航相关企事业单位，在生产、服务一线从事航空客票销售、航空地面旅客服务、航空货运服务，航空公司生产调度、收入结算，航空客运、货运销售代理等工作，德、智、体、美全面发展，具有职业生涯发展基础的高素质技能型人才。

毕业生主要从事民航地面服务、民航空中服务、机场地面相关配套服务等工作。

2. 空中乘务

本专业旨在培养德、智、体、美全面发展，具有较高的政治素质、文化素质、专业素质和身体素质，在民航及其相关行业生产、服务一线从事空中乘务、民航地面服务等工作，具有良好职业道德和职业生涯发展基础的高素质技能型空中乘务专业人才。

毕业生主要从事客舱服务、民航地面服务、旅游酒店及其他管理服务等工作。

航空旅游学院各专业考证指南

序号	专业名称	专业代码	通识考证	必考专业资格证	备注
1	民航运输	600401	国家计算机一级、英语 B 级	普通话水平等级证、民航国内客运上岗证、民航乘务员职业资格证、民航国内客运职业资格证（四选其一）	
2	空中乘务	600405	国家计算机一级、英语 B 级	普通话水平等级证、民航国内客运上岗证、民航乘务员职业资格证、民航国内客运职业资格证（四选其一）	

六、基础部

基础部是学校设立的公共基础类课程教学管理部门，下设外语、语数、体育三个教研室，该部门的教学职责是有计划地加强教师队伍建设，提高教师的思想政治素质、专业教学素质和教科研学术素质，全面推进课程建设，抓好各课程的教学计划管理、教学质量管理、教学组织管理和教学过程管理，提高教学质量，为提高我校人才培养质量打下基础。

基础部拥有一支专业知识渊博，教学经验丰富的教师队伍，全体教师在教学过程中始终坚持素质教育，积极转变教学理念，在教学方法、教学手段上逐步形成有高职特色的教学模式。

公共基础课是现代社会中学习和掌握其他学科知识的必备基础，在高职人才培养中具有重要的奠基作用。公共基础课的全体教师一如既往地以教学质量为生命线，不断探索教学新思路、新方法，注重学生创新能力和实践能力的培养，为输送适应社会经济发展需要的技能型人才服务。

基础部现有应用英语专业，是学校最早开设的专业之一，积累了多年的办学经验，随着时代的发展、社会需求的变迁，为适应新形势下社会对人才需求的变化，应用英语专业已调整为幼儿英语方向，该专业以英语教学为基础，并辅以艺术类课程和教育管理类课程，实践环节贯穿教学全过程，学生在掌握了英语听、说、读、写的专业技能后，还同时具备英语教学岗位所需要的能力以及掌握双语课堂教学流程的能力。

应用英语专业（幼儿英语方向）

（一）培养目标与规格

1. 专业培养目标

幼教专业旨在面向厦门市幼儿园、幼托机构，培养掌握学前教育基本理论知识，具备国学礼仪 + "弹、唱、跳、画、说、做"等幼儿教师专业技能，能从事幼儿保教活动，具有良好的教师职业道德和职业素养，德、智、体、美全面发展的高素质技术技能人才。

2. 人才培养规格要求

（1）基本素质要求

政治思想素质：具备正确的世界观、人生观和价值观，热爱祖国，具有振兴中华的使命感和认同感，具有爱岗敬业、诚实守信等基本道德素养。

身心素质：具有一定的体育、卫生和军事基本知识，具有良好的体育运动习惯和生活卫生习惯，具有健全的心理和健康的体魄，具有较强的适应能力和抗挫能力。

职业素质：具有"细心、耐心、爱心"等幼儿教师的基本职业素养，有较强的动手能力以及现代社会的竞争意识、创新意识，具有艰苦奋斗、爱岗敬业、开拓创新、团结协作的品质。

人文素质：具有较好的人文、艺术修养，较强的文字和口头表达能力、沟通协调能力。

（2）专业知识要求

具备本专业必需的幼儿英语、学前卫生与保育、幼儿教育法规、乐理与视唱练耳等知识；熟悉和了解学前儿童的保教知识；掌握学前儿童五大领域的教育教学知识。

（3）职业能力要求

具备基本的计算机操作与办公软件应用能力，具备较好的语言表达和文字写作能力，养成自主学习习惯；熟练掌握本专业的"弹、唱、画、跳、说、做"等基本技能，关注幼儿教育的发展趋势和动态，学会分析和解决幼儿教育理论和实践问题的方法掌握现代幼儿教育技术，能够熟练地运用现代化教学手段；普通话达到国家规定的等级标准；了解国内外幼儿教育发展动态，适应幼儿教育事业发展。

（二）就业面向

1. 毕业生工作岗位分析

核心岗位名称	典型工作任务	职业岗位标准（要求）	相关课程
幼儿园教师（初始岗位）	对幼儿的保育教育	良好的职业道德和身心素质，要求细心、耐心、有爱心、有较强的语言沟通能力。 ① 能设计幼儿园教育活动并组织实施的能力； ② 幼儿园班级管理的能力； ③ 弹琴、舞蹈、手工、绘画、讲故事等基本技能； ④ 了解幼儿、观察幼儿的能力； ⑤ 初步的幼儿园卫生保健能力； ⑥ 与家长沟通的能力； ⑦ 幼儿园环境创设的能力	学前卫生与保育、保教知识与能力、综合素质、钢琴、舞蹈、幼儿美工、教师口语、幼儿园游戏活动与指导、五大领域活动设计与指导、幼儿园班级管理
幼儿培训教师（美术、音乐、舞蹈、英语等）（辅助岗位）	对幼儿的特长教育	良好的职业道德、较好的身体素质、要求细心、耐心、有爱心、有较强的语言沟通能力。 ① 能设计培训课程并组织实施的能力； ② 班级管理的能力； ③ 钢琴、舞蹈、手工、绘画、英语等某一方面较高水平的技能； ④ 了解幼儿、观察幼儿的能力； ⑤ 与家长沟通的能力； ⑥ 教育环境创设的能力	钢琴、幼儿舞蹈与编导、声乐、幼儿美工、幼教英语、幼儿园语言活动设计与指导、幼儿园艺术教育活动设计与指导

2. 就业面向

序号	就业单位	工作岗位		预计平均升迁时间/年
		初始岗位	发展工作岗位	
1	幼儿园	幼儿教师	园长	10 年
2	幼儿教育培训机构	幼儿培训教师	教务主管	6 年

（三）职业证书

序号	证书/竞赛名称	考试/竞赛时间	对应课程	开课学期
1	全国计算机一级或者办公软件中级操作员合格证	3月/9月	计算机与办公软件应用	第二学期
2	普通话等级	1月、5月报名	幼儿教师口语	第一学期
3	幼儿教师资格证考证	1月	学前卫生与保育、综合素质、保教知识与能力、五大领域教育活动与指导	第一至五学期
4	钢琴考级	8月	钢琴	第二、三、四学期

第四节　职能部门设置与介绍

　　学校管理实行董事会领导下的校长负责制，校长对学校行政工作全面负责，学校设有承担具体管理职能机构和办事机构，为校长提供信息，协助决策，处理具体管理事务。目前学校设有党政综合办公室、教务处、实践教学部、学生处、人事处、招生办、创新创业中心、继续教育学院、财务处、后勤保卫处、图书馆、发展中心、教学督导室、信息化建设与管理中心、国际合作交流中心、资产管理处、工程处等职能部门。学校可根据工作需要增设或裁减一些职能部门。下面简要介绍几个与学生的学习、生活比较密切的职能部门。

一、教务处

　　教务处是根据国家教育主管部门有关教学工作指导文件的规定，结合学校的教育任务和人才培养目标，管理全校教学工作的职能部门。主要负责贯彻执行学校教学管理的决策，组织教学工作计划的制订与执行，组织教学过程和实施，检查教学质量，全面管理学生学籍、成绩、教材、考试等。

　　林水生处长全面主持教务处工作，联系电话0592 - 7767008；

　　陈忠喜副处长协助处长负责教务处教学管理等工作，联系电话0592 - 7767007；

　　杨珊娥老师负责教学运行和国家级考试，联系电话0592 - 7767005；

　　向平老师负责教改科研等工作，联系电话0592 - 7767005；

　　朱为安老师负责教室管理和教学楼多媒体维护，联系电话0592 - 7768855；

　　王志立老师负责学籍管理和教材管理，联系电话0592 - 7767007；

梁玖红老师负责成绩管理，联系电话0592 – 7767005；

许雅勤老师负责文印室管理工作，联系电话0592 – 7768007。

二、学生处

学生处是学校学生管理的主要行政机构，在主管校长的领导下，制定学校学生管理各项规章制度，对二级院学生管理工作开展情况进行指导或监督，把握学校学生管理的总体方向；与学校各二级院、各处室配合，对学生实施全面素质教育。

王海峰处长全面主持学生处（团委）工作，联系电话0592 – 7768999；

黄水菊副处长协助处长做好学生处各项工作和团委活动的指导，联系电话0592 – 7768999；

李娇芳副科长具体负责奖、助、贷的办理审核工作、武装部工作及负责学生日常管理等，联系电话0592 – 7767199；

洪群老师具体负责校园文化活动的开展、组织和指导工作，联系电话0592 – 7767557；

陈秋炜老师负责指导并管理校学生会、学生社团工作，以及学生教室卫生、宿舍卫生评比工作，联系电话0592 – 7767557；

张梅娟老师负责学生处文书、宣传、统计工作，联系电话0592 – 7767557；

杨白群主任全面负责心理咨询中心的工作，联系电话0592 – 7768833；

吴贞霞老师负责心理咨询中心的日常学生接待及办公室事务处理，联系电话0592 – 7768833；

吴姗姗副科长负责学生宿舍管理工作，联系电话0592 – 7768004。

三、图书馆

图书馆为学校办学的重要组成部分，为学校教学科研、读者利用第二课堂服务提供支撑。图书馆是我们的良师益友，是提供高效的信息、文献和情报的重要资源。其中流通部、期刊部、技术部等部门全天候服务。电子资源信息网络资源共享，构筑了学校的文献信息资源保障体系。

吴玉丰馆长全面主持图书馆工作，联系电话0592 – 7061235；

戈俊老师负责流通部、技术部工作，联系电话0592 – 7061235；

王丹老师负责期刊部工作，联系电话0592 – 7061235。

四、招生办

招生办是学校负责招生工作的职能部门，是学校制订和实施招生计划的执行机构。主要负责根据国家招生政策，结合学校发展的实际，组织生源调查与招生预测，制定年度招生工作方案及实施细则，制定招生规范管理的规章制度并监督执行，负责招生的对外宣传及宣传资料的编写、制作、发放，组织招生宣传队伍，建立招生咨询渠道和招生网络体系，做好生源组织工作，负责做好新生咨询工作及新生入学报到组织工作，等等。

许永辉副校长兼任招就办主任全面主持招生办工作，联系电话 0592 - 7767888；

李淑玲老师负责志愿填报指导、录取咨询等工作，联系电话 0592 - 7767777。

五、继续教育学院

继续教育学院是学校专门负责成人教育等学历教育与非学历培训的二级教学单位，主要负责开展成人教育、网络教育、电大、社区教育、终身教育；校内专本衔接、校内外各类职业技能培训与鉴定工作。同时与国际合作交流中心合署办公，开展国际及闽台合作交流，下设海外学院，开展中韩、中美、中澳国际本科班，培训飞机维修专业（美国 FAA）、酒店管理等社会需缺人才，为华天学子提供出国留学升本路径。

杨颖周院长全面主持继续教育学院工作和国际合作交流中心工作，联系电话 0592 - 7767889；

李依凡老师负责秘书事务工作，联系电话 0592 - 7767889。

六、财务处

财务处是在董事会和校长的双重领导下，全面负责学校的日常财务管理和会计核算工作的职能部门，具有管理、监督和服务的职能。主要负责贯彻执行国家相关税法、会计法等政策法规，制定学校财务管理制度，负责编制学校年度财务预算和财务支出计划，按期编制学校相关财务报表和财务分析报告，负责管理学校的财务收支，规范做好各项费用的收取和管理工作等。

皮敏处长全面主持学校财务处工作，联系电话 0592 - 7767708；

林惠老师负责各项奖助学金、补贴的发放及查询，联系电话 0592 - 7767508；

吴翩翩老师负责各项学杂费的收取与查询，联系电话 0592 - 7767508；

李莉芸老师负责一卡通、水电、补办学生证手续等收费，联系电话 0592 - 7767508。

七、后勤保卫处

后勤保卫处是为学校教学、科研和全体师生的生活提供服务的职能部门，负责校园安全保卫、校园卫生、绿化管理、师生食膳、住宿和卫生健康管理等。

刘雷任后勤保卫处处长全面主持后勤保卫工作，联系电话 0592 - 7767999；

王金聪处长助理兼保卫科科长协助主持后勤工作，协助各部门，负责校园治安安全、校园保卫、校内消防等，联系电话 0592 - 7767799；

陈剑锋老师负责校内食堂、教工公寓管理等，联系电话 0592 - 7767518。

第五节　乘车指南　玩转厦门

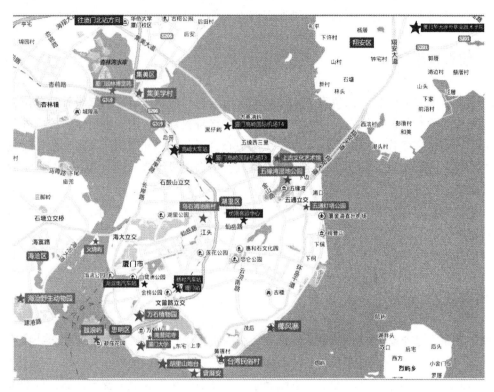

厦门市

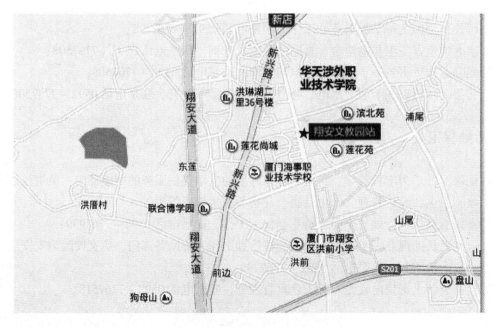

厦门华天涉外职业技术学院

一、各大站点到达本校乘车指南

1. 火车站到厦门华天涉外职业技术学院乘车方案：

厦门站—翔安文教园

步行 370 米，在梧村公交场站乘坐 753 路快运至翔安文教园站下车，步行 410 米到达厦门华天涉外职业技术学院。

厦门北站—翔安文教园

在厦门北站乘坐 790 路，至翔安文教园站下车，步行 410 米到达厦门华天涉外职业技术学院。

高崎火车站—翔安文教园

步行 350 米，在高崎（地铁站）乘坐地铁 1 号线至乌石浦（地铁站），下车步行 163 米到富环大厦站换乘 753 路/780 路，至翔安文教园站下车，步行 410 米到达厦门华天涉外职业技术学院。

2. 汽车站到厦门华天涉外职业技术学院乘车方案：

梧村汽车站—翔安文教园

在梧村公交场站乘坐 753 路快运，至翔安文教园站下车，步行 410 米到达厦门华天涉外职业技术学院。

枋湖客运中心—翔安文教园

在枋湖客运中心站乘坐 82 路，至国贸金融中心站，换乘 753 路/780 路/754 路至翔安文教园站下车，步行 410 米到达厦门华天涉外职业技术学院。

3. 机场到厦门华天涉外职业技术学院乘车方案：

厦门高崎国际机场 T3 航站楼—翔安文教园

步行 230 米，在翔云一路 T3 候机楼站乘坐 41 路，至中医院站换乘 753 路快运/780 路，至翔安文教园站下车，步行 410 米到达厦门华天涉外职业技术学院。

厦门高崎国际机场 T4 航站楼—翔安文教园

步行 300 米，在 T4 候机楼站乘坐 BRT 快 1 路/2 路/5 路/6 路，至金山站，步行 240 米至金山站，换乘 780 路至翔安文教园站下车，步行 410 米到达厦门华天涉外职业技术学院。

二、厦门市主要旅游景点介绍

1. 鼓浪屿

鼓浪屿是厦门西南隅的一座小岛，面积 1.77 平方千米，以 700 米宽的海峡与市区相隔。岛上四季如春，树木丛生，丘陵起伏，有海上花园的美称，是闻名中外的旅游胜地，因为岛上有一中空巨石，海浪拍击声如鼓鸣而得名。岛上最高处叫日光岩，附近有民族英雄郑成功当年训练水师的水操台遗址。海边有菽庄花园，花园旁边的金色沙滩，为天然海滨浴场。岛上无车辆，清雅脱俗。尤为游人所赞赏的是，此地的居民文化素质非常的高，钢琴拥有量为全国第一。月下风中，琴声悠扬，漫步其间，韵味无穷，给人以极其优美的艺术享受。

地址：思明区鹭江道西侧

乘车路线：

方案一：在翔安文教园站乘坐 780 路，至岳阳小区站，换乘 954 路，至邮轮中心站，从邮轮中心厦鼓码头乘船抵达内厝澳码头或者三丘田码头；

方案二：在翔安文教园站乘坐 780 路，至仙乐花园站，换乘 847 路，至东渡狐尾山站，从邮轮中心厦鼓码头乘船抵达内厝澳码头或者三丘田码头。

2. 胡里山炮台

位于厦门岛东南部，建于清朝光绪十七年（1891 年），毗邻厦门大学园区，三面环海，交通便利，有着得天独厚的历史和自然旅游资源，素有"八闽门户、天南锁钥"之称，炮台总面积 7 万多平方米，城堡面积 1.3 万多平方米，分为战坪区、兵营区和后山区，内开砌暗道，筑造护墙、弹药库、兵房、官厅、山顶瞭望厅等。炮台结构为半地堡式、半城垣式，具有欧洲和我国明清时期的建筑风格。炮台上最有名的是当时购自德国克虏伯兵工厂的一门巨炮，至今保存完好，有效射程可达 6 460 米，花了白银 5 万两才购得。该炮在抗战初期还击中过一艘来犯的日本军舰。1997 年 9 月，胡里山炮台设立了荣光宝藏博物院，其中展出的一门小炮是葡萄牙人于 13 世纪制作的，长 11 厘米，重 0.22 千克，直径 2.4 厘米，是世界上最小的火炮。这样，胡里山炮台就拥有了当今世界最大和最小的两门炮。

地址：思明区曾厝安路 2 号

乘车路线：

方案一：在翔安文教园站乘坐 753 路/754 路/780 路，至翔安肖厝站，换乘 751 路，至胡里山站下车；

方案二：在翔安文教园站乘坐 754 路，至前埔北区里站，换乘 29 路，至胡里山站下车。

3. 南普陀寺

南普陀寺是中国古代建筑物之一，建于唐朝，距今有 1 200 多年历史。因与浙江普陀山普济寺同为供奉观音菩萨，又地处普陀山之南，故称南普陀寺，是目前国内僧人较多的寺庙。南普陀寺坐子向午，依山面海，呈中轴线递次向上，主体建筑有天王殿、钟鼓楼、大雄宝殿、大悲殿、藏经阁，向左右对称展开，依次层层升高，层次分明，俯仰相应。东西两侧依次升高的庑廊，回护着三殿，形成一个整体，雄伟壮观。南普陀寺院内以及后山五老峰前，都留下历代许多摩崖石刻和多块碑记，主要有明太常寺卿林宗载的"飞泉"，清施琅将军的"为善最乐"，以及抗荷将军沈有容等的题刻和光绪三十四年美国舰队访问厦门的刻石，为游客提供了历史的见证。

地址：思明区思明南路 515 号

乘车路线：

方案一：在翔安文教园站乘坐 753 路，至梧村公交场站，换乘 1 路/21 路/96 路/122 路，至厦大（南普陀）站下车步行 150 米；

方案二：在翔安文教园站乘坐 753 路，至吕厝北站换乘 659 路，至厦大西村站下车，步行 400 米。

4. 厦门园林植物园

这是一座围绕万石岩水库精心设计的植物园林，不仅有多样的植物景观，还有自然而成的山岩景观。游客可以观万石风情，赏名花奇树，品历史典故，思古人之游兴。厦门园林植物园建于 1960 年，俗称万石植物园，是鼓浪屿－万石山国家级重点风景名胜区的核心部分。根据科研和游览需要，园内依次安排了松杉园、玫瑰园、棕榈园、荫棚、引种植物区、药用植物园、大型仙人掌园、百花厅、兰花圃等 20 多个专类园和种植区，栽培了 3 000 多种热带、亚热带植物，其中有被人称为"活化石"的水杉、银杏。有世界三大观赏树——中国金钱松、日本金松、南洋杉，以及名贵的仙人掌等奇花异木，是一座秀丽多姿、四季飘香的游览园林。

地址：思明区虎园路 25 号

乘车路线：

方案一：在翔安文教园站乘坐 753 路，至吕厝北站换乘 659 路，至一中站下车步行 300 米；

方案二：在翔安文教园站乘坐 753 路，至梧村公交场站，步行 130 米至梧村车站换乘 3 路/17 路/19A 路/19B 路/21 路，至一中站下车步行 300 米。

5. 曾厝垵

曾厝垵，坐落在环岛路旁的一个小渔村，保留着那份最原始的美好。也许世界上很少有这样一个村落，包容了如此多的风俗信仰：不仅道教、佛教、基督教、伊斯兰教四种宗教齐全，更有厦门独有的、香火旺盛的民间圣妈崇拜，实在可算得上是极具代表性的闽南原生态自然村。曾厝垵作为厦门港口城市的农村和渔村，在"村改居"之后，仍得天独厚拥有如此之多的历史遗存，也算一桩幸事。

地址：思明区环岛南路

乘车路线：

方案一：在翔安文教园站乘坐 753 路/754 路/780 路，至翔安肖厝站，换乘 751 路，至曾厝垵站下车；

方案二：在翔安文教园站乘坐 754 路，至前埔北区里站，换乘 29 路，至曾厝垵站下车。

6. 厦门大学

厦门大学是由著名爱国华侨领袖、被毛泽东同志誉为"华侨旗帜、民族光辉"的陈嘉庚先生于 1921 年创办的，是中国近代教育史上第一所华侨创办的大学。

校园风景十分优美，有芙蓉湖、情人谷水库等景点，气氛静谧而浪漫，故有"谈情说爱在厦大"之说。厦门大学的旧建筑多为陈嘉庚先生的女婿所建，清水墙、琉璃顶，极富特色，被喻为"穿西装、戴斗笠"（比喻中西建筑风格结合），尤其是建南大礼堂和上弦场，相当宏伟。学生和僧人的学习及生活场景构成了厦大校园及其附近区域独特的世景图，这种景象在别处是看不到的。

校内建有厦门大学人类博物馆和鲁迅纪念馆。前者珍藏了史前时期至现代有关人类及其发展的文物资料，特别是反映闽南和台湾文化的文物，以及福建古代与国外的交往，尤其是泉州海外交通的史迹等，极富特色和价值。鲁迅纪念馆以鲁迅在厦大任教时期的故居和四个陈列室，展示了鲁迅先生的生平经历与可敬人格。

地址：思明区思明南路 422 号

乘车路线：

方案一：在翔安文教园站乘坐 753 路/754 路/780 路，至翔安肖厝站，换乘 751 路，至厦大西村站（厦大正门），或者厦大白城站（白城海边），或者厦大南普陀站（厦大南门）

下车；

　　方案二：在翔安文教园站乘坐 753 路，至梧村公交场站，换乘 1 路/21 路/96 路/122 路，至厦大（南普陀）站下车步行 150 米；

　　方案三：在翔安文教园站乘坐 753 路，至吕厝北站换乘 659 路，至厦大西村站下车步行 400 米。

7. 五通灯塔公园

　　五通灯塔公园位于厦门市湖里区环岛东路五通段临海地带，公园建设以灯塔为主题，融合五通古码头人文背景，结合既有的山体地理特征，因地制宜，造林造园。园内每座雕塑台都用影雕的形式展现了一座世界知名的灯塔，还刻上了灯塔的名称、所在的国家、高度以及建设缘由。并以浮雕的形式集中展示了世界上最著名的 10 座灯塔：中国的硇洲灯塔、中国台湾的渔翁岛灯塔、泰国的蓬贴海岬灯塔、埃及的亚历山大灯塔、西班牙的埃库莱斯灯塔、南非的好望角灯塔、美国的鸽点灯塔、阿根廷的火地群岛灯塔、巴布亚新几内亚的马当灯塔、日本的横滨望海灯塔。

　　地址：湖里区仙岳路与环岛东路交汇处附近

　　乘车路线：

　　方案一：在翔安文教园站乘坐 753 路/754 路/780 路，至国贸金融中心站，换乘 6 路/102 路至金海社区站下车步行 471 米；

　　方案二：在翔安文教园站乘坐 753 路/754 路/780 路，至国贸金融中心站，换乘 103 路至下边站下车步行 480 米。

　　方案三：在翔安文教园站乘坐 780 路至湖边花园北站，换乘 435 路，至五缘湾营运中心站下车步行 414 米。

8. 五缘湾湿地公园

　　五缘湾湿地公园是厦门五缘湾片区带动项目之一，占地 85 公顷，面积相当于半个鼓浪屿，是厦门最大的公园，也是最大的湿地生态园区，被称为是厦门的城市绿肺。每年的 3 月，大批的白鹭会在此筑巢、繁殖，也是候鸟南北迁徙的重要驿站。按照功能规划，公园设有湿地生态自然保护区、红树林植物区、鸟类观赏岛、环湖休闲运动区等。

　　地址：湖里区五缘湾（近五缘湾大桥）

　　乘车路线：

　　方案一：在翔安文教园站乘坐 753 路/754 路/780 路，至国贸金融中心站，换乘 6 路/82 路/102 路，至坂美公园站下车步行 392 米；

　　方案二：在翔安文教园站乘坐 780 路至湖边花园北站，换乘 435 路，至坂美公园站下车步行 356 米。

9. 上古文化艺术馆

　　厦门上古文化艺术馆（Xiamen Shinegood Culture Museum）是亚洲最大的古玉专题艺术馆、国家 3A 级旅游景区。馆内收藏有两千余件距今 6 000 至 3 000 年的古玉器，涵盖了红山文化、良渚文化、齐家文化以及三星堆文化等多个文化时期。这里不仅是今人探寻上古历史、解读上古文化的一个窗口，也是一个集旅游休闲、教育研究、文创开发为一体的综合平台。

　　地址：湖里区五缘湾文化展览苑 A 区 2

乘车路线：

方案一：在翔安文教园站乘坐 754 路，至万达西站，换乘 641 路，至钟宅村口站下车步行 229 米；

方案二：在翔安文教园站乘坐 780 路，至湖边花园北站，换乘 105 路，至红星美凯龙总站下车步行 467 米。

10. 乌石浦油画村

乌石浦油画村位于厦门市湖里区江头街道江村社区。乌石浦及周边约 0.25 平方千米范围内，共有画师、画工 4 000 余人，画店商近 200 家，从事油画后勤工作的人员约 10 000 人，从事油画产业配套工作，如经营画布、画笔、制作画框的人员约 3 000 人。2006 年 2 月 8 日被中国美术家协会、中国文化部产业司命名为"中国文化（美术）产业示范基地"。

地址：湖里区乌石浦二里

乘车路线：

方案一：在翔安文教园站乘坐 753 路/780 路，至中医院站，换乘 131 路，至乌石浦油画村站下车；

方案二：在翔安文教园站乘坐 754 路/753 路/780 路，至国贸金融中心站，换乘 82 路/740 路，至乌石浦油画村站下车。

11. 战地观光园

英雄三岛战地观光园坐落在风光旖旎的大嶝岛东南端，占地 87 000 多平方米，这里曾经历过 1958 年"八二三"炮战的洗礼，一度成为战争废墟，平均每平方米的土地就落下 1.5 颗炮弹。昔日的前沿阵地，如今旧貌换新颜，成为全国唯一一座面向金门，以统一祖国大业为主题，以战地观光为内容，融爱国主义教育、国防知识教育、军事科普教育、休闲娱乐为一体的多功能教育基地和旅游胜地。观光园内建有"世界之最——大喇叭""八二三炮阵地遗址""英雄雕塑广场""战地坑道""英雄三岛军民史迹馆""军事武器陈列场""国防教育馆""世界兵器模型展馆""祖国和平统一展览馆""空飘、海漂史迹展览馆"等景点。

走进战地观光园，你可以看到一大批在炮战中立下显赫战功的飞机、大炮、坦克、巡逻艇、战舰及各式轻重武器；站在昔日对金广播、直径达 2.95 米的"世界之最"大喇叭前，金门岛的青山绿水和碉堡、哨所、防护网等军事设施历历在目，近在咫尺；置身在 200 多米长的战地坑道，四面扫射的激光，轰轰的炮声，震动的摇晃板，滚滚的硝烟，让你亲身体验枪林弹雨的洗礼。

地址：翔安区大嶝岛东南端

乘车路线：

在翔安文教园站乘坐 760 路，至战地旅游园站下车步行 84 米。

12. 小嶝休闲渔村

小嶝休闲渔村位于厦门市享有盛名的"英雄三岛"称号之一的小嶝岛上，是祖国大陆距离金门最近的人居岛，它远离污染，仿若净土。置身渔村，城市的繁杂喧嚣顿时隐没在蓝天碧水之间。小嶝休闲渔村集中了游船、餐饮、客房、水上休闲、户外拓展等经营项目，是一座以"旅游、休闲、度假、娱乐"为一体的综合旅游度假风景区。

地址：翔安区小嶝岛宜宾路 149 号

乘车路线：

在翔安文教园站乘坐 760 路，至大嶝公交场站下车换乘电瓶车至大嶝码头乘船到小嶝岛。

13. 同安影视城

同安影视城，位于同安区五显镇的东溪河西岸，占地面积 1 000 亩，是一座仿北京紫禁城建造的宫殿，以天安门、太和殿、养心殿、颐和园的长廊及一条明清街为主的古建筑群体。天安门比北京天安门小 1/4，采用大木架结构，飞檐斗拱，雕梁画栋，做工十分精细，古朴又辉煌。城楼屋顶上、殿脊上饰有龙、凤、狮、海马、天马、獬、吼、麒麟、仙人等 10 余种吉祥物。太和殿，亦称金銮殿，比北京的原殿小 1/4，装饰和陈设却完全相同。长廊也是仿北京颐和园的长廊兴建的，总长 410 米。明清街是明清时代老北京城内的居民建筑风格为主的平民式建筑群，有仿北京城内老字号店铺 38 间，每间店铺按比例缩小 1/4，青砖和灰瓦，再搭配京城建筑外貌的色彩，让人有一种亲临老北京的感受。

地址：同安区五显镇

乘车路线：

方案一： 在翔安文教园站乘坐 760 路，至东桥站，换乘 615 路/624 路/641 路/656 路/619 路至影视城站下车步行 82 米；

方案二： 在翔安文教园站乘坐 760 路，至同安一中站，换乘 658 路/650 路/692 路/655 路/671 路/602 路/631 路至影视城站下车步行 82 米。

14. 梵天寺

梵天寺位于大轮山南麓，为福建省最早的佛教寺庙之一，创建于隋代开皇元年（581 年），原名兴教寺，宋熙宁二年（1069 年），合为一区，改名梵天禅寺，有庵 72 所。名僧无为及徒智性等和尚募缘重建法堂及寝室，十七年重建金刚殿、天王殿、大雄宝殿、法堂、藏经阁、文公书院、千佛阁、仰止亭、魁星阁等建筑群，由下而上、层层叠起，坐落在大轮山南坡山谷一条中轴线上。宋朱熹为同安主簿时，常到梵天寺游玩，留下多处摩崖石刻。明代王京建筑的仰止亭、刘裳建的石瞻亭、林希元倡导的紫阳书院等，都是纪念名儒朱熹的重要历史建筑。寺院里还有一座建于宋代（元祐年间，即 1086—1094 年）的婆罗门佛塔，三层方形，石构实心，高 4.6 米，须弥座底为 1.78 米，是研究古代宗教史及石雕艺术的实物资料，被列为第一批省级文物保护单位。

地址：同安区大同镇轮山路

乘车路线：

方案一： 在翔安文教园站乘坐 760 路，至东桥站下车步行 326 米；

方案二： 在翔安文教园站乘坐 753 路/790 路，至祥吴站，换乘 761 路/791 路至梵天寺站下车。

15. 野山谷

以茂密的森林植被、十里峡谷画廊、翡翠般的水景而闻名遐迩，享有"闽南小九寨"的美誉。厦门野山谷主要分为野山谷采金溪峡谷景点和热带雨林景区。景区群峰林立，有的小巧玲珑，有的巍峨挺拔，有的亭亭玉立。尤其让人称奇的是"七仙峰""叠瀑群"，"母子峰""百丈崖"更是千姿百态、错落有序。景区林木森然，树体高耸入云、密密层层，好像给景区的山体铺上了一层厚厚的绿棉被。信步山涧，淙淙溪流，花香鸟语，渐入佳境。登临高空平台，俯瞰山野林趣，举目四顾满目苍山叠翠，令人倍感"水到天边天作岸，山临绝顶我为峰"的豪情壮志。

地址：同安区二零六省道边上

乘车路线：

方案一：在翔安文教园站乘坐 760 路，至同安一中站，换乘同游 1 线，至野山谷景区站下车。

16. 金光湖

厦门同安金光湖原始次生林区地处厦门同安林区，总面积 4 500 多亩，最高海拔 845 米，是福建省仅存的森林瑰宝之一。林中存有康熙大学士李光地于康熙四十九年（1710 年）五月初一手谕文告，文告要求山民百姓多加爱护古树林木。由于本文告的庇护，这方林地至今保存完好。景区内有 2 亿多年前与恐龙同时代的植物"活化石"——刺桫椤，以及稀有的蕨类植物——观音坐莲，国家一级保护动物——穿山甲，可供采用的中药——灵芝草、风鼓草、砂仁、玉桂等。景区含氧量和负离子数高于城市 5 ~ 7 倍，堪称少有的"天然氧吧"。

地址：同安区莲花镇内田村

乘车路线：

在翔安文教园站乘坐 760 路，至同安一中站，换乘同游 2 线，至金光湖景区站下车。

17. 北辰山

北辰山俗称北山岩。北山岩历史悠久，人杰地灵，同安历传"先有北山，后有同安"。唐末，王审知"北山竹林拜剑，剑竟三拜而三升"。起义军欲拥立为王，王审知尊兄为主。五代十国，王审知受后梁朱温封为"闽王"后，施政有方，恩泽八闽，被尊为"开闽"，后人称为"开闽王"。宋太祖御赐"八闽太祖"匾额。百姓为纪念王审知，特建"忠惠尊王庙"及"闽王衣冠冢"。清雍正元年（1723 年），重建忠惠尊王庙前殿和中殿。农历二月十二日是闽王成仙之日，前后五天，北辰山庙会空前，香火不断，人山人海。南曲与高甲戏演唱，通宵达旦；"宋江阵"大显身手；八方香客燃香顶礼，诚敬朝拜开闽王。

地址：同安区五显镇北山岩

乘车路线：

在翔安文教园站乘坐 760 路，至同安一中站，换乘 602 路，至北辰山新大门站下车步行 242 米。

18. 集美学村

集美学村是集美各类学校及各种文化机构的总称，位于厦门集美半岛坐落于集美村。它由著名爱国华侨领袖陈嘉庚先生于 1913 年始倾资创办，享誉海内外。学村总建筑面积达三千余亩，拥有在校师生十万余人，形成了由学前教育至小学初中高中、从本科教育到硕士博士教育的人才培养体系。集美学村既是钟灵毓秀之地，又是凝集众美的观光风景区，其建筑融中西风格于一炉，体现了典型闽南侨乡的建筑风格。学村中的龙舟池节假日常举行赛龙舟。鼓乐齐鸣，南音悠扬，人声鼎沸，把平日宁静的校园变成欢乐的海洋，集美学村也就成了厦门旅游的一个热点。其主要景点有：龙舟池、鳌园、南顺鳄鱼园、嘉庚公园、陈嘉庚先生故居、陈嘉庚生平事迹陈列馆、归来堂和归来园等。

地址：集美区宝山路附近

乘车路线：

方案一：在翔安文教园站乘坐 753 路/780 路，至白果山站步行 400 米在乌石浦（地铁站）换乘地铁 1 号线，至集美学村（地铁站）站下车步行 170 米；

方案二：在翔安文教园站乘坐 790 路，至潘涂站，换乘 655 路/658 路至集美学村站下车。

19. 厦门园林博览苑

厦门园博苑的地址选在"华侨旗帜"陈嘉庚先生的故乡——集美中洲岛。园博苑规划片区总面积 10.82 平方千米，其中陆域面积 5.55 平方千米，水域面积为 5.27 平方千米。主要包括园博苑主展区、生态湿地公园、水景及水上运动、温泉度假村等商业配套设施。园博苑片区规划以半岛、岛屿的形式进行总体布局，由九个岛屿和两个半岛组成。其中五个为展园岛屿，四个小岛为生态景观岛。以此为基础，分期规划建设东边的自然原生岛、西侧的杏林苑、中部的教育之园、石文化园和北侧的山林休闲园，形成一片中央公园式的大绿地。

地址：集美区集杏海堤中段

乘车路线：

方案一：在翔安文教园站乘坐 753 路/780 路，至白果山站，步行 400 米在乌石浦（地铁站）换乘地铁 1 号线，至园博苑（地铁站）站下车；

方案二：在翔安文教园站乘坐 780 路，至武警支队站，换乘 951 路/941 路，至园博苑站下车。

20. 厦门老院子民俗文化风情园景区

老院子民俗文化风情园和闽南传奇演艺秀是老院子景区的两大特色，具有深厚的地域特色——闽南文化集萃以及将高科技技术、时尚艺术含量及闽南文化故事相结合的闽南传奇演艺，是极具参观价值、文化价值和艺术价值的旅游景点。老院子景区有两大模块，包括"一场一园"。一场："神游华夏"室内演艺剧场，即神游华夏大剧院。届时将全天候表演360 度大型室内山水实景演艺《闽南传奇》，在现代高新科技造就的震撼场面中上演闽南独特的历史文化经典。该演出申请了发明专利和实用新型专利 20 多个，保证了演艺的不可复制性；一园：老院子民俗风情园，初步规划设计建设妈祖文化园、民俗文化村及中华姓氏文化园等，在建筑风格及布局样式上注重体现厦门当地的文化符号，着力将其打造成具有浓郁地方文化特色的休憩园区。

地址：集美区孙坂南路 1226—1230 号（厦门北站南 400 米）

乘车路线：

方案一：在翔安文教园站乘坐 790 路，至工商旅游学校站，换乘 692 路/914 路/949 路/957 路/898 路/691 路，至老院子景区站下车。

方案二：在翔安文教园站乘坐 790 路，至西洲路站，换乘 691 路至老院子景区站下车。

21. 双龙潭风景区

厦门双龙潭生态运动景区是集滑草、攀岩、登山、休闲于一体的生态运动景区，是厦门唯一的一家运动类景区集成的公园。景区内山水资源丰富，适合登山休闲运动。

地址：集美区灌口镇坑内村

乘车路线：

方案一：在翔安文教园站乘坐 790 路，至厦门北站，换乘 980 路，至坑内路口站下车步行 1.09 千米；

方案二：在翔安文教园站乘坐 790 路，至天马路口站下车步行 822 米至 TDK 站，换乘 983 路，至坑内路口站下车步行 1.09 千米；

22. 天竺山国家森林公园

厦门天竺山国家森林公园，位于厦门市郊区西北部的国营天竺山林场内，总面积为 2 651 公顷，森林覆盖率达到 96.8％；乔木层树种以马尾松为主。区内山峰连绵起伏，大多在 700 米以上，最高峰天柱山海拔 933 米，次高峰仙灵旗海拔 916 米。主要有天竺湖、两二湖、皓月湖、龙门寺、真寂寺等景点。

地址：海沧区东孚镇洪塘村天竺山路 1 号

乘车路线：

在翔安文教园站乘坐 780 路，至海沧房产站，换乘 805 路，至天竺山东门站。

23. 青礁慈济宫

厦门市海沧区青礁慈济宫，又称慈济东宫（历史上长期隶属漳州府），为纪念保生大帝——吴夲，而建立此庙宇。厦门市海沧区青礁慈济宫位于厦门市海沧区青礁村崎山（岐山）东南麓，四周地域辽阔，景色秀丽。

地址：海沧区海沧镇青礁村

乘车路线：

在翔安文教园站乘坐 780 路，至海沧房产站，换乘 831 路/801 路/802 路/853 路，至慈济东宫站。

24. 厦门火烧屿

火烧屿是厦门西海域中最大的岛屿，南北长 900 米，东西宽 400 米，从南角高处向北错落递降，形成三个岬角。往西看俨如隶书的"山"字，从西往东望，颇像英文字母"M"。这里岸线曲折岸坡陡峭，地质构造奇特，岩石色彩斑斓，海蚀洞穴各异，滩湾形状多样，是一个美丽的南亚热带小海岛。火烧屿竖卧海沧大桥腹下，大桥之西塔立于屿之北端，控扼西海之中枢，南有兔屿、猴屿、大屿、鼓浪屿，北有镜台屿、猫屿、宝珠屿。

地址：海沧区海沧大桥腹下

乘车路线：

方案一：在翔安文教园站乘坐 780 路，至文化宫站，换乘 859 路，至台湾风情街站下车步行 976 米；

方案二：在翔安文教园站乘坐 780 路，至海裕路站，换乘 805 路，至台湾风情街站下车步行 976 米。

第二章　丰富的生活

第一节　积极向党组织靠拢

一、大学生积极向党组织靠拢的重要性

青年兴则国兴，青年强则国强。青年大学生能否健康成长，关系到国家的兴衰、民族的强弱。《中共中央、国务院关于进一步加强和改进大学生思想政治教育的意见》强调指出，大学生是十分宝贵的人才资源，是民族的希望，是祖国的未来。青年大学生积极向党组织靠拢，对于全面实施科教兴国和人才强国战略，确保我国在激烈的国际竞争中始终立于不败之地，确保实现全面建设小康社会、加快推进社会主义现代化的宏伟目标，确保中国特色社会主义事业兴旺发达、后继有人，具有重大而深远的战略意义。

青年大学生积极向党组织靠拢，既是党组织的需要，也是自身发展的需要，因为当今大学生自身还存在很多不成熟的地方。

1. 存有许多不良的生活习惯

许多大学生存在作息时间无规律，娱乐无节制，卫生意识薄弱，消费观不科学等许多不良生活习惯，拥有丰富的知识却没有足够的自理能力，不能很好地打理自己的生活。

2. 在价值追求上存在异化

马克思在论述事物的异化时曾做过许多具体论述，他认为"人的异化，一般地说人同自身的任何关系，只有通过人同其他人的关系才得到实现和表现"。物的异化离不开人的异化，现实生活中就是这样，一些青年学生在价值追求上产生了异化，突出表现为"官本位""钱本位""神本位"三个"本位"，把当官、金钱、鬼神作为自己的最高追求，迷恋权力和金钱，迷信鬼神。这些人的价值观已经出现严重扭曲，给自身带来了理想信念和价值追求上的障碍。

3. 政治追求上出现困惑

随着改革的深入，人们思想空前解放，新事物也不断涌现，一些大学生开始对那些具有神秘主义色彩的书籍和观点倍加青睐，部分大学生参与政治活动的热情有所降温，甚至有意避开政治活动。部分大学生对马克思主义和社会主义产生了怀疑，抛弃了共产主义远大理想。

4. 理想追求上出现迷惘

很多大学生内心迷茫，不知目标为何物，极易出现悲观厌世的情绪，对身边的一切都不屑一顾，置之不理。对于为什么学习、将来走什么样的路没有一个具体的目标。很多大学生在上大学之前立志考上大学，但是考上大学后就失去了奋斗目标，没有了努力的方向。

20 世纪的中国历史表明，中国共产党是一个有着正确指导思想和优良传统的伟大的党，是勇于坚持真理、修正错误，经得起胜利和挫折、高潮和低潮、顺境和逆境考验的党。党员标准是青年塑造完美高尚人格的努力方向。共产党人的人格标准是符合社会主义发展规律、具有历史继承性和时代要求的一切美好人格的集合，是人格发展到一定历史阶段的集中体现。青年大学生积极向党组织靠拢，以党员标准作为自己塑造美好人格的努力方向并付出自己的努力，可以发展自我，升华自我。

二、大学生如何向党组织靠拢

青年大学生要争取早日加入党组织，主要应解决好以下三个方面的问题：

1. 树立正确的入党动机

树立正确的入党动机是争取入党的首要环节。正确的入党动机不仅是个人争取入党的力量源泉，更是我们坚持党的性质宗旨、奋斗目标的客观需要。正确的入党动机，需要在不断学习、实践和改造主观世界的过程中逐步形成。第一，大学生思想活跃，善于接受新事物，但是社会阅历少、理论基础薄弱，往往不能全面、正确地看待社会的发展，在复杂的社会斗争中容易产生思想困惑。大学阶段正是同学们世界观、人生观和价值观形成的关键时期，树立怎样的理想信念和人生目标，将直接影响到将来的人生道路。作为一名积极争取入党的学生，自向党组织递交入党申请书之日起，就要努力加强理论修养，不断端正入党动机，坚定地树立起为共产主义事业奋斗终生的崇高理想和信念。第二，积极争取入党的同学，应培养良好的道德品质，塑造以全心全意为人民服务为核心的共产主义道德观，养成爱祖国、爱人民、爱劳动、爱科学、爱社会主义的良好风尚和诚实、笃信、谦和、仁慈、节俭等优良传统品质，自觉遵纪守法，不仅自己要严格遵守校纪校规，更重要的是还必须督促别人共同遵守。

2. 要有实际行动

学生以学为主，读书学习是学生的天职，这一特定任务决定了大学生党员的先锋模范作用主要应在学习上得以体现，在学习的各个方面严格要求自己，处处起到表率作用，刻苦钻研，勤于思考，争取取得较好的学业成绩。争取入党的同学还应当积极投身于丰富多彩的课外活动中去，施展才华。学生党员的先锋模范作用正是通过参加各种集体活动表现出来的，威信往往也是这样建立起来的，群众基础也是这样打下的。争取入党的同学，既要勤奋学习，又要积极主动地参加各种社会实践活动，做一名全面发展的优秀大学生，以实际行动，争取早日成为一名光荣的中国共产党党员。

3. 认真履行党章规定的入党程序和手续

发展党员工作是大学生党建工作中最为重要的内容之一，必须遵照发展党员的"十六字"方针，即"坚持标准 保证质量 改善结构 慎重发展"。一般地说，发展党员工作的流程图如下：

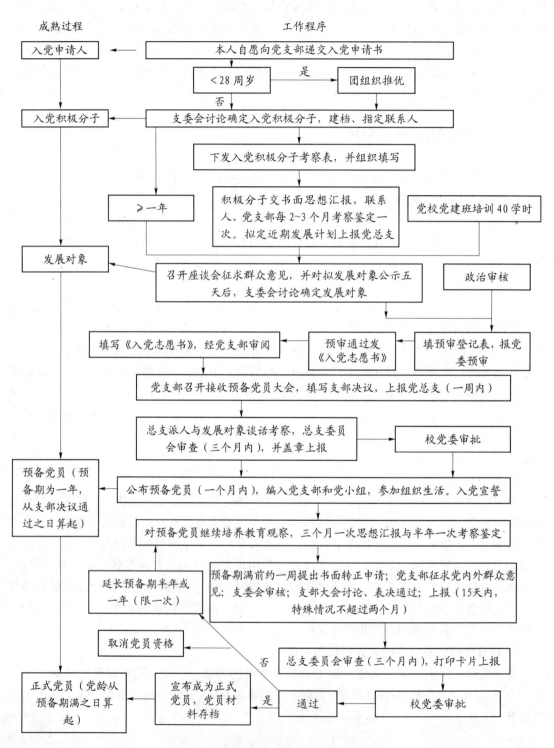

发展党员工作流程图

第二节 大学生品行测评

青年人是国家的希望，大学生更是青年群体的佼佼者。大学生群体的个人品行总体状况如何，不仅关系到大学生自身的形象和利益，也直接关系到一个社会的文明素质和道德走向。扎实推进大学生个人品行建设，提升大学生个人品行，是培养造就中国特色社会主义事业合格建设者和可靠接班人不可或缺的重要一环。作为一名社会主义的大学生，应该是知识宽厚、能力强劲、人格高尚。知识宽厚是基础，能力强劲是关键，人格高尚是灵魂。如果只具备较高层次的科技文化知识，而不懂得做人的社会准则和行为规范，缺少德行，人格低下，就不是一个完美的、品德高尚的、全面发展的人，也不是一个合格的大学生。

为全面贯彻党的教育方针，促进学生德、智、体、美全面发展，努力培养企业最爱用的大学生，培养社会主义合格建设者和可靠接班人，结合学校实际，学校推行大学生品行测评。品行测评是对我校全体在校学生在校期间品行素质的全面考核，基准分为 60 分，超过 100 分的以 100 分计算，分为竞赛类、荣誉类、服务类、实践类、批评类五类分数，每个类别加分最高不超过 20 分。品行分 70 分以上者方可参与各类评优评先。坚持定性评价和定量评价相结合，静态考查和动态测量相结合，自身测评和学院考评相结合，坚持实事求是、公平、公正、公开的原则。品行测评的结果作为对学生各种奖励、资助、推荐就业和能否如期毕业的基本依据；学年品行素质分低于 60 分不得参与各类评优评先评奖，并将个人品行测评记录纳入档案，毕业时也无法如期拿到毕业证书。

_____ 至 _____ 学年学生品行综合测评表

姓名：_____ 学号：_____ 班级：_____ 二级院：_____

指标	评价内容	评价标准和办法	自评分	辅导员评价分
1. 竞赛类	参加国家、省、市区、校院组织的各类评比竞赛的集体或个人	个人获得国家级三等奖以上加 20 分，国家级优秀奖和省级三等奖以上加 15 分；省级优秀奖和市区级三等奖以上加 10 分；市区级优秀奖和校级三等奖以上分别加 8、6、4 分；校级优秀奖加 2 分；院级（含各行政处室）优秀奖以上分别加 4、3、2、1 分		
		获得市区级团体奖的个人按以上标准加分，获得校级团体前三的个人分别加 4、3、2 分，优秀奖加 1 分；院级三等奖以上分别加 3、2、1 分		
2. 荣誉类	获得国家、省、市区、校、校团委、二级院表彰的集体或个人	个人获得国家、省、市区、校、校团委、院级（含各行政处室）表彰的，分别加 20 分、18 分、15 分、10 分、5 分、3 分		
		集体获得国家、省、市区、校表彰的，团队负责人（主席团成员、班长团支书、协会正副会长、宿舍长等）分别加 20 分、18 分、15 分、10 分，部门负责人（学生会部门长、协会部门长、班委成员、宿舍成员）分别加 15 分、12 分、10 分、5 分，干事（包括社团成员、班级成员、部门干事）分别加 12 分、10 分、5 分、2 分		

续表

指标	评价内容	评价标准和办法	自评分	辅导员评价分
3. 服务类	担任校内一定的社会服务工作，满分20分	担任校学生会正副主席、团委副书记、青年志愿者协会、社团联合会正副会长加20分，担任各部门正副部长、学校各行政部门学生助理加15分，担任各部门干事加5分，青协社员加5分		
		担任二级院学生会正副主席、团委副书记加15分，各部门正副部长、辅导员助理加10分，各部门干事加3分		
		担任社团正副社长加10分，各部门正副部长加6分，社团成员加3分		
		担任班长团支书加8～10分，其他班委加3～5分；担任宿舍楼层长加6分，担任宿舍长、安全员等每项各加3分		
4. 实践类	参加国家、省、市区、校组织的社会实践、志愿服务活动等	参加国家、省、市区、校、院组织的社会实践、志愿服务活动，主办单位发放证书或提供相关证明的，加20、15、10、5、3分		
		在校园网主页、校官方微信公众号发表署名文章，加1分/篇，院级（各行政处室）微信公众号发表文章，加0.5分/篇；在校报发表署名文章，加2分/篇；经指导教师指导并参与撰写在区、市、省、国家级刊物及官方新媒体发表文章（需体现"厦门华天涉外学院"），分别加5、10、15、20分。（同一篇文章取最高分加分，有两名以上学生署名，分数平均分配）		
5. 批评类	因违反校规班规，被校院处分或谈话的	因违反《厦门华天涉外职业技术学院学生违纪处分条例》被处以警告、严重警告、记过、留校察看的，分别扣5分、8分、12分、15分；		
		因轻微违反校规班规，不服从班级安排活动，被辅导员提醒谈话，一次扣1～3分		
品行综合测评总得分				
辅导员签字		二级院副院长签字		
学生处盖章		测评时间		

第三节　奖学金申请

学校为同学们学习提供丰富资源的同时，也提供了坚实的保障——奖、助、勤、贷、缓、减、免、制度。在厦门华天涉外职业技术学院，无论你家庭经济状况如何，只要你够努力、勤奋，学习将无后顾之忧。

一、奖学制度

(一) 国家级奖学金

1. 国家奖学金由中央政府出资设立，用于奖励高校全日制本专科学生，包括我校国家计划内招收的全日制专科学生（以下简称学生）中特别优秀的学生。

2. 国家奖学金的奖励标准为每生每年 8 000 元。

3. 国家奖学金的基本申请条件：

(1) 热爱社会主义祖国，拥护中国共产党的领导；

(2) 遵守宪法和法律，遵守学校规章制度；

(3) 诚实守信，道德品质优良；

(4) 在校期间学习成绩优异，社会实践、创新能力、综合素质等方面特别突出。

根据上述基本申请条件，我校从以下几个方面严格掌握：

(1) 国家奖学金获得者应是品学兼优的优秀学生和优秀学生干部。

(2) 上学年学习成绩在本专业学生中名列前茅，所开设课程各科成绩不得低于 75 分，没有补考、重修的课程。

(3) 积极参加班级及院校的各项活动，关心集体，团结同学，遵守学校的规章制度，在学习、生活、社会工作中的表现突出。

(4) 具备下列条件之一者，学习成绩在本专业学生中排名可适当放宽。

① 参加省、国家各类专业竞赛（含技能）获得省级一、二、三等奖、国家级鼓励奖以上者。

② 科研开发项目（产品）获得国家级、省部级等奖励者或获得国家专利者。

③ 在国内外公开发行的学术刊物上以第一作者署名发表学术论文者。

④ 在文体活动中获国家级比赛前六名、省级比赛前三名者。

4. 国家奖学金每学年评审一次，根据国家主管部门下达的名额，实行等额评审，坚持公开、公平、公正的原则。国家奖学金按学年申请和评审。我校国家奖学金奖励对象为具有我校正式学籍并经注册的在校生中二、三年级的学生。同一学年内，获得国家奖学金的学生可以同时申请并获得国家助学金，但不能同时获得国家励志奖学金。

5. 我校国家奖学金申请与评审工作由校学生资助管理中心组织实施。各二级院根据评审条件与下达的名额具体负责受理学生的申请与评审工作。在评审国家奖学金时，在同等条件下适当照顾经学校认定的家庭经济困难的学生。

6. 我校根据上级主管部门审批的国家奖学金获得者名单与下达的经费，及时将国家奖学金一次性发放给获奖学生，颁发国家统一印制的奖励证书，并记入学生学籍档案。

(二) 国家励志奖学金

1. 国家励志奖学金用于奖励资助高校全日制本专科（含民办高校、独立学院及成人高校普通班）学生，包括我校国家计划内招收的全日制专科学生（以下简称学生）中品学兼优的家庭经济困难学生。

2. 我校国家励志奖学金的名额由上级主管部门下达。我校根据上级主管部门下达的名额指标，原则上按学生数比例分配到各二级院。

3. 国家励志奖学金由中央和地方政府共同出资设立。国家励志奖学金所需资金由中央和地方财政按比例分担。

4. 国家励志奖学金的奖励标准为每生每年 5 000 元。

5. 国家励志奖学金的基本申请条件：

（1）热爱社会主义祖国，拥护中国共产党的领导。思想进步，积极进取，关心国家大事，积极参加校、院、班级的各项活动。

（2）遵守宪法和法律，遵守学校规章制度。没有发现违反国家宪法和法律的言行，自觉遵守学院的纪律，没有违纪现象发生。

（3）诚实守信，道德品质优良。团结同学，乐于助人，尊敬老师与长辈。没有发现不诚实守信的行为，没有发现道德品质方面的不良言行。

（4）家庭经济困难，生活俭朴。必须是经学校认定的家庭经济困难学生，尤其是家庭经济特别困难的学生。不酗酒、不抽烟、着装朴实，不佩戴高档装饰品。

（5）在校期间学习成绩优秀。上一学年学习成绩名列前茅，每门课程学习成绩在 75 分以上。

（6）具备下列条件之一者，学习成绩在本专业学生中排名可适当放宽，但不得低于前 10 名。

① 参加市级、省级各类专业技能竞赛获一、二、三等奖者。

② 科研开发项目（产品）获得国家、省部、市级等奖励者或获得国家专利者。

③ 在国内外公开发行的学术刊物上以第一作者署名发表作品和学术论文者。

④ 在文体活动比赛中，获国家级比赛前八名、省级比赛前六名者。

6. 学校将上级主管部门下达的国家励志奖学金名额与分配各二级院的国家励志奖学金名额指标张榜公布。经学校认定的家庭经济困难学生，根据本办法规定的国家励志奖学金的基本申请条件及其他有关规定，在公布的 3 个工作日内向所在二级院提出申请，并递交《普通本科高校、高等职业学校国家励志奖学金申请表》。

7. 国家励志奖学金每学年评审一次，根据国家主管部门下达的名额，实行等额评审，坚持公开、公平、公正、择优的原则。我校国家励志奖学金的奖励资助读乡为具有正式学籍并经注册的在校二、三年级学生。同一学年内，获得国家励志奖学金的学生可以同时申请和获得国家助学金，但不能同时获得国家奖学金。

8. 我校国家励志奖学金申请与评审工作由校学生资助管理中心组织实施。各二级院根据基本申请条件与下达的名额具体负责受理学生的申请与评审工作。

9. 我校根据上级主管部门审批的国家励志奖学金奖励资助学生名单与下达的经费，及时将国家励志奖学金一次性发放给受奖励资助的学生，并记入学生的学籍档案。同时填写《国家励志奖学金发放情况表》上报上级主管部门。

（三）校级奖学金

1. 校级奖学金是鼓励学生刻苦学习，奋发向上，促进学生德、智、体、美全面发展，面向我校大一、大二中已正式注册学籍且在校参加正常学习、生活的全日制学生。

2. 校级奖学金按各专业、各班级分配名额，具体如下：一等奖学金，每个专业评 1 名；二等奖奖学金，每个班级评 2 名；三等奖学金，每个班级评 5 名。班级人数在 30 人以下

（含 30 人）按 15% 评定奖学金。

　　国家奖学金、国家励志奖学金获得者，符合条件者可申请校内奖学金评审，学校只授予荣誉称号但不发放校内奖金，不占用上述各专业、各班级分配名额。

　　3. 校级奖学金申报条件：

　　（1）符合条件的学生可申报，具体条件如下：

　　① 遵纪守法，模范遵守学校的规章制度。

　　② 尊敬老师、团结同学、关心集体、助人为乐。

　　③ 勤奋学习、刻苦钻研、成绩优良。

　　④ 积极参加各种有益的集体活动及各种劳体活动。

　　⑤ 校内品行测评在 70 分以上；

　　（2）奖学金评审条件如下：

　　① 一等奖学金：学习成绩在本专业排名第一，各门学习成绩均在 70 分以上，一学年学习成绩总平均分在 80 分以上，品行测评分在 80 分以上；

　　② 二等奖学金：学习成绩在本班级排名第一、第二，一学年学习成绩总平均分在 80 分以上，品行测评分在 80 分以上，班级第一名已评为一等奖学金，则班级第二、三名为二等奖学金获得者；

　　③ 三等奖学金：各班评 5 人，按学习成绩排名顺序评选，一学年学习成绩总平均分在 70 分以上，校内品行测评在 70 分以上，且无补考现象；

　　（3）有下列情况之一者，不得申报奖学金：

　　① 学生品行素质测评分低于 70 分者；

　　② 本学年有受学院通报批评和纪律处分者；

　　③ 有其他违反学校规定者。

　　（4）在同一学年内获笃信宏志奖学金与校学生奖学金的奖金不可兼得。评选过程坚持条件，没有符合条件的，宁缺毋滥。

　　4. 校级奖学金奖励标准（只针对在校一、二年级学生）：

　　一等奖学金：奖励人民币 600 元；

　　二等奖学金：奖励人民币 400 元；

　　三等奖学金：奖励人民币 200 元。

　　5. 校级奖学金的评定工作于每学年初进行，评定上学年奖学金获得者；奖学金的评定工作由学生处负责，各二级院具体实施。

　　6. 校级奖学金申请、评审工作结束后，奖金由财务处一次性发放至学生本人所持有的学校协议银行借记卡中。凡采取弄虚作假或其他不正手段获得奖学金者，一经发现，立即取消荣誉称号，追回奖学金，并视情节和个人认错态度给予必要的纪律处分。

二、助学制度

（一）助学贷款

　　我校是以生源地助学贷款为主，每人每年最高可贷款 8 000 元，一般是新生入学 9 月份开始办理。生源地助学贷款按年度申请、审批和发放，同学们可向当地县级教育行政部门资询具体申办事宜。

（二）国家助学金

1. 国家助学金用于资助高校全日制本专科（含民办高校、独立学院及成人高校普通班）在校生中的家庭经济困难学生，包括我校国家计划内招收的全日制专科学生（以下简称学生）中的家庭经济困难学生。

2. 国家助学金由中央、厦门市财政和学校共同出资设立。国家助学金所需资金由中央、厦门市财政和学校按比例分担。

3. 国家助学金主要资助家庭经济困难学生的生活费用开支。每年按10个月计算，资助标准分为两档：对在校生家庭经济特别困难学生每生每年补助4 000元，家庭经济困难学生每生每年补助2 500元。家庭经济困难学生的认定详见《厦门华天涉外职业技术学院家庭经济困难学生认定工作实施办法》。

4. 国家助学金的基本申请条件：

（1）热爱社会主义祖国，拥护中国共产党的领导。思想要求上进，关心国家大事，能参加校、二级学院、班级各项活动。

（2）遵守宪法和法律，遵守学校各项规章制度。没有发现违反国家宪法和法律的言行，能遵守学校的纪律，没有受到纪律处分。

（3）诚实守信，道德品质优良。团结同学，乐于助人，尊敬老师与长辈。没有发现不诚实守信的行为，没有发现道德品质方面不良言行。

（4）勤奋学习，积极上进。

（5）家庭经济困难，生活俭朴。必须是经学校认定的家庭经济困难学生。不酗酒，不抽烟，着装朴实，不佩戴高档装饰品及使用其他高档物品，没有其他不正当消费行为。

5. 国家助学金每学年评审两次，分为上下学期，实行等额评审，坚持公开、公平、公正的原则。

同一学年内，获得国家助学金的家庭经济特别困难学生可以同时申请和获得国家奖学金或国家励志奖学金的其中一项。

6. 我校国家助学金申请与评审工作由校学生资助管理中心组织实施。各二级院根据基本申请条件与下达的名额具体负责受理学生的申请与评审工作。学校在收到上级主管部门拨付的当年国家助学金经费后，及时按月发放给受资助的学生。

7. 受资助学生应积极进取，勤奋学习，确保国家助学金资助的经费用于生活费用开支，切实起到帮助顺利完成学业的工作。应严格遵守国家助学金的各项固定，严禁抽烟、喝酒、购买奢侈消费品等高消费行为，不允许用助学金请客，一经发现，学校将严肃处理。

（三）绿色通道

为确保每个家庭困难学生都能顺利入学，学校设立"绿色通道"，家庭经济困难学生持本人录取通知书和家庭所在地乡（镇）街道以上民政部门出具的家庭经济困难证明，入学时现场办理缓交学费和入学报到手续。

（四）勤工助学

学校提供助学岗位供学生申请，勤工助学劳酬标准为每个小时 18 元。

（五）宏志奖学金

1. 本办法适用于我校学籍高职学生。

2. 奖学金额度和名额：

（1）名额：在有录取的贫困县中，到校报到的学生其入学成绩中语数英成绩总分排所在省第一名者。（10 个省共 10 人）

（2）奖金额度：总资助金额 100 000 元，每生每年 5 000 元，大三学年不享受。

（3）宏志奖学金申报条件：

① 遵纪守法，模范遵守学校的规章制度。

② 尊敬老师、团结同学、关心集体、助人为乐。

③ 勤奋学习、刻苦钻研、成绩优良。

④ 积极参加体育锻炼及各种有益的集体活动。

⑤ 家庭经济困难（当地县级以上民政部门认定）

⑥ 入学成绩中语数英三科成绩总分排名在其所在省第一名；

⑦ 大二学生：在原有宏志奖学金名单基础上，所学课程各科成绩全部合格，无补考无挂科；学生品行测评结果达 70 以上，在校无违纪处分者，可继续享受该项奖学金。

3. 宏志奖学金的评定工作于每学年初进行；评定的具体程序为个人申请、学生处签署意见、教务处审核、校长办公会研究。

4. 凡采取弄虚作假或其他不正手段获得奖学金者，一经发现，立即取消荣誉称号，追回奖学金，并视情节和个人认错态度给予必要的纪律处分。

（六）减免

本办法适用于我校学籍的所有学生。

1. 减免对象：我校学籍专科学生中家庭经济确实困难的学生。

2. 减免条件：

（1）热爱祖国，拥护中国共产党领导，遵纪守法，无违法违纪行为；

（2）关心集体，积极参加社会和学校举办的各项义务劳动和公益活动；

（3）尊敬师长，团结同学，学习刻苦，积极上进，诚实守信，成绩良好；

（4）生活俭朴，无吸烟、酗酒等不良习惯；

（5）必须积极参与校内外一定量的勤工助学活动；

（6）原则上优先考虑积极申请国家助学贷款的学生。

3. 学生家庭须具备下列条件之一：

（1）父母均已去世，确无经济来源的孤儿。

（2）烈士子女等优抚对象中，家庭经济状况在当地困难线以下者。

（3）由于父母重病、残疾丧失劳动能力、父母下岗和单亲家庭等原因，造成家庭经济困难，家庭在当地属于低保家庭。

（4）因家庭发生意外造成经济困难而难以支付全额学费的学生。

（5）来自边远贫困地区，家庭经济收入偏低，无力承担学费的学生。

　　具备以上条件之一的学生，方可申请学费减免。学生的家庭情况需提供家庭住址所在的民政部门（乡、镇、街道）的证明和其他相关材料原件。

　　4. 资助标准：

（1）建档立卡，低保户家庭，每生每年减免学费 1 000 元。

（2）其他特困家庭，每生每年减免学费 500 元。

（3）其他特殊情况酌情减免学费。

　　5. 凡具有下列情况之一者，不予减免学费：

（1）受过警告及以上纪律处分者；

（2）上一学期内有两门以上（含两门）必修课课程考试不及格者；

（3）学制规定年限内未完成所学专业而延长学制者（因病休、停学者除外）；

（4）在申请助学贷款等资助项目中有不诚信记录者。

第四节　学生社团

一、校级学生机构

1. 校团委学生会

　　厦门华天学院校团委学生委员会（简称"校学生会"）是在党委领导和校团委指导下以全面提高学生的综合素质，丰富学生的课余生活，以全心全意为学生服务为宗旨，实现学生的自我教育、自我管理、自我服务。学生会成员由学生代表大会民主选举，由主席团领导，下设办公室、学习部、宣传部、文艺部、体育部、生活部、外联部共 7 个部门。学生会本着团结、服务、进取的工作理念，组织并举办有利于同学们成长成才的学习、文体、公益等各类活动。学生会在培养大学生骨干、打造活力校园、丰富广大学生课余生活、实现"周周有活动，月月有比赛"的目标等方面发挥了重要作用。

2. 团委

　　厦门华天学院团员委员会（简称"团委"）是学校党委领导下，由学校团委具体指导的学生组织，紧跟时代步伐，对我校广大学生进行思想上的领导，密切关注同学们的思想行为动态，并予以正确引导，培养优秀的积极分子，为我党输送新鲜的血液。厦门华天团委下设组织部、宣记部和广播站三个部门，在学校工作中，下设六个团总支，团总支下设各班团支部，配合校团委开展一系列活动，丰富学生们的课余文化生活，活跃同学们的思想，是学校团委建设的具有强大影响力的学生组织。

3. 学生社团联合会

　　学生社团联合会（Students' Association Union）简称社联，是在校团委的直接领导下，管理社团工作，服务学生社团全体成员，服务社团发展的学生组织，是负责组织各类学生社团活动，指导学生社团日常工作的机构。社联旗下设有综合部、宣传部、外联部和办公室四个部门，还有涵盖文学、艺术、兴趣爱好、体育运动等功能丰富、类型兼备的各类学生社团组织。社联主席由学生代表大会选举产生。目前，华天学院共有学生社团16个。社联自成立以来，以"服务社团、建设社团、争创品牌"为宗旨，根据社团自身特点，开展属于社联的独特活动，学生社团日益成为校园文化建设的重要力量。

4. 青年志愿者协会

爱奉献、爱互助、爱公益、更爱社会。华天学院青年志愿协会是由一群志愿从事社会公益与社会保障事业的华天学院在校大学生青年组成的非营利性公益社会团体，是学校团委直属的学生志愿者服务组织。厦门华天学院青协由青协主席团领导，下设八个部门，指导各学院青年志愿者协会、各公益社团志愿活动的开展，规范志愿者活动流程，致力于打造"献血""义教"等品牌活动，因立足于校园需求，贴近同学实际，得到学校广大师生的一致好评。

二、社团

学校学生社团联合会旗下共有16个社团，涵盖科技学术类、社会实践类、文化艺术类、体育健身类、电子竞技类五大类。

1. 科技学术类

俗话说"单丝不成线，独木不成林"。学习，一个人往往事倍功半，只有和志同道合的小伙伴在一起才能共同进步。现有科技学术类社团四个，如汽车协会等。

2. 社会实践类

班固曾说过"百闻不如一见"。显然，社会实践在学生时代是必不可少的，可以增加学生的社会见解。现有社会实践类社团两个，分别是就业创业者协会和旅游爱好者协会。

3. 文化艺术类

善琴者通达从容，善棋者筹谋睿智，善书者至情至性，善画者至善至美。生活怎么能少了文化的熏陶呢？学习怎么能少了艺术的培养呢？现有文化艺术类社团五个，如音乐爱好者协会、吉他社等。

4. 体育健身类

少年强则中国强。现在锻炼成了青少年热衷的一项日常活动。现有体育健身类社团三个，如校女篮、轮滑社等。

5. 电子竞技类

"拉谁，说话，拉谁"，这句话在电子竞技上并不少见，现电子竞技成为青少年的潮流。现有电子竞技类社团一个，即fenrisulfr电竞社。

五大类学生社团你最中意哪一类呢？不管你中意哪一类，都能在其中体会到不同凡响的乐趣；如果你不中意以上类别，你也可以自己组建自己中意的社团，让其在华天学院发光发亮，期待你的加入和创新！下面一起来了解一下现有的社团：

1. 表演爱好者协会

也许你早就觉得自己与众不同，也许你根本就不知道什么是表演，只是沉醉于舞台灯光下那忽而激昂忽而婉转的吟诵。加入我们吧，体验人生百态，演绎时代生活，放飞心中梦想，表演爱好者协会欢迎你来创造令人感动的篇章。

2. 青空动漫社

　　动漫，谱写传奇的源泉；动漫，充满幻想的天堂；动漫，梦幻的天空之城。动漫社，是创造源泉、天堂和天空之城的基础，是奏响动漫乐章的演奏者。

3. 静轩文学社

静轩文学社是一群对文学有着执着追求的少年们满怀一腔热情创立的文学社。文学不只是情怀，还可以将文学和生活相契合，于文学中体验不一样的生活，在生活中创作自己的文学，以文会友，体验不一样的茶谈会。如果你热爱生活，热爱文字，那么就加入我们静轩文学社吧！

4. 汉服社

着我汉家衣裳，兴我礼仪之邦！华夏复兴，衣冠先行！华天汉服社，是一个华夏传统文化的交流平台，是一个推广汉服的集合体，是一个非盈利、非功利、非商业的业余兴趣小组，同时也参与厦门汉服协会的相关活动。穿上汉服，行走于凤凰大道，是华天一道亮丽的风景。

5. 就业与创业协会

你想找份理想的工作吗？你想体验创业的成就感吗？你想成功当老板吗？你想成就自己的一番事业吗？想，就抓紧行动吧！加入我们的队伍中来吧——大学生就业创业协会！这里能够给你提供更多接触社会了解社会的平台，也能够给自己提供一个发展才能和智慧的舞台，这里是你放飞梦想的摇篮。

6. 旅游爱好者协会

协会是一个展示自己的大舞台，请将目光投入旅游协会吧，只要你有激情，只要你有梦想，只要你还想提升自己，就请加入我们吧！让我们旅游协会为你的生活增彩抹色，让你在舞台上一展宏图。

7. 音乐爱好者协会

秉着"提高广大学生艺术修养，服务回报学校社会"的原则，向协会成员传授架子鼓、吉他、歌唱等技巧。如果你有广泛的音乐兴趣，那么音乐爱好者协会是你的最佳选择，赶紧加入吧，学长学姐等着你的到来。

8. 吉他社

音乐是朋友，朋友如音乐，因音乐而相识，为朋友而音乐，疯中静，狂中稳，疯狂吉他，多彩人生。

9. 街舞社

想要拥有绚丽的舞姿么？想要拥有健康的体魄么？那就来吧，只要你对街舞感兴趣有激情，只要你能坚持，吃得了苦，那就加入我们街舞社吧！让你的身姿在华天舞台上熠熠生辉，让你的舞姿深深印在华天学子的脑海中。

10. 曳步舞协会

曳步舞动作快速有力，音乐强悍有震撼力，舞蹈充满动感活力，极具现场渲染力。以这样的动感舞姿，丰富和活跃学生的课余文化及生活，让学生们感受到舞蹈带来的快乐和家的温馨。

11. 好青春协会

如果你热爱青春，希望展示自己，那就加入华天好青春协会，让我们一起挥洒青春挑战自我，在舞台上展现我们的才华。

12. 武尚协会

"身体是革命的本钱"。武尚协会旨在强身健体，提高学员的身体素质及个人修养，也参与出演节目。战狼队、朱雀堂、白虎堂、玄武堂、青龙堂是武尚协会的四堂一队，欢迎各路英雄好汉齐聚四堂一队，尽情展示武术风采，挥洒激情汗水。

13. 校女篮

校女篮，一个尽情挥洒汗水的地方。在这里，你可以拥有志同道合的朋友，尽享篮球乐趣；在这里，你可以领略篮球风采，提高篮球技术；在这里，你可以认识众多的裁判，掌握裁判本领；在这里，你可以锻炼自己，增强自信心，提高交际能力，丰富大学生活。

14. 台球协会

一杆在手，天下交友。出门行走，全仗朋友。人生如球，碰撞时有。把握机遇，好运不休。相信台球的力量，奋斗吧，少年！

15. 汽车协会

汽车协会是由在校大学生汽车爱好者共同组建。相约在这里，以共同交流、相互学习、共同进步为理念，以服务全校师生为目的，以用知识和行动来创造美好的未来为信念，为广大的汽车爱好者提供一些更专业的汽车知识，从而培养专业性的人才，提升会员的综合能力，实现我们汽车协会所追求的价值。

16. Fenrisulfr 电子竞技社

Fenrisulfr 电子竞技社立足于竞技运动，以新兴电子产品为器械，给广大学生提供一个展示自己、相互促进、对抗娱乐的平台，是电子竞技运动爱好者的乐园。期待在以后的竞技嘉年华遇见各位的身影。

第五节　　校园品牌活动

　　作为青春的代言人，大学生总洋溢着年轻的活力、充满着狂热的激情，对新奇有趣的大型活动必定会踊跃参与，全心投入。

1. 迎新晚会

迎新晚会系每年新生到校第一场晚会，也是全校最大型的文艺晚会之一。多年以来受到同学们的欢迎以及各个方面的好评与关注，本活动是学校最具特色的招牌活动之一，也是学年的重头戏。

悦耳的歌声，唱响青春的主题；欢乐的舞蹈，舞出未来的旋律。又是一载追梦时，年轻的我们相聚在这里，用我们的歌声和舞蹈催开了青春出绽的蓓蕾。在这里，每一个闪光的日子都是一个飘逸的时光音符，青春的活力装点了校园秋天的黄色梦境。在这个美好的夜晚尽情地享受歌舞带给我们的激情吧！

2. 十佳歌手

十佳歌手是学校多年来精心打造的一项重要活动，在还没有校艺术节时，十佳歌手大赛就已存在，并且是每年学校的大热！追溯起来，十佳已走过了十多年的风雨历程，已打造了一批又一批的校园明星，成为学校培养校园明星的圣地。十佳歌手历经风雨，经久不衰，是因为它有着无限的青春活力和品牌魅力，为校园内大批同学提供了一个展示自我、舞动青春、唱响未来的平台，让无数的同学在校园舞台上发光发热。

3. 六院杯篮球赛与足球赛

六院杯篮球赛与足球赛是学校最刺激的比赛，考验团队的合作能力，得分与盖帽的快感更是挥洒得淋漓尽致，球员更是能够在比赛中尽情地展示自我。我校足球队获得福建省第十五届运动会大学生部男子足球联赛（丙组）季军，多次获得翔安区足球联赛冠军、亚军等。我校篮球队多次参加厦门市职教杯篮球联赛并取得三连冠的好成绩。

4. 演讲比赛

　　演讲比赛是一项载满校园正能量的活动之一，它包含初赛和决赛，展现了当代大学生爱国的风采。

5. 植树节

如果要以一种独特的形象代表地球的活力，有一种单纯的生命象征，那就是树，进入树的世界就像进入美与神秘的境地。每年"3·12"的植树节，学校师生都将沿袭传统，组织植树活动，让同学们在活动中认识到环境保护的重要性。活动至今已经成为学校的传统，展现了华天人积极响应国家号召的可贵精神。通过植树活动，师生共同携手打造出华天学院的美丽蓝图。

6. 棋艺大赛

举办棋艺大赛是为了让更多学生展示自己的智慧，丰富校园文化生活，带动青春气息，增进同学们之间的友谊，使同学们之间有更多的交流，开拓思维，提高学生的积极性。棋艺大赛包含有五子棋、象棋、飞行棋、跳棋等。在棋艺大赛中同学们以棋会友，还可以学习中国象棋的深奥文化，体会中国棋艺精神，发扬传统文化。

7. "五四"合唱活动

时光如梭、岁月如歌，历史证明，我们是"五四"的火炬。通过"五四"合唱比赛来纪念五四运动，丰富了我校校园文化，丰富了同学们的课余生活，给同学们创造了一个休闲和锻炼的自我平台，激发了同学们的活力和集体精神，展示了同学们的爱国风采。

8. 毕业晚会

在厦门的学子都知道凤凰树是市树，三角梅是市花，凤凰花开两季，一季新生来，一季老生走，每当华天学院凤凰大道旁的树红了枝头，就意味着告别的季节到了。毕业，就像一个大大的句号，从此我们就告别了一段纯真的青春。学子们从青涩到成熟，每年的毕业晚会都牵动着无数师生的心，活动已经成为毕业生离开的标志，也将带着无数的祝福离场，给华天学子们留下了美好的回忆。

9. 茶艺大赛

茶艺由"厅堂茶艺"变为"舞台茶艺"，由少数达官贵人们近距离享乐的狭隘技艺发展为让广大民众远距离欣赏的大空间"舞台艺术"，是时代的需要，是了不起的"革命"。现代茶艺已成为与戏剧、舞蹈、音乐等相媲美的姊妹艺术；既然茶艺为艺术，那它的作用就不仅是平面的视觉美感和对茶汤的品位，而应具备更丰富更深邃的审美作用。具体来讲，就是要增加对观者有更大感官冲击力的元素，"元素"之一就是体现思想性的"主题"，希望通过具有观赏性的茶艺表演来弘扬茶文化、推动茶产业。

10. 个人风采大赛

个人风采大赛由现代工商管理学院主办。每个人都有属于自己的风采，你或许有在舞台唱歌的歌喉，或许有驰骋球场的球技等。通过举办个人风采大赛，给广大学生一个彰显自己风采的机会。如果你有自信，有特长，有追求，那么你有什么理由拒绝这个机会？

11. 环保时装秀

财经学院主办的环保时装秀是为了积极响应国家低碳号召，为了让同学们关注环保，学习、宣传、践行环保，唤醒同学们废物利用的意识，扩大环保理念在我院的宣传，为同学们提供展现才能的舞台空间。环保时装秀将"绿色，环保"这个主题融于服饰及艺术文化的展现中，通过设计环保服饰和舞台展示，增强学生的环保意识，展现学生的动手能力和艺术风采，烘托当代大学生健康、活泼、创新的精神风貌，倡导环保、积极的大学生活，展现活力风采，培养艺术文化素质，丰富同学们的课余生活，提高同学们的创新能力。原经济贸易系举办了首届环保时装秀，活动的成功举办，提高了大学生的综合素养，激发了大学生的创造能力、组织能力与协调能力，促进了校园的团结和凝聚力，积极推动校园文化建设，深受学院广大师生一致好评。该活动年年有创新、一年办得比一年好，每年积极紧扣国家政策，参与人数由原来学院各班级逐渐扩大到学校各班级，影响力也得到很大的提高，甚至厦门市一些企业希望常年赞助这项活动。

12. 摄影大赛

摄影大赛由传媒与信息学院主办。摄影为大学生提供展现自我价值的平台，促进同学之间的交流，提高同学们的道德思想素质，培养学生积极的心态，为学生生活增添活力。

13. 天羽杯羽毛球赛

　　机电与汽车工程学院主办的"天羽杯"羽毛球比赛既有学生参赛也有教师参赛，设男子单打、女子单打两项比赛。飞旋的羽毛球划出一道道优美的弧线，斗志在一次次呐喊中升华。发球、扣杀，一个个精彩的回合总伴随着热情的加油声，这些莘莘学子仿佛一瞬之间凝成一团，互相勉励，互相关心，如同一个大家庭一样共勉共进，共同感受群众体育健身活动带来的健康与快乐。

14. 爱在蓝天——空姐、空保推介大赛

航空旅游学院是学校独具特色的二级学院，主办该项赛事旨在锻炼学生的面试能力，提升就业竞争力，同时也可展示学生的学习成效与风采。

15. 英语演讲比赛

基础部主办的英语演讲比赛是为了丰富校园文化生活，培养学生的英语基本技能，进一步提高我校广大学生的英语综合素质，尤其是口语表达能力。商务英语作为一种特定的教程，强调的不仅仅是语言的水平，更是一种实际综合素质的提高。

华天学院一直在努力给学生创造更多的交流平台和展示自己的机会，不断地进行创新，每一个大大小小的活动都倾尽全力去完成。在未来，华天人还会继续勤奋工作，力争上游，相信华天学院会越来越好！

第六节　校友会

一、简介

厦门华天涉外职业技术学院校友会成立于 2016 年 6 月 25 日，是厦门华天涉外职业技术学院历届校友自愿联合成立的团体组织，简称华天学院校友会。

华天学院校友会的宗旨是加强校友与母校之间、校友与校友之间的联系、沟通与合作，为发展母校、增进校友友谊、弘扬华天学院团结互助的优良传统，共筑交流、合作、发展的平台，实现学校和校友的共同发展。同时，也为繁荣福建和海西经济、为国家现代化建设、振兴中华贡献力量。本会遵守宪法、法律、法规和国家政策，遵守社会道德风尚，并接受教育局、民政局的业务主管部门的指导和监督管理。

自2002年建校以来在我校工作和学习过的教职工、学生均为我校校友，此外，学校聘请的院士、客座教授、名誉教授、兼职教授及其他兼职教职工等亦可视为我校校友。拥护本会章程，自愿参加本会（本会分会）的校友均为本会会员。本会经费来源为校友基金会的捐赠、学校资助、在核准的业务范围内开展活动或服务的收入、其他合法收入，经费具体使用及管理委托厦门华天涉外职业技术学院校友促进教育基金会负责。

华天学院校友会设永久会长、名誉会长和荣誉会长若干人，会长一人、常务副会长三人、副会长若干人、秘书长一人、理事和常务理事若干人，下设办事机构为校友会办公室，设办公室主任一人、干事若干人。华天学院校友会在校内设总会，在厦门市内设区级分会，在福建省内设市级分会，在全国范围内设省级分会，海外分会原则上以国家为单位。

二、发展历程

□ 2015年年初

校董及校长提出成立华天学院校友会的设想。

□ 2015年8月

迟岩校长组织校领导班子召开华天学院校友会成立工作探讨会，并在会上提出成立校友会的目的、意义和愿景，明确未来工作方向和阶段性任务。

□ 2015年10月

学校组织召开成立华天学院校友会工作通气会，号召全校教师寻踪毕业校友。

□ 2015年11月

召开成立华天学院校友会筹备会第一次会议，成立筹建工作办公室，确定筹建工作领导小组成员。筹建工作全面启动。

□ 2015年12月

召开成立华天学院校友会筹备会第二次会议，全面推进筹建工作，广泛收集校友信息并联络校友。

□ 2016年1月

召开成立华天学院校友会筹备会第三次会议，首次邀请各地校友代表参加，会上向校友宣布了成立校友会的愿景，并讨论部署了下阶段工作计划。

校友会网站正式上线（http://xiaoyou.xmht.com）。

□ 2016年4月

召开华天学院校友大会第四次筹备大会，172名校友参加，大会公布校友会章程、校友基金会章程、基金会捐赠办法，讨论了厦门、泉州等地校友分会的成立计划。当天，华天学院校友促进教育基金会募得基金百万余元。截至2016年5月31日，总计募得校友基金138.4万元。

□ 2017年7月

以"十载耕耘梦始华，难忘师恩等身齐"为主题的我校会计专业2007届校友毕业10周年师生座谈会在校图书馆会议室召开。

第三章　自主学习

第一节　考试须知

一、考试类别

考试类别主要有期末考试、补考、缓考、重修、以证代考等。

1. 期末考试

期末考试是指学生完成人才培养方案规定的课程及实践环节，根据人才培养方案的要求，安排在期末进行的课程考核，包括"教考分离"课程考试、非"教考分离"课程考试、期末考查课程考试等。

2. 补考

补考一般安排在下一学期开学后至期末之前，凡本学期所学课程不及格者和经教务处批准未参加考试的缓考者可以参加补考。有下列情况之一的学生，不准参加该课程的正常补考：

1）考试作弊、违纪者；

2）考试缺考者；

3）军训、体育和实践课程不及格者；

4）因各种原因被取消考试资格者。

3. 缓考

缓考必须经过审批，缓考者的考试和学期补考同时进行，不及格的不再补考，直接做重修处理。以下情况可以申请缓考：

1）学生因故不能参加考试，且完成课程教学时数达到该课程学时数的三分之二者，具有办理缓考的资格。缓考手续应在考试一周前办理，特殊情况下最迟应在考试前一天，超过考试时间才办理缓考者无效，视为缺考。

2）补考和重修不得办理缓考。

4. 重修

有以下情况之一的，按规定重修：

1）凡补考不合格或者被取消补考资格者必须重修；

2）实践性教学环节（体育、军训、课程设计、毕业设计、毕业论文、实习、实训、实验等）考核不及格者，必须重修；若重修后仍不及格，可再次重修。

3）擅自缺考者，该课程记零分，课程必须重修。

5. 以证代考

以证代考是以国家级考试、专业职业证书考试成绩，作为本证书所涉及的核心课程（一门或若干门）成绩的考核方式，主要包括：

　　1）全国计算机等级考试一级考试（代替计算机基础课程考试）。全国计算机等级考试一年两次：第一次考试时间为每年 3 月份第四个星期六开始，报名时间为前一年的 10 月份；第二次考试时间为 9 月份第四个星期六开始，报名时间为当年 6 月份 。

　　2）高等学校英语应用能力 B 级考试（代替基础英语课程考试）。大学英语四、六级，A、B 级考试一年两次：第一次考试时间为 6 月份第三个周末，报名时间为 3—4 月份；第二次考试时间为 12 月份第三个周末，报名时间为 9—10 月份。

　　3）专业资格证书考试（代替本专业核心专业职业证书课程考试）。按专业资格证书考试所确定的时间报名及考试。

　　对学生思想品德的考核、鉴定，以《高等学校学生行为准则》为依据，由学生处组织测评，给出评语，并颁发相关证书。

二、免修、代修

1. 免修

以下条件之一的，可办理免修：

1）转学、转专业的学生已修读过的课程，若学时及教学要求基本达到本专业要求，提供成绩证明及有关材料后，经二级学院院长、教务处审核批准后，可以免修并承认该课程的学分及成绩。

2）取得各类职业资格证书（经继续教育学院确定）的学生，可以申请免修与该证书教学要求相当等级的同名（同类）课程，经任课教师确认、二级学院领导、教务处审核批准后，可以免修，学校承认学生该课程的成绩及学分。

2. 代修

学生到外校（国外或中国台湾等地区）参加交流学习，不能完成培养方案中规定的学习课程的，可以交流学习的其他课程成绩及学分替代本门课程的成绩及学分。

三、教务系统使用

1. 成绩查询

登录厦门华天涉外职业技术学院教务管理系统网站：http://jiaowu. xmht. com/，输入用户名（默认学生学号）、密码（八位出生日期）和验证码，点击"登录"进入教学管理中心页面。在成绩管理菜单下，可以查看当前学期成绩和总成绩单。当前学期成绩通常在本学期期末考试周结束后一周内公布，如对该成绩有疑问，可与本人所在二级学院教学管理人员联系并核对。

2. 补考、重修申请

新学期教学第二周开始可在网上申请上学期未通过课程的补考、重修，第二周进行补考申请，第三周进行重修申请，过期不再受理相应申请。学生在相应时间段内，登录厦门华天涉外职业技术学院教务管理系统网站，在考试报名菜单下分别进行"补考申请"和"重修申请"，如补考、重修申请过程中出现任何问题，可与本人所在的二级学院教学管理人员联系。

3. 系统选课

登录厦门华天涉外职业技术学院教务管理系统网站，进入教学管理中心页面，在选课系统菜单下，点击"选课须知"，认真阅读后，进入选课。在"选课开设班级"里根据自身情况选择相应课程。

四、考场规则

1）考生在考前 5 分钟进场，迟到 15 分钟以上者，取消该门课程考试资格，开考 30 分钟之内，不得交卷。

2）考试必须持学生证或身份证参加考试，进入考场后，应将上述证件放在课桌左上角，以便查验。没有证件者不准参加考试。

3）考生一律不得携带任何文字材料（除开卷考试外）、电子文具和无线通信设备进入考场。

4）考生必须按指定的位置就座，保持考场肃静，严格遵守考场纪律，服从监考，考场内不得交谈、喧闹、吸烟、左顾右盼、互借文具、擅自拆散试卷，不得中途擅自离开考场（如有特殊情况必须离开时，需经监考人员许可，并由一名监考人员随同），不得有任何违纪和作弊行为。

5）考试终止时间一到，考生应立即停止答卷，根据监考人员的指令有秩序地离开考场，不得在考场内对答案，不得在考场周围逗留谈论。

6）考生应无条件服从监考人员管理，不得以任何理由妨碍监考人员正常工作。

7）国家级考试及其他考试按有关要求执行。

五、考试违纪处分办法

考试违纪根据性质和情节轻重，分为违规和作弊两种。

1）考试违反下列规定者视为考试违规：

① 考试迟到 15 分钟以上者；

② 考生未带学生证或身份证者；

③ 除开卷考试外，将书本、笔记、书包、通信工具、资料等带进考场者。

④ 在考场内左顾右盼、自行互借文具者；

⑤ 考生不按时交卷、交卷后不立即离开考场、在考场内对答案、在考场周围逗留谈论、将试卷带出考场者；

⑥ 考生不听从监考教师的指令和劝告者；

违反上述规定的第 1、2 款者，不准参加考试，违反第 3、4 款者给予严重警告处分；属于第二次违规，或干扰考场秩序，影响考试正常进行，情节特别严重者，给予记过处分。

2）考试有下列行为者，视为考试作弊：

① 事先将公式或与考试内容有关的文字抄写在桌椅、衣服、文具、身体上等；

② 偷看或让人偷看、抄袭或让人抄袭者；

③ 在考场内夹带、传递字条，或利用通信工具、计算器、工具书等物品传递与考试有关内容；

④ 考试时虽经允许离开考场，但在考场外偷看有关资料，或与他人交谈考试内容；

⑤ 考试时向他人示意、交头接耳，或与他人核对考题答案；

⑥ 在考场内朗读考试内容；

⑦ 请人代考或替人考试（包括请、替校外学生）；

⑧ 考试前采取某种手段取得试卷或试题，或考试后采取某种手段涂改答案或试卷成绩；

⑨ 经巡视、监考人员认定的其他作弊行为。

违反上述规定者，按作弊论处。成绩记为零分，不准补考，只能重修并视情节轻重、认识态度，给予记过以上处分，直至开除学籍。

3）违反考场纪律，又同时有损坏公物或其他破坏行为者，按有关规定另行处罚。

4）在国家级考试及其他考试中违纪的按有关要求执行。

第二节　学籍管理

一、入学与注册

按照学校招生规定录取的新生，须持厦门华天涉外职业技术学院录取通知书和本人居民身份证，按期到校报到，办理入学注册手续。因故不能按期入学的，应当向学校请假，假期一般不得超过两周。凡未经请假或请假逾期未报到注册者，除因不可抗力等正当事由外，视为放弃入学资格。

学校在报到时对新生入学资格进行初步审查，审查合格的办理入学手续，予以注册学籍；审查发现新生的录取通知、考生信息等证明材料与本人实际情况不符，或者有其他违反国家招生考试规定情形的，取消入学资格。

新生因病、应征入伍等情况可以申请保留入学资格。应征入伍的学生凭当地武装部出具的保留入学资格申请表和入伍通知书办理保留入学资格，除应征入伍以外的其他情况申请保留入学资格的须于学校当年报到时间截止前向学校提出申请。保留入学资格期间不具有学籍，不具有在校学生的权利与义务。应征入伍保留入学资格期限为退役后 2 年，其他情况申请保留入学资格的期限为 1 年。

新生在保留入学资格期满前应向学校申请入学，经学校审查合格后，办理入学手续。审查不合格的，取消入学资格；逾期不办理入学手续且未有因不可抗力延迟等正当理由的，视为放弃入学资格。

因病保留入学资格的学生，病情确已好转，能够继续学习，必须持县（市）级以上医院最近半个月内本人体格检查"已恢复健康"的证明，向学校申请入学，经学校指定医院复查合格，方可办理入学手续。如经复查仍不合格者，取消入学资格。

学生入学后，学校在 3 个月内按照国家招生规定进行复查。复查内容主要包括以下方面：

1）录取手续及程序等是否合乎国家招生规定；

2）所获得的录取资格是否真实、合乎相关规定；

3）本人及身份证明与录取通知、考生档案等是否一致；

4）身心健康状况是否符合报考专业或者专业类别体检要求，是否有精神病、癫痫、麻风及其他不符合招生条件的严重疾病，能否保证在校正常学习、生活；

5）艺术、体育等特殊类型录取学生的专业水平是否符合录取要求。

复查中发现学生存在弄虚作假、徇私舞弊，存在不符合招生条件的严重疾病等情形的，确定为复查不合格，应当取消学籍；情节严重的，学校应当移交有关部门调查处理。复查中发现不属于招生条件不允许的疾病不适宜在校学习的，经学校指定的二级甲等以上医院诊断，需要在家休养的，可以按照第三条的规定保留入学资格。

已经取得学籍的在校学生，每学期开学时按规定时间，持学生证到所在二级学院办理报到注册手续。因故不能如期注册者，必须提前向所在二级学院请假，并报教务处备案，否则以旷课论处。未经请假逾期两周不注册者，按自动退学处理，所在二级学院应第一时间通知学生家长并要求学生及时向学校申请办理自动退学手续。

学生每学年第一学期开学时须缴清本学年应缴费用，缴费后方予注册，如因家庭经济困难等原因未能一次性缴清应缴费用者，也应先办理暂缓注册手续。

二、转专业

1. 学生有以下情况之一者，可以允许转专业

1）入学后因患某种疾病或确有特殊困难，不能在原专业学习，但仍能在其他专业学习的；

2）经考核，学生确有专长、有相关成果，转专业更能发挥其专长的；

3）社会对人才需求情况发生变化，学校征得学生同意，必要时可以适当调整学生所学专业；

4）休学创业或退役后复学的学生，因自身情况需要转专业的；

5）其他符合转专业有关规定的。

2. 学生申请转专业，应提供相应的证明材料

学生如因患病要求转专业的，应提供学校指定的二级甲等以上医院诊断的原始病历；确有特殊困难申请转专业的，应提供足以说明情况的材料；确有专长，转专业更能发挥本人特长的，应提供相关成果或专家证明；休学创业复学转专业的，应提供证明本人创业经历的相关材料或成果；退役复学转专业的，应提供退役证明等相关材料。

3. 有下列情况之一者不得转专业

1）入学未满一学期或处于毕业学年的；

2）两次转专业的；

3）招生时有特殊要求的学生和非经全国统一高考招收的特殊录取类型学生（专升本、五年一贯制、三二分段制、高职单独招生、注册入学、中职推荐免试）；

4）招生时国家已有明确规定不能转专业的学生，含艺术类、体育类专业学生等；

5）保留入学资格、保留学籍、休学期间的；

6）应予退学或应受到开除学籍处分的；

7）其他无正当理由者。

4. 转专业手续

学生在本校范围内转专业，向所在二级学院申请，经审查同意后提出，由所在二级学院

推荐，拟转入的二级学院考核同意，报教务处审核、分管校领导批准后办理转专业手续。学生转专业应在每学期末集中申请办理，并经学校审核同意后集中报教育厅备案。

三、转学

1. 学生一般应当在被录取学校完成学业，符合以下条件之一的可以申请转学

1）因患病无法继续在本校学习或者不适应本校学习要求的；

2）因有特殊困难、特别需要无法继续在本校学习或者不适应本校学习要求的。

2. 学生有下列情形之一，不得转学

1）入学未满一学期或者毕业前一年的；

2）高考成绩低于拟转入学校相关专业同一生源地相应年份录取成绩的；

3）由低学历层次转为高学历层次的；

4）以定向就业招生录取的；

5）无正当转学理由的。

3. 转学流程

1）学生在本省范围内转学的，经学生本人提出转学申请，说明理由，填写《福建省普通高等学校学生转学备案表》，附相关证明材料，经所在学校和拟转入学校同意，并由拟转入学校负责审核转学条件及相关证明，认为符合本校培养要求且学校有培养能力，经学校校长办公会或者专题会议研究决定可以转入的，给予办理转学手续并在《中国高等教育学生信息网学籍学历管理平台》提出转学异动。在转学手续完成后 3 个月内，由转入学校报所在地省级教育行政部门备案。

2）跨省转学的，经学生本人向学校提出转学申请，并填写福建省普通高等学校学生转学备案表，分别报送转出学校和拟转入学校审批，并由转出地省级教育行政部门协商拟转入地省级教育行政部门，按转学条件确认后办理转学手续。

4. 转学所需材料

转学在所有审批手续完备后方可办理，学生转学须提供以下证明材料：

1）福建省普通高等学校学生转学备案表；

2）学生转学申请书（加盖教务处章）；

3）学生在校期间表现鉴定（加盖二级学院章）；

4）学生每学期成绩单（加盖教务处章）；

5）学生录取花名册（加盖招生部门章）；

6）拟转入专业当年录取花名册（加盖招生部门章）；

7）拟转入学校集体研究会议纪要（加盖学校章）；

8）转出学校公示情况及结果（提供学校公示截图，公示时间不少于 5 个工作日，加盖公示部门章）；

9）拟转入学校公示情况及结果（提供学校公示截图，公示时间不少于 5 个工作日，加盖公示部门章）。

10）相关证明材料：因患病转学的，出具转出学校、拟转入学校指定的二甲以上医院诊断的原始病历、医院检查结论等医学证明材料（加盖医院病情证明专用章）；因特殊困难、特别需要转学的，出具特殊困难、特别需要证明材料（加盖学校教务处章）。

四、休学与复学

1. 学生有下列情况之一者，应予休学

1）因病经指定医院诊断，须停课治疗、休养达七周以上（包括七周）；

2）肝炎、肺结核等传染病患者在传染期内；

3）因某种特殊原因，本人申请或学校认为必须休学者；

4）服兵役（现役）；

5）自主创业者；

6）其他原因。

2. 休学学生的有关问题，按照下列规定办理

1）休学学生当年应缴学费不予退还。

2）休学学生按规定办理休学手续，学校保留其学籍；学生在休学期间不享受在校生的待遇；学生休学离校所需交通费用自理。

3）学生休学次数不得超过2次，每次休学时间为1年。服兵役者凭人武部门出具的入伍通知书可休学至正常退役后2年，休学创业休学时间根据学生创业实际情况确定，但最长不得超过4年。

4）学生休学一般由本人申请，填写休学申请表，经二级学院、学生处、教务处审核同意后，报分管校领导批准。

5）在休学期间学生必须离校，不得擅自来校上课。

6）学生休学期满不办理复学手续者，按照自动退学处理。

7）学生在休学期间发生的一切事故，学校不负责任；如有严重违法乱纪行为，学校将取消其复学资格。

8）休学的学生在休学期间不再具有在校生的权利，不得以厦门华天涉外职业技术学院学生的身份在外从事一切活动，否则责任自负。

3. 学生休学期满，应持身份证凭有关证明在学期开学前提交复学申请

1）因病休学的学生，复学时凭县（市）级以上医院在入学申请15天以内的诊断证明提出复学申请，经学校指定医院体检合格，经批准后方可复学。取消学籍（含退学）的学生，均不得申请复学。

2）因服兵役（现役）休学者，复学时凭县（市）级人武部门有关退役证明提出复学申请。

3）因其他原因休学者须写出休学期间的经历说明，并对其负法律责任，复学申请经学校批准后方可复学。

五、退学

1. 学生有下列情形之一者予以退学，取消学籍

1）学生不论何种原因，在校学习时间累计超过其标准学制2年者；

2）休学、保留学籍期满，在学校规定期限内未办理复学手续或者申请复学经复查不合格者；

3）经过指定医院确诊，患有精神病、癫痫、癔病、麻风病、传染病等严重疾病和意外伤残，不能再坚持学习者；

4）未经批准连续两周未参加学校规定的教学活动者；

5）开学后两周未按学校规定注册而又未履行暂缓注册手续者；

6）休学期间，有严重违法乱纪行为被取消复学资格者；

7）本人主动申请退学，劝说教育无效，经核实家长同意者；

8）一学期内旷课累计达 50 节及以上者；

9）受到开除学籍处分者；

10）其他应予以退学的情形。

退学学生应当按学校规定期限办理退学手续离校。学生申请退学，由教学副校长批准；其他情况予以退学的，均报请校长办公会或者校长授权的专门会议研究决定。受到开除学籍处分者不再审批。

2. 学生退学的善后问题，按下列规定办理

1）学生退学的，由学生所在二级学院和学生处通知学生本人及其家长，退学的学生在接到退学通知后一周内，到校办理离校手续并离校，在规定的时间内未办理退学手续的，按照自动退学处理。

2）由学生本人办理户籍迁回家长或抚养人所在地落户手续，逾期不办的，由学校学生户籍主管部门将户籍关系转出。

3）因病退学者，由学生所在二级学院和学生处通知家长或抚养人接回。

4）退学的学生可申请发给退学证明，学习未满一年的可以发给写实性学习证明。学习一年以上（含一年）且符合条件者可申请肄业证书。

第三节　职业技能竞赛

一、职业院校技能大赛

职业院校技能大赛是指由教育部门牵头组织、联合相关部门、行业共同举办，或受教育部委托由行业举办，面向职业院校在籍学生和专任教师，围绕职教专业和相应岗位要求组织的学生职业技能竞赛活动和教师教学技能竞赛活动。职业院校技能大赛可分为：教育部牵头组织的全国职业院校技能大赛、省级教育行政部门牵头组织或受教育部委托由行业举办的职业院校技能大赛、市级教育行政部门牵头组织举办的职业院校技能大赛和职业院校自行组织的校内技能比赛。组织职业院校技能大赛，旨在树立"人人成才"的人才观念，引导建立符合职业教育规律的人才评价体系；根据岗位要求，推动职业院校专业改革与建设，提高职业教育人才培养的针对性和有效性。

学生参加技能大赛是培养其实践技能、提高其职业素养的有效措施；是加强其实践水平，适应市场需求的有力保障。学生参加技能大赛能让其明确来学校应该学什么，找到奋斗目标，感受其付出汗水、承受压力和收获荣誉的过程，让自己变得更优秀。

福建省教育厅高度重视职业技能大赛工作，先后出台一些政策来鼓励高职院校学生参加职业技能大赛。如福建省教育厅下发的《福建省教育厅关于做好 2013 年普通高职（专科）毕业生升入本科阶段学习招生考试工作的通知》（闽教考〔2012〕31 号）明确提出，"获得省职业院校技能大赛一等奖或全国职业院校技能大赛三等奖及以上的高职毕业生，可免试入读专升本院校相应类别专业"。又如福建省职业院校技能大赛组委会办公室下发的《关于2016 年 2017 年福建省职业院校技能大赛获奖选手申报职业资格证书的通知》明确提出，"获得 2016 和 2017 年福建省职业院校技能大赛中职、高职组部分个人项目前 3 名选手（成绩合格者）可申报高级（国家职业资格三级）证书，获得 4～10 名的选手（成绩合格者）可申报中级（国家职业资格四级）证书"。具体鼓励政策以当年文件为准。

二、全国职业院校技能大赛

全国职业院校技能大赛是教育部联合天津市人民政府、工业和信息化部、财政部、人力资源和社会保障部、住房和城乡建设部、交通运输部、农业部、文化部、卫生部、国务院国有资产监督管理委员会、国家旅游局、国家中医药管理局、国务院扶贫办、中华全国总工会、共青团中央、中华职业教育社、中国职业技术教育学会、中华全国供销合作总社、中国机械工业联合会、中国有色金属工业协会、中国石油和化学工业联合会、中国物流与采购联合会等 23 个部门、组织共同举办的一项全国性职业教育院校的学生竞赛活动。经过多年努力，大赛已经发展成为全国各个省、自治区、直辖市、新疆生产建设兵团和计划单列市积极参与、专业覆盖面最广、参赛选手最多、社会影响最大、联合主办部门最全的国家级职业院校技能赛事，成为中国职教界的年度盛会。全国职业院校技能大赛自 2002 年开始举办，2008 年落户天津并开设高职组比赛，2012 年起在天津以外开设分赛区，2012 年全国职业院校技能大赛在天津主赛场和河北、山西、吉林、江苏、浙江、安徽、山东、河南、广东、贵州等十个分赛区分别举行。大赛宗旨是"大赛点亮人生，技能改变命运"。

三、各专业可参加福建省技能大赛项目一览表

序号	项目名称	可参赛专业	最好成绩	备注
1	汽车检测与维修	汽车检测与维修技术 汽车电子技术 汽车营销与服务 汽车车身维修技术	三等奖	团体赛
2	汽车营销	汽车检测与维修技术 汽车电子技术 汽车营销与服务 汽车车身维修技术	三等奖	团体赛

续表

序号	项目名称	可参赛专业	最好成绩	备注
3	工业机器人技术应用	工业机器人技术 无人机应用技术 应用电子技术 机电一体化技术	三等奖	团体赛
4	电子产品芯片级检测维修与数据恢复	应用电子技术	三等奖	团体赛
5	复杂部件数控多轴联动加工技术	模具设计与制造 机电一体化技术 数控技术 机械设计与制造	三等奖	团体赛
6	注塑模具 CAD/CAE 与主要零件加工	模具设计与制造 机电一体化技术 数控技术 机械设计与制造	二等奖	团体赛
7	计算机网络应用	计算机应用技术 计算机网络技术 软件技术	优秀奖	团体赛
8	测绘	建设工程管理 建设工程监理	优秀奖	团体赛
9	工程造价基本技能	建设工程管理 建设工程监理	优秀奖	团体赛
10	建筑工程识图	建设工程管理 建设工程监理	三等奖	团体赛
11	建筑 CAD	建设工程管理 建设工程监理	三等奖	个人赛
12	平面设计技术	动漫制作技术 视觉传播设计与制作 工艺美术品设计	2018 年获一等奖	个人赛
13	艺术设计	动漫制作技术 视觉传播设计与制作 工艺美术品设计	2017 年获一等奖	个人赛
14	虚拟现实设计与制作	动漫制作技术 视觉传播设计与制作 工艺美术品设计	三等奖	团体赛

序号	项目名称	可参赛专业	最好成绩	备注
15	园林景观设计	动漫制作技术 视觉传播设计与制作 工艺美术品设计	三等奖	团体赛
16	动漫制作	动漫制作技术 视觉传播设计与制作 工艺美术品设计	二等奖	个人赛
17	现代物流作业方案 设计与实施	物流管理	二等奖	团体赛
18	市场营销技能	市场营销 中小企业创业与经营	三等奖	团体赛
19	企业沙盘模拟经营	市场营销 物流管理 连锁经营管理	2018 年获一等奖	团体赛
20	中华茶艺	旅游管理 酒店管理 会展策划与管理	二等奖	团体赛
21	报关技能	国际商务 物流管理 报关与国际货运	优秀奖	团体赛
22	导游服务（英语）	旅游管理 酒店管理	二等奖	个人赛
23	导游服务（普通话）	旅游管理 酒店管理	2018 年获一等奖	个人赛
24	中餐主题宴会设计	旅游管理 酒店管理	二等奖	个人赛
25	西餐宴会服务	旅游管理 酒店管理	二等奖	个人赛
26	电子商务技能	电子商务 国际商务	三等奖	团体赛
27	互联网＋国际贸易 综合技能	电子商务 国际商务	多次获得二等奖	团体赛

序号	项目名称	可参赛专业	最好成绩	备注
28	会计技能	会计 审计 会计信息管理	二等奖	团体赛
29	银行业务综合技能	会计 审计 会计信息管理	2017 年获一等奖	团体赛
30	英语口语（专业组）	商务英语	二等奖	个人赛
31	英语口语（非专业组）	无专业限制	三等奖	个人赛

说明：项目名称以我校 2017 年和 2018 年参赛项目计，每年开设项目略有变化，以当年省里公布的为准。

四、各专业可参加厦门市技能大赛项目一览表

序号	项目名称	可参赛专业	最好成绩	备注
1	物联网技术应用	计算机应用技术 计算机网络技术 软件技术 物联网工程技术	二等奖	团体赛
2	移动互联网软件应用开发	计算机应用技术 计算机网络技术 软件技术	二等奖	团体赛
3	计算机网络应用	计算机应用技术 计算机网络技术 软件技术	三等奖	团体赛
4	艺术设计	工艺美术品设计 人物形象设计	2017 年获一等奖	个人
5	三维动画制作	视觉传播设计与制作 动漫制作技术	三等奖	团体赛
6	动漫制作	视觉传播设计与制作 动漫制作技术	三等奖	团体赛
7	园林景观设计	视觉传播设计与制作 动漫制作技术	三等奖	团体赛
8	测绘技能	建设工程监理 建设工程管理	三等奖	团体赛

序号	项目名称	可参赛专业	最好成绩	备注
9	现代物流技能	物流管理	2017 年获一等奖	团体赛
10	企业沙盘模拟经营技能	市场营销 物流管理 连锁经营管理	二等奖	团体赛
11	市场营销技能	市场营销 中小企业创业与经营 报关与国际货运	二等奖	团体赛
12	西餐宴会服务	旅游管理 酒店管理	二等奖	个人
13	中餐主题宴会设计	旅游管理 酒店管理	二等奖	个人
14	会计技能	会计 审计 会计信息管理	2016 年获一等奖	团体赛
15	银行综合业务技能	会计 审计 会计信息管理	2016 年获一等奖	团体赛
16	电子商务技能	电子商务 国际商务	三等奖	团体赛

说明：项目名称以我校 2016 年和 2017 年参赛项目计，每年开设项目略有变化，以当年市里公布的为准。

五、各专业可参加行业协会技能大赛项目一览表

序号	项目名称	可参赛专业	最好成绩	备注
1	数字工业设计/MVD 创新车辆	机电与汽车工程学院 所有专业	2017 年获 特等奖	团体赛
2	全国大学生会计信息技能竞赛	会计 审计 会计信息管理	2015 年获 一等奖	团体赛
3	国际贸易职业能力竞赛	电子商务 国际商务	2017 年获 一等奖	团体赛

续表

序号	项目名称	可参赛专业	最好成绩	备注
4	国际贸易会计技能赛	会计 审计 会计信息管理	2017 年获 一等奖	团体赛
5	税务技能大赛	会计 审计 会计信息管理	2016 年获 一等奖	团体赛
6	英语写作	全校所有专业	2016 年获 一等奖	个人赛
7	全国大学生数学 建模竞赛－数学建模	全校所有专业	2015 年获 一等奖	团体赛
8	海峡展论坛策划方案	会展策划与管理	2017 年获 一等奖	团体赛
9	海峡两岸营销模拟 决策大赛	市场营销 中小企业创业与经营 报关与国际货运	二等奖	团体赛
10	POCIB 全国外贸 从业能力大赛	电子商务 国际商务	二等奖	团体赛
11	摄像机前盖注射模具设计	机电与汽车工程学院 所有专业	二等奖	团体赛
12	出口业务操作单项技能	网络营销 国际商务 电子商务	三等奖	团体赛
13	综合业务点钞技能	会计 审计 会计信息管理	三等奖	团体赛
14	综合业务传票算技能	会计 审计 会计信息管理	三等奖	团体赛

说明：项目名称以我校 2016 年和 2017 年参赛项目计，每年开设项目略有变化，以当年赛事通知公布的为准。

第四节　图书馆

　　学校图书馆是学校图书资料情报中心和文献信息中心，是为教学和科研服务的学术性机构，是学校信息化和社会化的重要基地。图书馆总面积 21 322 平方米，现代化的新馆正在紧锣密鼓地建设，目前图书馆设有馆长室、办公室、采编部、流通部、期刊部、技术部等。图书采购、编目、典藏、流通和读者管理等业务工作基本实现了计算机自动化管理，采用深圳图书馆的图书馆自动化集成系统（ILAS），基本完成了馆藏中外文书刊目录数据库的建设。同时，为了更好地服务教学、科研，服务全校师生，确立了以"以读者为本，馆藏服务并重，科学规范管理，创建校馆特色"的办馆理念，图书馆开通了读者信息和书目信息网上查询功能，引进了万方数据资源信息和中国学位论文全文数据库，进而实现了资源共享。

近年来，学校高度重视图书馆馆藏资源建设，并不断加大对图书馆的建设力度及对图书馆的经费投入。因此，图书馆馆藏文献数量得到了较快的增长。现馆藏图书文献资料41.6万册，报刊总数106种，专业报刊占98%；电子文献资料即万方数据资源信息电子期刊6 000种1 800GB和中国学位论文全文数据库50 000册，共2 500GB，实现了专业资源共享。馆藏文献结构与内容符合本校学科专业设置要求，基本形成了以工学、经济学、管理学、艺术学、文学等学科为重点并兼顾其他学科的多学科藏书体系。

一、开馆时间

每周开放时间91小时（8:30—21:30，每周开放七天）。流通部实行开架服务模式，提供借阅、检索、咨询等服务。期刊阅览室及书库共有250个阅览座位，电子阅览室、音像视频室各设计100台机位。

二、读者须知

1）本馆实行全面开架借阅，本人凭本馆所发借阅证入馆。

2）进入图书馆的读者应保持馆内安静，禁止在馆内大声喧哗、吹口哨、嬉戏打闹及言谈举止不文明不礼貌的行为。

3）入馆读者应衣冠整洁，禁止在馆内进餐、吃零食，严禁随地吐痰和乱扔纸屑、果皮、杂物等。

4）馆内严禁吸烟，严禁带火种和易燃易爆物品入馆，严禁乱动一切消防设施，一经发现，给予通报批评，情节严重者或造成后果者将依相关法律处理。

5）爱护公共财产，严禁乱刻乱画阅览桌椅，不得随意挪动阅览桌椅，不得用物品抢占阅览座位。

6）馆内设有物品存放处，供读者免费使用，存放自己的书包、手包、书刊等不能带进室内的物品，贵重物品自己保管，离馆时带走。工作人员闭馆前清理物品存放处，由于占用柜子被清理出的物品发生丢失，责任自负。

7）严格遵守图书馆各项规章制度，服从工作人员的管理，有问题可以向工作人员咨询，对违反规定者按《读者违章处理办法》视情节轻重给予批评教育、罚款，直至校纪处分。

三、阅览室规则

1）读者凭本人借阅证入室，须履行登记手续，取得阅览牌后，方可阅读报刊。入室时可携带必要的学习资料。

2）规范使用阅览牌。索取刊物时，把阅览牌放在刊物的位置，阅读完后把刊物放回原位，取回阅览牌。

3）每次限取一份报刊，阅毕放回原处再行换取，不得私藏乱放。

4）阅览室内的报刊资料仅供本院教职工、学生在室内阅览，概不外借。教师如需复印，经馆长批准可办理暂借手续，在本院内复印，当班归还。逾期不归还者，从借出第二天起，图书馆有权停止其两个月的借阅资格。

5）爱护书刊资料，严禁涂画、污损、撕割、偷窃书刊资料。

6）严禁将书刊擅自带出室外，违者以窃书论处。

四、图书借阅管理规定

（一）读者借阅须知

1）图书馆书库全开架为学生提供服务，读者进入书库前须把所带物品存放在物品存放处。

2）读者凭本人借阅证领取代书板，方可入库选书。应正确使用代书板，保持图书归架排列顺序，不得乱抽乱放。

3）借阅图书时，请仔细检查，若发现有破损或涂污情况，应当场向工作人员声明，并盖上缺损印章。否则，一经发现则追究借阅者责任，照章赔偿，情节严重者，将给予纪律处分。

4）选好的图书连同代书板一起交给工作人员办理借阅手续。

5）读者还书时，将所还图书交给工作人员，待检查无误后，方可离开。

6）本馆图书按《中国图书馆分类法》第四版分类排架，读者在入库前可在"书海导航"（书库外墙上）中寻找馆藏大类，若有疑难问题，可要求工作人员给予指导帮助。

7）个别图书因教学或科研急需，通知调回，接到通知后应立即归还，不得以任何借口拖延或拒绝归还。

8）图书续借。读者因需要可续借一次。图书在借阅期内可办理续借，新书、预约图书和超期图书均不办理续借。图书不办理第二次续借，如需要，可在图书归还五天后再借阅。

9）预约。读者根据需要可预约借书，教师可预约借书2册，学生可预约借书1册。预约图书回馆后通知预约人，并在预约书架上保留五天。

10）读者应自觉爱护图书，不得折叠书页、涂写、圈点、画线和批注。若有污损或遗失，则按书刊赔偿制度处理。偷窃图书者按"违规赔偿规定"处理。应届毕业生离校前一个月停止借书。

11）凡教职工调离，学生毕业或退学而离校，应将所借图书全部还清，并办理退证和注销权限手续。

（二）办理借阅证及补办借阅证的规定

1. 办理借阅证的规定

1）凡属本校教职工、学生均可到本馆办理借阅证。

2）每人需交1寸免冠近照一张。

3）新教职工凭人事处开具的工作联络单办理。

2. 补办借阅证的规定

1）读者借阅证如有遗失，应及时到本馆挂失，在挂失前发生的冒借问题，由本人负完全责任，并予以赔偿。

2）挂失一周后，由本人到本馆填写读者借阅证挂失登记表并将所借图书全部还清，再持该表到本馆补办借阅证。

3）补办证时须交1寸免冠照片一张。

4）读者借阅证如保管不当损坏，无法正常使用，须持旧证到本馆更换新证，并交纳补证费3元。

5）请读者妥善保管爱护借阅证，以免给自己造成不必要的损失。

（三）使用借阅证的规定

1）借阅证只供本人使用，凡用他人借阅证借书者，除扣留证件外，对持证和借证者处以停借一个月的处罚。

2）拾到他人借阅证入馆借书者，视为窃书，视情节轻重按有关规定处理。

3）借阅证遗失者须先到本馆办理挂失手续，待所借阅书刊全部还清后方可办理新证。挂失前所出现的冒借等问题由持证本人负责。

4）凡教职工调离，学生毕业或退学而离校，需办理退证及注销权限的手续。

（四）读者借阅量及借阅期限的规定

阅览量及阅览期限表

读者类型	借书量（册）		借书期限		
	专业书	综合性	借期/天	可续借次数	可续借天数
高级职称	6	2	45	1	30
中、初级职称及一般教职工	4	2	45	1	30
学生	2	1	30	1	15

五、图书借阅违规赔偿规定

1）读者外借图书必须在图书馆规定的借期内归还。由于学期末图书馆需要清点图书，因此放假前必须归还所有外借图书，如未按时交还，将按超期处理。

2）读者如有批点、涂画、污损书刊，若损失程度较轻，按书刊原价赔偿，损失程度严重，则以书刊原价的2~3倍赔偿。

3）读者遗失图书按下表标准给予赔偿：

图书丢失赔偿原则表

复本数	赔率/倍
1	10

复本数	赔率/倍
2	5
3～5	4
6以上	3

4）若丢失的图书属多卷书或丛书中的一册，按全套书原价赔偿并参照复本数赔偿办法进行处理。

5）未经办理借阅手续携书出馆，视为偷窃行为，按此书原价的5～10倍赔偿，并在校内公开点名批评，责令写出检查。认错态度恶劣者，报学校有关部门给予行政纪律处分。

6）读者对遗失的图书赔偿后，从赔偿之日算起一个月内又找到原书且无损时，可将原书交还本馆，退回所交赔款的100%。

7）所丢书刊按1985年（含1985年）至1994年不满20元的，按20元赔偿；1995年以后（含1995年）不满40元的，按40元赔偿。

8）期刊遗失一期以上（含一期），按全年订价的2～5倍赔偿。

9）凡赠送或交换等未标价的书刊资料，先进行估价，再按以上栏目所规定倍数赔偿。

10）读者赔偿书款，须一次付清，拖延不交者，停止借书资格并上报主管部门依照相关规定处理。

11）读者所借图书，如久借不还，又不申明理由，则按遗失处理。

12）选书时必须正确使用代书板。

13）读者应爱护图书条形码、磁条，不得撕毁、涂抹或拆除，情节严重者按窃书论处。

六、工具书使用规则

1）本馆的工具书包括字典、词典、百科全书、年鉴、手册（含图解、图册）、机构指南、标准、地理资料等，按《中国图书馆分类法》排架。

2）服务对象为本校师生。

3）参考工具书仅供馆内查阅，概不外借。

4）每次限拿一册查阅，看完后放回原处。

5）读者应爱护工具书，不得有污损、画线、标注、圈化、撕割、折叠、遗失等损坏图书的行为，否则，视情节轻重，按书价的1～5倍赔偿。

6）教师如因教学、科研需要借阅工具书时，应当面检查其书是否完好，发现批点、涂画、破损等情况要立即说明，请工作人员校正。否则还回时发现则由借阅教师自己负责，按损坏图书规则处理。

图书是人类知识的结晶，是知识的源泉，是精神财富。爱护图书、珍藏图书使之最大限度地发挥它传播知识和信息的作用，是每个人的责任。

七、各类流程

（一）读者借阅证办理流程

1. 学生

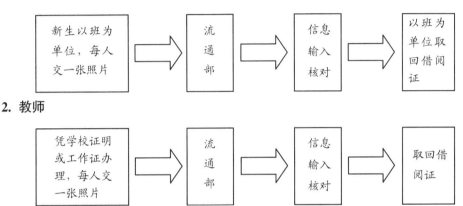

2. 教师

3. 挂失或解挂流程

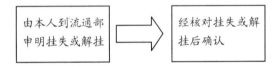

（二）办理离校手续流程

1. 毕业生

2. 其他读者

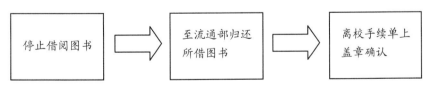

（三）图书借阅流程

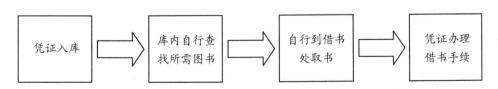

（四）图书归还流程

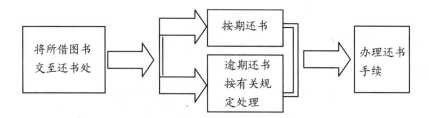

（五）读者入馆流程

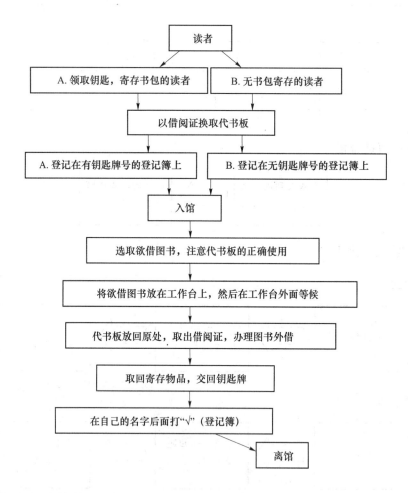

八、关于物品存放处的使用说明

图书馆为了更好地发挥图书、报刊的教育服务功能，创造一个舒适、安静的阅览环境，配备了物品存放处，供大家免费使用，图书馆是个公共场所，希望大家共同遵守，特做如下使用说明：

1）由于书库是读者借阅图书的地方，还不具备在书库学习的条件，进书库请把自己的书包、书籍、不宜携带进书库的物品存放在物品存放处。

2）进门后先用自己的借阅证换取代书板，登记，取钥匙，把应存入的物品存放好，按照相关规定方可入库选择图书资料。

3）离开时，把自己的东西取走，把钥匙还回，不能长期占用物品存放处。贵重物品要自己保管，不慎丢失，自己负责。

4）请保持物品存放处的清洁，不要在里面存放易撒、易漏的东西，避免污染其他同学的物品。

5）物品存放处是公共财产，大家要爱护，个人不得私自撬锁，不能在里面存放易燃易爆有毒物品，出现此类问题将追究个人责任。

九、图书馆小常识

1. 如何知道所借图书在哪个书库？

1）可以用检索机查询；

2）阅读宣传图示也可查到分类情况。

2. 为什么丢失图书要加倍赔偿？

因为图书的采购需要大量的工作人员在书海里筛选出来，购买运回来，再经过加工、著录最后才能和读者见面，选购的图书一般都有针对性，作为馆藏是有计划的，所以如果丢了一本再补购是需要成本的，可能买不到相同的版本，对图书收藏和利用都是损失。

希望大家珍惜图书，爱护图书。

3. 借阅图书应掌握哪些要点？

1）首先查找各种文献的存放处，具体讲就是在哪个书库内；

2）要懂得本馆使用的分类法是哪种，按什么规则分类的；

3）要学会查目录，只有会查目录，才是真正会找书、会用书的人。

4. 为什么要进行分类？

图书馆的藏书浩繁，要使众多的书刊资料排列有序、取还有据，就必须将书刊科学地、系统地、按一定方法规律进行分类和组织，这就是图书分类的目的，也能最大限度地方便读者。

5. 什么是中文图书分类目录的检索方法？

我馆是按《中国图书馆分类法》第四版进行分类的，分类号由字母和数字组配而成，首先知道自己要找的书是什么类型，然后可在"书名目录""著者目录""分类目录"分别查找，例如：《红楼梦》分类号为I242.47，字母"I"表示是文学类，数字"242.4"表示是中华人民共和国成立前出版的小说，最后一位"7"表示是章回小说。

6. 什么是目录？

图书馆目录是识别、揭示图书馆藏书的工具，揭示了文献特征，是读者了解馆藏情况的一条主要途径。

7. 什么是"著者目录""书名目录""分类目录"？

"著者目录"就是以图书著者的名字，按拼音的顺序编列而成的目录，方便读者从熟悉的著者人名方面检索特定的图书文献。

"书名目录"就是按图书名字的拼音顺序排列的目录，方便读者在熟悉书名的情况下，查到不同的版本。

"分类目录"就是按图书内容体系科学地组织排列的目录，在读者不知道书名、不知道著者的情况下，只要知道是哪一类，就可找到要看的书，并且了解这一类图书的出版情况。

8. 借阅图书用什么证件？

因为我馆现在还没有对社会开放，只对本校师生服务，进馆借阅须凭本人办理的本校的借阅证，它是身份的证明，凭此证可以共享图书馆资源。

9. 图书馆有哪些为学生开展的活动？

目前有为新生开展的借书、检索的培训活动，读者协会，学生调查活动等。

10. 书库为什么不能乱架？

图书都是按内容分类排列的，每一种书的副本量是 3～5 册，意味着众多学生中只能有 3～5 名同学可以同时看到这本书，如果没按顺序摆放，可能使其他同学找不到这本书，影响图书的流通利用，也影响其他同学借阅图书，不利于发挥图书的作用，造成一些不必要的麻烦和损失。

11. 正确使用代书板

为防止乱架，请同学们正确使用代书板，进库选书时，把代书板放在书的位置，如果只想在馆内阅览不想借阅，可以到阅览位上看，不看时把书放回原位，把代书板取出。选好图书想借出时，把书交给图书馆管理人员办理借阅手续，把代书板放回原处，取回借阅证。

12. 为什么图书馆的物品存放处不像超市那样管理？

超市是消费场所，直接和商品接触，是购物环境所必需的一个条件，图书馆是借、阅、学习的地方，提供的是知识的流动，免费提供物品存放处，是为读者提供方便，而不是提供管理，这是两个不同的概念。

13. 馆藏图书结构

我馆根据本校学科专业设置，逐步增加专业图书比重。

14. 图书馆实行全开架借阅

我馆实行的是全开架管理模式，暂时具备两处读者阅读环境，一处为期刊阅览室，每周开放 91 小时。另外，流通部书库配备相当数量的阅览桌椅，每周开放 83 小时。新馆启用后将相应增加数量和服务项目。

15. 图书馆会不会存有文学社的刊物？

会有的。任何一个刊物、通讯，对图书馆来说都会保存，图书馆就是文化积淀的场所，我们学校的文学社等学生社团的刊物，会作为特藏来收藏。

16. 为什么不能把自己的书拿到库里？

由于书库是读者借阅图书的地方，还不具备在书库学习的条件，所以如果把自己学习的书拿到库里，会影响到其他读者的阅览环境。随着图书馆环境的进一步完善，条件具备后可以满足学生们的这一要求。

十、组织活动

图书馆在做好书刊流通、文献阅览、读者导读等日常性服务的同时，积极开展读者信息素养教育、读者活动月、读者座谈会、问卷调查等活动。

1）在每年的世界读书日，图书馆为弘扬尊重知识、崇尚阅读的理念，引导大学生养成"读书好、好读书、读好书"的良好习惯，开展以"书香伴我行，与智慧同行"为主题的读书宣传活动。活动内容包括世界读书日的宣传、深入学习实践活动调研、"我为学校和图书馆科学发展建言献策"征集等。

2）每年5月举办"读者活动月"主题活动。为读者服务是图书馆工作的永恒主题。每年5月图书馆都集中利用一个月的时间，开展"读者服务月"活动，了解读者对图书馆和文献需求的变化，掌握读者利用文献资源的趋势，提高读者利用图书馆文献资源的能力，更好地发挥图书馆的功能，全面推动图书馆读者服务工作，使图书馆文献资源发挥更大的效益，使图书馆在读者的教学科研和学校的发展建设中发挥更大的作用。

3）本馆召开读者座谈会，为学生开辟了第二课堂，丰富了同学们的课余文化生活，引导学生读好书、交书友。读书会本着以书会友、展示自我、尊重对方观点、互助共进的原则，开展一系列的主题读书活动。根据个人兴趣，分成读书兴趣小组，选定主题。读书时做好笔记，写成心得，而后相互交流，共同进步，最后展示成果。读书会给同学们提供了一个充分展示自我的平台，同时也希望所有成员能得到充分的锻炼，提高自身的综合素质。

4）评选"十大优秀读者"。为了更好地利用第二课堂，引导和鼓励更多的同学走进图书馆，充分发挥图书馆资源的作用，提升图书馆的服务质量，在每学年第二学期期末开展评选"十大优秀读者"活动。

近年来图书馆为配合校园文化建设和素质教育，充分发挥图书馆的文化辐射作用，加强了文化氛围建设，开设了中国传统文化教育专题讲座，以特有的文化氛围和学习环境，使图书馆成为最受学生欢迎的学习场所，成为素质教育的阵地。图书馆将朝着"专业化、信息化、网络化、特色化、合理化、科学化"的建设目标积极进取，不断提高管理水平，为广大师生提供便捷优质的服务，并为学校发展提供强大的知识后盾。

十一、电子文献资源建设

图书馆为了更好地服务教学、科研和全体师生，进一步提高图书馆的自动化管理水平，实现文献信息资源和核心高校功能接轨，从 2009 年 5 月 8 日起读者可在校园网主页点击"图书馆"，进入图书馆主页，点击"中国学位论文全文数据库"，搜索所需要的信息资源，具体操作流程如下：

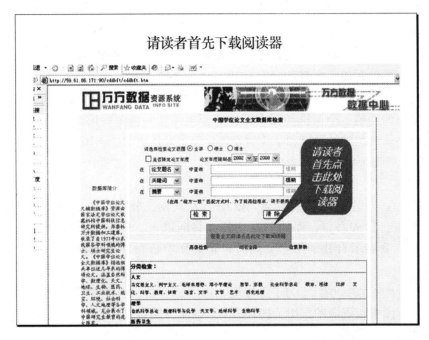

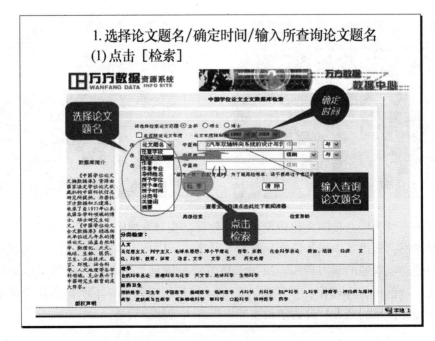

(2) 确认所查询论文题名
①点击［题名］

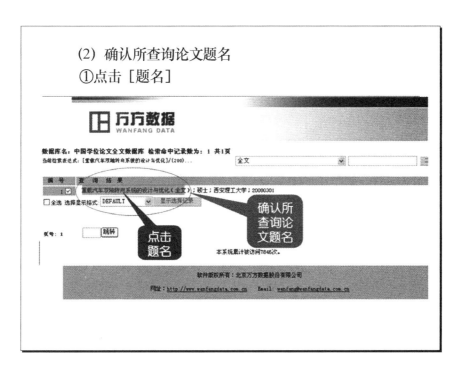

②选择访问全文内容
a.点击［查看全文］

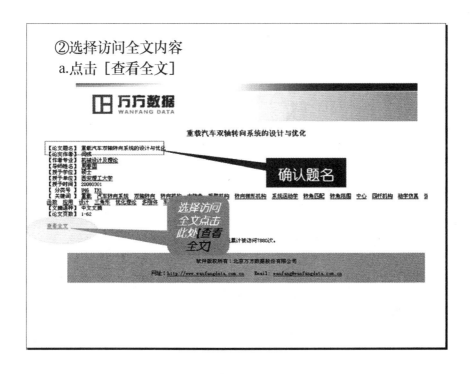

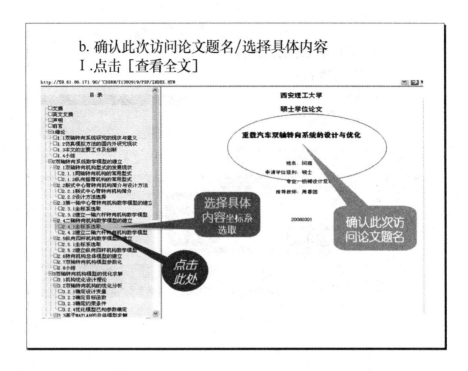

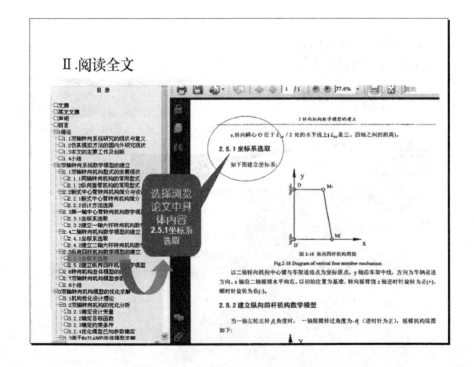

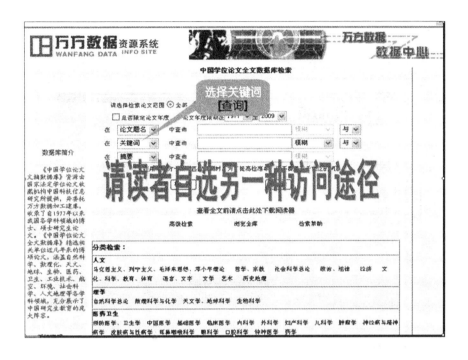

2.选择访问论文题名
(1)点击［题名］

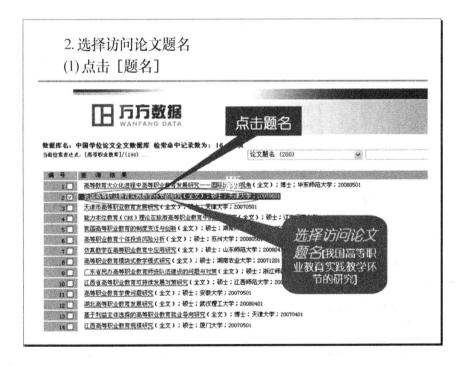

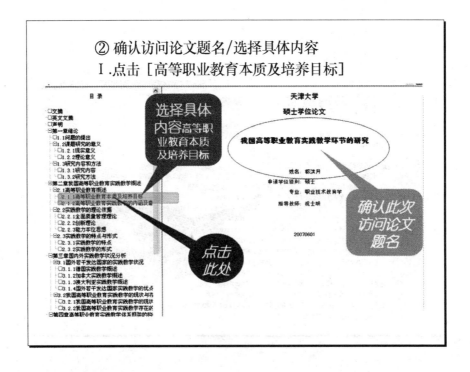

Ⅱ.阅读全文

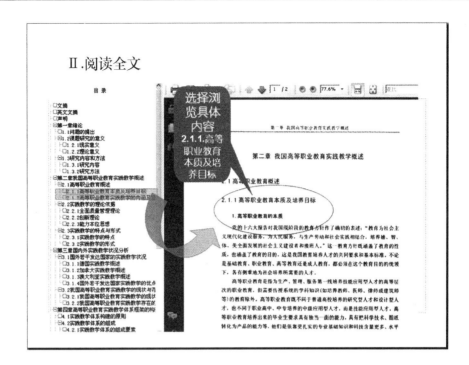

第四章 善于规划

第一节 认识高等职业教育

一、西方国家高等职业教育发展史简述

作为高等教育和职业教育相互结合产生的复合体，高等职业教育当前在世界教育领域占有重要的地位，是高等教育的重要组成部分，也是职业教育的高层次阶段。与其他教育形式相比，高等职业教育起步并不早，真正意义上的高等职业教育出现至今也不过 100 余年的历史，其发展过程大致可以分为萌芽阶段、近代阶段、现代阶段和当代阶段。

1. 萌芽阶段

高等职业教育萌芽于欧洲工业革命前，欧洲各国的行业协会、教会和其他教育组织是最早的承办者。在 17 世纪，欧洲各国相继成立了行业协会，这些行业协会负责培养学徒，如德国的职业教育，分为学徒、帮工和师傅三个层次，其中级别最高的"师傅"这一层次，已经体现出高等职业教育的雏形。英国 1660 年成立的皇家协会，除了从事理论研究和学术教育外，还负责向社会推广新发明的实用技术和先进设备，并承担技能培训工作。法国于1679 年建立炮兵技术学校和其他技术学校，培养负责高技术水平的毕业生。以上种种职业训练，都已经具备了高等职业教育的要素。

然而，此时的高等职业教育还没有形成正规的体系，教育机构也没有真正意识到高等职业教育的重要意义，并未将高等职业教育作为有目的的发展方向，只是将其作为其他教育方式的"附属品"。

不过，由于当时尚未出现机械化大生产，工业生产的方式主要是以手工进行，对技术人才的需求量并不大，受经济条件和生产力水平的制约，社会上并不具备大规模发展职业教育的必要条件。

2. 近代阶段

西方国家的近代史，是从欧洲工业革命开始的。18 世纪在短短 20 年间，工业革命席卷了整个西欧，随着蒸汽动力的机械化大生产代替以人力为主的手工作坊操作，对技术人才的数量与质量都提出了新的要求，以往"师傅带徒弟"的职业教育方式已经不能适应工业社会的需要。社会对人才需求的变化，必然会引发教育机制的革新。

为了满足社会需求，18 世纪中叶在欧洲出现了正规的高等职业教育院校。法国从路易十五时期开始，先后创办了 27 所制图学校，1747 年创办了土木学校，1778 年创办了矿山学校，培养出大批工程技术人员。1748 年，为了培养高级军事技术人才，法国又建立了梅齐埃尔工兵学校。在大革命之后，拿破仑为了致力于高等专科学校的建设，甚至一度关闭了巴黎大学。在德国，自1831 年创建汉诺威高等工业学校起，至 1835 年短短 4 年间，先后创办

了 35 所工业学校。

以上这些学校实施的都是中等以上水平的职业教育，堪称世界上第一批高等职业院校，并被纳入国家正规学制管理中，高等职业教育逐步摆脱了"附属教育"的状态。各国政府通过经费投入和立法保障，使高等职业教育在高教领域名正言顺地拥有了一席之地。

3. 现代阶段

如果说工业化革命催生了高等职业教育，那么第二次世界大战的结束则促进了高等职业教育的崛起。"二战"结束之后，饱经战争摧残的各国人民投入战后重建之中，而当时生产力水平和科学技术的发展，要求人们必须经过一定的职业教育和培训，才能找到合适的工作。当时，参战各国都面临着一个严峻的现实问题——如何安置大量缺乏职业训练的退伍军人。

以美国为例，在 1945 年 5 月和 8 月，随着德国与日本法西斯先后投降，美国军队员额于短短数月之间，从 1 200 万之巨裁减到 150 万。为了避免退伍军人大规模失业造成社会动荡，美国联邦政府特地颁布了《退伍军人就业法》，为退伍军人提供就业安置与职业培训，使他们能够顺利地完成由军到民的转变。

在之后的 7 年中，美国先后有 780 万退伍军人接受了"中学后教育"，成为专业人才，不仅避免了失业造成的社会危机，更极大提高了美国的综合国力。在 20 世纪末，美国能在"冷战"中胜出，也与此有很大关系。

在这一时代大背景下，就业安置与升学成为当时促进高等职业教育发展的直接动力，高等职业教育的规模急剧扩张，美国近 300 所大学（包括著名大学）都增设了技术学院，社区学院的数量扩展到 200 多所。

4. 当代阶段

在进入 20 世纪 60 年代之后，西方各国基本上完成了战后的恢复重建工作，高等职业教育实现了大规模的扩张发展和框架构建。随着工业技术飞速进步，电子化、自动化和信息化逐渐取代了机械化，对单纯体力劳动的需求日益减少，对技术人员的素质提出了更高的要求，新的技术革命开始影响世界各国的经济发展。经济模式、生产性质、职业种类的变化，对高等职业教育发展提出了新的要求。

特别是 20 世纪 70 年代的经济危机，造成西方国家大量人员失业，各国政府普遍采取了延长公民受教育年限、推迟初次就业时间的方式，对付失业造成的危机。这一举措使民众在结束中学教育后，能够继续选择高等教育，使高等教育彻底在民众中得以普及。

但是，普通高校毕业生的就业能力相对不足，造成了民众的不信任与抵触情绪，因此西方各国针对高等职业教育制度存在的种种问题，采取了强有力的补救措施。美国制定了《1976 年职业教育修正案》，德国提出《高等教育区域化发展计划》，日本提出《关于短期大学教育的改善》和《关于专门学校教育的改善》计划，澳大利亚制定了《培训保障法》等，大力促进高等职业教育的发展。

为了使高等职业教育发展适应当时社会的需求，提高学生的就业能力，各国又相继提出"校企联合"的方式，主张加强高等职业院校与企业的联系，以适应企业对人才培养的需要，实现"校"与"企"之间的零距离对接。其中，德国开创的"双元制"成为高等职业教育与产业界合作的经典范例。

校企联合的教育方式，使高等职业教育的发展进入崭新的阶段。各国高等职业教育在与产业界合作中，开始探索适合自身文化和社会发展的办学之路，形成了各具特色的产学研一体化合作办学机制与模式，使高等职业教育迎来了新的发展契机，并构筑了当代高等职业教育的理念。

二、中国高等职业教育史简述

从 20 世纪 70 年代后期至今的 40 年，中国的经济发展取得了令世界惊奇和赞叹的巨大成就。在这 40 年里，中国高等职业教育经历了曲曲折折、起起伏伏的不平凡的发展历程，从高等教育的辅助和配角地位，逐渐成为高等教育的重要组成部分，成为实现中国高等教育大众化的生力军，成为培养中国经济发展、产业升级换代迫切需要的高素质技能型人才的主力军，成为中国高等教育发展不可替代的半壁江山，在中国高等教育和经济社会发展中扮演着越来越重要的角色，发挥着越来越重要的作用。中国高等职业教育的发展经历了五个阶段：

（一）全面恢复阶段（1977—1984 年）

1. 专科教育恢复

1977 年，中国恢复高等教育招生考试，这标志着中国高等教育进入全面恢复时期。这期间，高等专科教育恢复招生、职业大学诞生。

1976 年"文化大革命"结束，1977 年中国高考制度恢复，专科教育随之恢复。1978 年全国恢复和新建专科学校 98 所，招收专科生 12.37 万人，在校专科生 37.96 万人，占本专科学生总数的 45.3%。1979 年，专科招生人数减少，在校生人数为 34.85 万人，占本专科学生总数的 34.2%。专科教育在满足当时人才需求方面发挥了重要作用，但在教学上模仿本科教育，以学科为基础的人才培养模式使所培养的人才不能很快地适应生产第一线的岗位需求。

2. 职业大学诞生

党的十一届三中全会确立了以经济工作为中心，把全党工作重点转移到经济建设上来的方针，我国经济建设进入快速发展时期。随着改革开放和社会经济的深入发展，为适应改革开放后地方经济快速发展对技术应用型人才的迫切需求，缓解经济快速发展与人才紧缺的矛盾，我国经济发达地区提出创办职业大学的设想，一种新型高等院校——职业大学诞生。1978 年，天津、无锡等城市开始试办为地方服务的高等职业技术学校。

这一时期，我国恢复了高等专科教育，发展了以职业大学为代表的新型高等职业教育。高等职业教育以招生、分配制度改革为突破口，用较少的资源、较小的投入，提供了更多的教育机会，解决了社会人才紧缺问题，高等职业教育成为中国高等教育改革的先锋。

（二）探索与调整阶段（1985—1994 年）

1. 积极发展高等职业技术院校，完善职业教育体系

1985 年《中共中央关于教育体制改革的决定》首次提出，"积极发展高等职业技术院校，对口招收中等职业技术教育学校毕业生以及有本专业实践经验、成绩合格的在职人员入学，逐步建立起一个从初级到高级、行业配套、结构合理又能与普通教育相互沟通的职业技术教育体系"。我国高等职业教育正式纳入国民教育体系。

2. 初中后"五年一贯制"办学模式试点，开辟高等职业教育发展新途径

为了有效地培养大批生产一线需要的技术人员、管理人员以及业务人员，同时为了避免专科教育的本科化，加强专科教育与中等职业教育的衔接，教育部职教司提出试办"初中后五年制的技术专科学校"实施方案。国家教委印发了〔85〕教计字083号《关于同意试办三所初中后五年制的技术专科学校的通知》，开始了试办五年制技术专科学校的试点。

3. 突破传统模式，调整培养目标，积极发展成人高等教育

成人高等教育是我国高等教育的重要组成部分，多年来，为经济建设和社会发展培养了大批人才。

1986年，全国职业教育工作会议，时任国家教委主任的李鹏同志提出，高等职业学校、一部分广播电视大学、高等专科学校，应划入高等职业教育。

1987年6月23日，国务院批转国家教委《关于改革和发展成人教育的决定》提出"职工大学、职工业余大学、管理干部学院应当利用自己同企业、行业关系紧密的有利条件，结合需要，举办高等职业教育"。

1999年，第三次全国教育工作会议提出大力发展高等职业教育，成人高等教育改革步伐进一步加快。成人高校特别是职工大学进一步调整人才培养目标，深化教学改革，向着高等职业教育的方向发展。

4. 明确培养目标，促进专科教育改革

1990年11月，国家教委在广州召开全国普通高等专科教育座谈会，对我国几十年来发展专科教育的经验教训进行了较为全面深刻的认识和总结，对专科教育的地位、性质与作用做了较为明晰的定位。明确提出，专科教育是高中教育基础上的一种专业教育，主要是为基层部门、生产第一线岗位培养德智体全面发展的、有较强适应性的应用型专门人才。

5. 关于"职业大学分流"的讨论

这一时期我国高等职业教育在办学主体、学制改革以及培养目标、办学特色等方面进行了积极的探索和调整。

首先，进行高等职业教育办学主体探索，通过出台一系列文件，逐步将高等职业技术院校、成人高等学校、高等专科学校纳入高等职业教育领域，形成"三教统筹"，实现了多主体办学。其次，开展学制改革探索，通过"四五套办""五年一贯制"试点进行办学模式改革。最后，面对办学特色、人才培养质量不能满足社会要求的状况，高等职业教育进入初步调整阶段，明确了专科教育应用型人才培养目标，以及通过自身转型发展高等职业教育的发展道路，促进职业大学注重办学特色以及办学质量提升。

（三）确立阶段的中国高等职业教育（1994—1998年）

1. 确立"三改一补"发展高等职业教育的方针

1994年，第二次全国教育工作会议确定高等教育发展重点是发展高等职业教育，明确提出"通过现有的职业大学、部分高等专科学校或独立设置的成人高校改革办学模式，调整培养目标来发展高等职业教育。仍不满足时，经批准利用少数具备条件的重点中等专业学校改制或举办高职班作为补充来发展高等职业教育"。自此，确定了"三改一补"发展高等职业教育的基本方针。

2. 确立高等职业教育的法律地位

1996 年 5 月 15 日，全国人大通过《中华人民共和国职业教育法》，提出"建立、健全职业学校教育与职业培训并举，并与其他教育相互沟通、协调发展职业教育体系"。其第十三条规定："职业学校教育分为初等、中等、高等职业学校教育……高等职业学校教育根据需要和条件由高等职业学校实施，或由普通高等学校实施。"这是我国第一次把高等职业教育以法律的形式确立下来，从此高等职业教育走上了依法办学的道路。

1998 年，《中华人民共和国高等教育法》颁布，其第六十八条规定，"本法所称高等学校是指大学、独立设置学院和高等专科学校，其中包括高等职业学校和成人高等学校"，进一步确立了高等职业教育的法律地位。

3. "六路大军办高职"局面的形成

1999 年 1 月，教育部、国家计委关于印发《试行按新的管理模式和运行机制举办高等职业技术教育的实施意见》更明确地提出高等职业教育由以下机构承担：短期职业大学、职业技术学院、具有高等学历教育资格的民办高校、普通高等专科学校、本科院校内设置的高等职业教育机构（二级学院）、经教育部批准的极少数国家级重点中等专业学校、办学条件达到国家规定合格标准的成人高校等。同年，教育部成立高职高专教育人才培养工作委员会，成立大会上周远清副部长讲话中进一步明确"三教（高等专科教育、高等职业教育和成人高等教育）统筹、协调发展"的方针。

至此，职业大学、职业技术学院、高等专科学校、普通本科院校二级职业技术学院、部分重点中专、成人高等学校等六类高校共同举办高等职业教育的局面基本形成。

这一时期，以全国教育工作会议召开和《中华人民共和国职业教育法》颁布为标志，高等职业教育的地位得到确定：一是发展高等职业教育是高等教育的发展重点之一，二是高等职业教育的法律地位得到确立。

（四）规模快速发展阶段（1999—2004 年）

1. 明确了高等职业教育的根本任务

1999 年，国务院批转教育部《面向 21 世纪教育振兴行动计划》提出："高等职业教育必须面向地区经济建设和社会发展，适应就业市场的实际需要，培养生产、服务、管理第一线需要的实用人才，真正办出特色。"

1999 年 6 月，《中共中央国务院关于深化教育改革全面推进素质教育的决定》进一步指出："高等职业教育是高等教育的重要组成部分，要大力发展高等职业教育，培养一大批具有必要理论知识和较强的实践能力，生产、建设、管理、服务第一线和农村急需的专门人才。"

2. 以"新模式、新机制"发展高等职业教育与"三不一高"政策

为促进高等教育更好地适应经济建设和社会发展需要，加快培养面向基层，面向生产、服务和管理第一线职业岗位的实用性、技能型专门人才的速度，缓解应届高中毕业生的升学压力；同时，为积极探索多种途径发展高等职业技术教育，进一步扩大省级政府对发展高等教育的决策权和统筹权，国家教委印发了《试行按新的管理模式和运行机制举办高等职业技术教育的实施意见》，决定在 1999 年普通高等教育年度招生计划中，安排 10 万人专门用于部分省（市）试行与现行办法有所不同的管理模式和运行机制举办高等职业技术教育。

文件规定，按照新的管理模式和运行机制举办高等职业技术教育为专科层次学历教育，其招生计划为指导性计划，教育事业费以学生交费为主，政府补贴为辅。毕业生不包分配，不再适用普通高等学校就业派遣报到证，由举办学校颁发毕业证书，与其他普通高校毕业生一样实行学校推荐、自主择业。同时具体规定了管理办法、举办学校、招生对象及办法、教学管理、试办范围、招生规模以及操作程序等。这一政策推动了试办地区高等职业教育的发展，满足了一大批学生接受高等教育的愿望。同时，这一政策也引起了社会的广泛关注，受到高教界尤其是高等职业教育管理者、专家的质疑，认为"三不一高"，即不转户口、不包分配、不发派遣证以及高收费是一个歧视性政策，不利于高等职业教育的发展。

这一时期，高等职业教育承受了高等教育改革试点的巨大压力，成为高等教育改革的急先锋。

3. 高等职业学校设置审批权下放地方，各地高等职业教育快速发展

高等职业教育进入规模快速发展阶段。这期间以"新模式、新机制"发展高等职业教育和高等职业学校设置审批权下放地方两项重要改革政策的出台，极大地促进了高等职业教育的发展。虽然有些措施受到质疑，但这一政策所代表的是中国高等教育的改革大方向。

（五）全面提升质量阶段（2004—现在）

以2004年教育部颁发的《以就业为导向，深化高等职业教育改革的若干意见》为标志，高等职业教育的发展逐渐转向更加注重质量提高、更加重视内涵发展，在全社会树立高职教育主动服务社会经济发展的良好形象。

在发展新时期，确立了全面质量提升的发展方针，实施了一系列质量提升工程，例如：

2004年，教育部和财政部联合出台《教育部财政部关于推进职业教育若干工作的意见》，并开始在全国九省市进行职业教育实训基地建设试点工作。计划经过5年左右的努力，在全国引导性奖励、支持建设一批能够资源共享，集教学、培训、职业技能鉴定和技术服务为一体的职业教育实训基地。中央财政用于支持职业教育实训基地建设的专项资金采取以奖代补的方式下达，主要用于职业教育实训基地购置设备。

2004年4月，教育部办公厅印发了《关于全面开展高职高专院校人才培养工作水平评估的通知》（教高厅〔2004〕16号），委托省级教育行政部门具体组织实施本地的高职高专院校评估工作，正式建立起了5年一轮的高职高专院校评估制度。我校已于2009年12月顺利通过第一轮评估，于2016年10月接受了第二轮评估。

2006年，教育部和财政部联合推出"国家示范性高等职业院校建设计划"，按照"地方为主、中央引导、突出重点、协调发展"的原则，重点支持建设100所高等职业院校，使之成为发展的模范、改革的模范、管理的模范，引领全国高等职业院校的改革和发展，带动整体质量提升，并由此推进整个高等职业教育的发展。

2006年11月16日，教育部下发的《教育部关于全面提高高等职业教育教学质量的若干意见》（教高〔2006〕16号），文件针对目前高等职业教育发展面临的问题，提出八大措施，主要有：

1）加强素质教育，强化职业道德，明确培养目标；

2）服务区域经济和社会发展，以就业为导向，加快专业改革与建设；

3）加大课程建设与改革的力度，增强学生的职业能力；

4）大力推行工学结合，突出实践能力培养，改革人才培养模式；

5）校企合作，加强实训、实习基地建设；

6）注重教师队伍的"双师"结构，改革人事分配和管理制度，加强专兼结合的专业教学团队建设；

7）加强教学评估，完善教学质量保障体系；

8）切实加强领导，规范管理，保证高等职业教育持续健康发展。

这些政策的出台对全面提高高等职业教育教学质量起到了很大的促进作用。

2014 年 5 月国务院下发的《国务院关于加快发展现代职业教育的决定》（国发〔2014〕19 号）和 2014 年 6 月教育部等六部门印发的《现代职业教育体系建设规划（2014—2020年)》（教发〔2014〕6 号）等一系列重要文件，体现了党中央、国务院对职业教育的高度重视和关心，描绘了职业教育改革创新的蓝图，指明了职业教育科学发展的方向，吹响了加快发展现代职业教育的号角。其中要求按照终身教育的理念，形成服务需求、开放融合、纵向流动、双向沟通的现代职业教育的体系框架和总体布局。

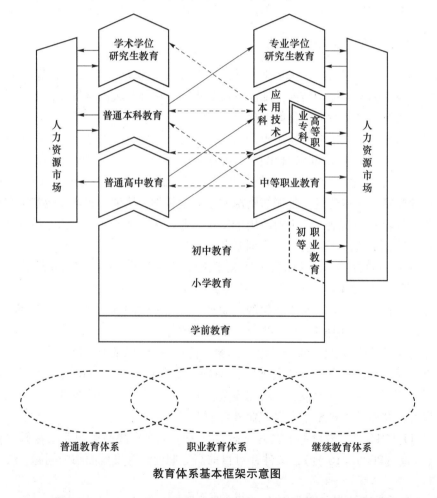

教育体系基本框架示意图

职业教育是面向人人的教育，对很多家庭的孩子来说，通过职业教育能够有一份工作，能够成为一个高素质的劳动者，成为技能型人才，从而改变他们的命运。"三百六十行，行行出状元"。只要用心，都会取得事业的成功，都会被社会认可。教育部原副部长鲁昕曾说："让学生具备两个能力：第一个是就业和创业能力，第二个是继续学习的能力；让学生获得两个证书：第一个是毕业证书，第二个是职业资格认证证书。"在 2014 年 6 月召开的全国职业教育工作会议上，中共中央总书记、国家主席、中央军委主席习近平就加快职业教育发展做出重要指示。他强调，职业教育是国民教育体系和人力资源开发的重要组成部分，是广大青年打开通往成功成才大门的重要途径，肩负着培养多样化人才、传承技术技能、促进就业创业的重要职责，必须高度重视、加快发展。

第二节　职业生涯规划

职业生涯规划（career planning）也叫"职业规划"，又叫职业生涯设计，在学术界人们也喜欢叫"生涯规划"，在有些地区，也有一些人喜欢用"人生规划"来称呼，其实表达的都是同样的内容，是指个人与组织相结合，在对个人职业生涯的主客观条件进行测定、分析、总结的基础上，对自己的兴趣、爱好、能力、特点进行综合分析与权衡，结合时代特点，根据自己的职业倾向，确定最佳的职业奋斗目标，并为实现这一目标做出行之有效的安排。

根据中国职业规划师协会的定义，职业生涯规划就是对职业生涯乃至人生进行持续的、系统的计划的过程。一个完整的职业规划由职业定位、目标设定和通道设计三个要素构成。

一个来到高等学府的大学生，应该首先为自己做一份职业生涯规划。人的生命只有一次，问问自己：你到底在干什么？你到底要干什么？一份工作是暂时的，而职业的发展是永恒的。职业生涯是可以设计的。

一、职业生涯规划概论

【课堂案例】

话说有两兄弟，他们住在一幢公寓的第 80 层。一天，他们一起去郊外爬山。傍晚时分，等他们爬山回来，发现一件事：大厦停电了！这真是一件令人沮丧的事情。两兄弟都背着大大的登山包，但看来也别无选择，于是，哥哥对弟弟说："我们爬楼梯上去吧。"

他们就背着行李开始往上爬。到了第 20 层的时候，他们觉得累了。于是弟弟提议说："哥哥，行李太重了，我们不如把它放在 20 层，我们先上去，等大厦恢复了电力，再坐电梯下来拿。"哥哥一听，觉得这主意不错。于是，他们就把行李放在 20 层，继续往上爬。

卸下了沉重的包袱之后，两个人觉得轻松多了。但好景不长，到了 40 层，两人又觉得累了。想到只爬了一半，还有 40 层楼要爬，两人就开始互相埋怨，指责对方不注意停电公告，才落到如此下场。他们边吵边爬，就这样一路爬到了 60 层。

到了 60 层，两人筋疲力尽，累得连吵架的力气也没有了。他们一路无言，安静地继续往上爬。终于，80 层到了。到了家门口，哥哥长吁一口气："弟弟，拿钥匙来！"弟弟说："有没有搞错？钥匙不是在你那里吗？"好，大家猜猜发生了什么事？正确，钥匙还留在 20 层楼的登山包里！

【解析】有人说，这个故事其实反映了我们的人生。20 岁之前，我们活在家人、老师的期望之下，背负着很多压力，不停地上课、考试、升学，就好像是背着一个很重的登山包，加上自己也不够成熟和有能力，所以走得很辛苦。20 岁以后，从学校毕业出来，踏上工作岗位，开始自己的职业生涯，自己喜欢做什么就做什么，想怎么做就怎么做。就好像是卸下了沉重的包袱。所以说，从 20 岁到 40 岁，是一生中最愉快的 20 年。

到了 40 岁，人到中年，发现青春早已逝去，又有很多遗憾，于是开始抱怨，骂老板不识货，怪家人不体恤，埋怨政府，埋怨社会。就这样在抱怨遗憾中又过了 20 年。

到了 60 岁，发现人生所剩不多，于是告诉自己，不要再埋怨了，就珍惜剩下的日子吧。于是，默默走完自己的最后岁月。到了生命的尽头，突然想起：好像有什么忘记了。是什么呢？是你的钥匙，你的 key，你人生的关键。你把你的理想、抱负、关键都留在了 20 岁，没有完成。

想一想，你是不是也要等到 40 年之后、60 年之后才来追悔？我们想一想，我们最在意的是什么？想一想，希望将来的自己和现在有些什么不同？是不是可以做些什么来不让这个遗憾发生呢？那么，我们要做些什么呢？

对，要做职业规划，或者叫职业生涯设计。职业生涯规划既然这么好，那具体该怎么做呢？从哪儿开始呢？

从这儿开始——学习职业生涯规划的基础知识和基本理论。

通过对大三学生进行求职准备情况的调查研究，以及对刚工作不久的毕业生进行回访调查，我们发现学生在求职准备方面呈现出几个明显倾向：

第一，在职业能力的自我评估上，存在高估或低估的倾向，呈现出明显偏差；

第二，在职业信息的了解上，过于关注职业是否符合自身需要，却忽略了职业要求与自身素质的匹配程度；

第三，在职业准备的投入上，大多数学生比较被动。

那到底什么是职业？职业生涯规划是怎么回事？

（一）职业的概念

职业是指在业人员所从事的有偿工作的种类。职业是人们在社会中所从事的有稳定合法收入的活动，既是人们为社会做贡献、实现人生价值的舞台，也是人们谋生的手段。

专家对职业的定义表达了四层含义：

1）职业是一种有偿的、能够获得相应报酬或经营收入的社会活动的种类；

2）职业是一种相对稳定的，而非中断性的活动；

3）职业是一种有一定技术含量的工作，它可以使从业人员的个人才能和专长得到充分发挥；

4）职业是一种有市场价值的活动，既是人们为社会做贡献、实现个人理想、提高生存价值最直接的舞台，也是人们谋生的手段。

【扩展阅读】

（1）美国社会学家塞尔兹认为：职业是一个人为了不断地获得收入而连续从事的具有市场价值的特殊活动，这种活动决定着从事该职业人的社会地位。

（2）日本就业问题专家保谷六郎认为：职业是有劳动能力的人为了获得生活所需而发挥个人能力，为社会做出贡献而连续从事的活动。

（3）美国教育家、哲学家杜威认为：职业是可以从中获得利益的一种活动。

（4）美国管理学家泰勒认为：职业可以解释为一套成为模式的与特殊工作经验有关的人群关系。

【扩展阅读】

我国职业分类

《中华人民共和国职业分类大典》把我国职业划分为由大到小、由粗到细的四个层次：大类（8个）、中类（66个）、小类（413个）、细类（1838个）。细类为最小类别，亦即职业。8个大类分别是：

第一大类：国家机关、党群组织、企业、事业单位负责人，其中包括5个中类、16个小类、25个细类；

第二大类：专业技术人员，其中包括14个中类、115个小类、379个细类；

第三大类：办事人员和有关人员，其中包括4个中类、12个小类、45个细类；

第四大类：商业、服务业人员，其中包括8个中类、43个小类、147个细类；

第五大类：农、林、牧、渔、水利业生产人员，其中包括6个中类、30个小类、121个细类；

第六大类：生产、运输设备操作人员及有关人员，其中包括27个中类、195个小类、1119个细类；

第七大类：军人，其中包括1个中类、1个小类、1个细类；

第八大类：不便分类的其他从业人员，其中包括1个中类、1个小类、1个细类。

从职业结构看，职业的分布有三个特点：第一，技术型和技能型职业占主导。占实际职业总量的60.88%的职业分布在"生产、运输设备操作人员及有关人员"这一大类，它们分属我国工业生产的各个主要领域。从这类职业的工作内容分析，其特点是以技术型和技能型操作为主。第二，第三产业职业比重较小，仅占实际职业总量的8%左右。三大产业中的职业分布，以第二产业的职业比重最大。第三，知识型与高新技术型职业较少。现有职业结构中，属于知识型与高新技术型的职业数量不超过总量的3%。

（二）生涯与生涯规划

生涯是指人一生所走的路，也就是发展的途径，包含着学习、发展、知觉、角色认知、探索、受教育、工作、敬业等内涵。

生涯规划，简单地说，就是面对未来的岁月，做好构思与有所安排。针对未来所预期的目标，配合时间的先后，加以有效处理。具体来讲，生涯规划是个人通过自我、机会、限制、选择与对结果的了解，确立与生活有关的目标，并且根据个人在工作、教育与发展方面具备的经验，规划具体步骤，达成生涯的目标。就个人而言，有了生涯规划，便有了努力、奋斗的目标，不再犹豫彷徨，不再迷失自我，不再消极颓废，使生命有了意义，生活有了重心，能变被动为主动，化消极为积极，积极进取以求自我的成长与实现。

简言之，生涯规划的主要内容无非是：

1）从年龄、性格、兴趣、局限、生活方式等方面评估自己，了解自己；

2）了解工作的世界，包括工作要求、工作环境、发展机会和发展前景等；

3）培养抉择能力：综合以上两种因素，选择适合自己的工作；

4）随着内外环境的变化调整自己的规划，培养个人面对转变的弹性。

孔子的"三十而立，四十不惑，五十知天命，六十耳顺，七十能从心所欲而不逾矩"，可说是生涯规划的典范。

生涯规划应具备以下四种特性：

1. 独特性

独特性是指每个人的生涯都不一样。人和人之间尽管会有类似之处，但绝不会完全相同。因此，进行生涯规划，无论什么人，都有其独特性，都有其专属的生涯规划，绝对不会与他人相同。

2. 终生性

终生性是指生涯是一个人从生到死一辈子的事情，包含就学、就业、退休后的生活。如果今天做一个生涯规划，明天又有另外的生涯规划，就不能称为生涯规划，只能算是计划而已。

3. 发展性

发展性是指生涯随每个人自身的不同需求而不断改变。生涯规划就学理而言，依年龄划分为以下四个阶段：

1）自我发现期：30岁以下。

2）自我培养期：30岁至40岁。

3）自我实践期：40至50岁。

4）自我完成期：50岁以上。

随着早熟倾向的出现以及信息的日益发达，年龄层可能会降低。

4. 全面性

全面性是指生涯包含人生整体发展各层面，所规划的一生中包罗万象，亦即一个人生涯规划所考虑的点、线、面极为广泛，几乎无所不包。

（三）职业生涯与职业生涯规划

职业生涯是对生涯的狭义理解，专指个体职业发展的历程。生涯即人生的发展道路，又可指人或事物所经历的途径，或指个人一生的发展过程，也指个人一生中所扮演的系列角色与所任职位。

职业生涯一般是指一个人终生经历的所有职位的整个历程。一个人一生中连续从事的职业，不仅包括过去、现在和未来那些可以实际观察到的职业发展过程，而且还包括个人对职业生涯发展的见解和期望。具体地说是以个体心理开发、生理开发、智力开发、技能开发、伦理开发等人的潜能开发为基础，以工作内容的确定性和变化性、工作业绩的评价、工资待遇、职称职务的变动为标志，以满足需求为目标的工作经历和内心体验的经历。

一个人的职业生涯是一个漫长的过程。也许一生只从事一种职业，也许一生从事多种职业，但每个人都希望找到一种相对稳定、适合自己的职业。选择和规划自己的职业生涯，往往受学识、爱好、机遇、工作环境等主客观条件的制约，只有根据现行的工作需要改变原来的职业目标和兴趣，调整心态，培养对所从事的职业的敬业精神，在实践中产生对事业的热爱，才能集中精力全身心投入工作，实现个人价值，做出成就。

所谓职业生涯规划是指客观认知自己的能力、兴趣、个性和价值观，发展完整而适当的职业自我观念，个人发展与组织发展相结合，在对个人和内部环境因素进行分析的基础上，深入了解各种职业的需求趋势以及关键成功因素，确定自己的事业发展目标，并选择实现这一事业目标的职业或岗位，编制相应的工作、教育和培训行动计划，制定出基本措施，高效行动，灵活调整，有效提升职业发展所需的执行、决策和应变技能，使自己的事业得到顺利发展，并争取最大程度的事业成功。

（四）职业生涯发展形态

每个人都有独特的职业生涯形态，而这种形态的不同，对人的发展影响极大。发展适合自己的职业生涯形态，能使自己的人生过得更加充实、有意义。常见的职业生涯发展形态主要有七种：

1. 步步高升型

在一个公司内，认真经营，即使工作地点或工作内容因公司的需要而有所改变，但是工作表现仍受主管的肯定而步步高升。

2. 阅历丰富型

换过不少的工作，待过很多家公司，工作的内容差异很大，勇于改变与创新，而且学习力强，能面对各种突发状况。

3. 稳扎稳打型

在工作初期，处于探索阶段，工作的转换较为频繁。经过一连串的尝试与努力之后，终于进入自己所向往的机构。此类机构的升迁与发展有限，但是非常稳定，例如教职、国家机关、邮局、银行等。

4. 越战越勇型

工作生涯发展已有明确的方向，但是因为某些原因受到打击而重挫。挫败之后，凭自己的毅力与能力积极地往上爬，以更成熟的个性面对挑战；最后，工作中的成就远超从前。

5. 得天独厚型

对于自己的工作生涯并没有花太多的时间去探索与尝试，反而因为家庭的关系，很早就确定方向；经过刻意的栽培与巧妙的安排，进入公司的决策核心，并将组织发展与个人生涯密切结合。譬如说，企业家的第二代就是最明显的例子。

6. 生涯因故中断型

生涯因故中断型是指连续性的生涯发展因为某些因素而停顿，处于静止或衰退的状态。例如：身体有重病的人，花很多时间在治疗、恢复，经济上与情绪上处于脆弱与依赖的状态，很难进行职业生涯的规划。

7. 一心多用型

工作做久了，厌烦、倦怠、缺乏新鲜感，总是难免的。再喜欢的菜吃久了都会腻，更何况是每天投入八小时、每周超过四十小时的工作。所以，有份稳定的工作，同时在工作之余安排自己有兴趣的事，在稳定与创新之间寻找平衡点，可以使生活更为丰富。

（五）职业生涯规划的分类

职业生涯规划，若按照时间长短进行分类，可以分为人生规划、长期规划、中期规划与短期规划。

人生规划	40年左右，设定整个人生的发展目标	如规划成为一个有数亿资产的公司董事
长期规划	5~10年的规划，主要设定较长远的目标	如规划30岁时成为一家中型公司的部门经理，40岁时成为一家大型公司的副总经理
中期规划	一般为3~5年的目标与任务	如规划到不同业务部门做经理，从大型公司部门经理到小公司做总经理等
短期规划	3年内的规划，主要是确定近期目标，规划近期完成的任务	如对专业知识的学习，掌握哪些业务知识等

二、大学生职业生涯规划主要内容

大学生职业规划可定义为：大学生在大学生活阶段通过对自身和外部环境的了解，为自己确立职业方向、职业目标，选择职业道路，确定教育计划（特别是大学阶段的学习计划）、发展计划，为实现职业生涯目标而确定行动时间和行动方案。

大学生是一个较为特殊的青年群体，经过大学阶段的学习生活后，他们掌握了一定的专业技能，身心得到了进一步的发展，为大学毕业后的工作和生活打下了基础。大学时代是一个人职业规划的黄金时段。

一方面，在校大学生都是20岁左右的青年，具有充沛的体力和很强的学习能力，而且职业观念、职业理想、人生观、世界观等方面都具有很强的可塑性，因而有很好的职业生涯可规划性；另一方面，大学为青年学子提供了学习基本职业技能和本领的良好条件，大学生可以为自己成功的职业生涯打好基础，做好准备。因此，及时、科学的职业生涯规划不仅会使大学生度过一个完美充实的大学时代，而且会影响他们的一生。

（一）大学生职业生涯规划的意义

大学生首先要认识到职业生涯规划的重要意义，职业生涯活动将伴随我们的大半生，拥有成功的职业生涯才能实现完美人生。因此，职业生涯规划具有特别重要的意义。

1. 职业生涯规划可以发掘自我潜能，增强个人实力

一份行之有效的职业生涯规划将会：

1）引导自己正确认识自身的个性特质、现有与潜在的资源优势，帮助自己重新对自己的价值进行定位并使其持续增值；

2）引导对自己的综合优势与劣势进行对比分析；

3）树立明确的职业发展目标与职业理想；

4）引导评估个人目标与现实之间的差距；

　　5）引导前瞻与实际相结合的职业定位，搜索或发现新的或有潜力的职业机会；

　　6）学会运用科学的方法，采取可行的步骤与措施，不断增强职业竞争力，实现自己的职业目标与理想。

2. 职业生涯规划可以增强发展的目的性与计划性，提升成功的机会

　　生涯发展要有计划、有目的，不可盲目地"撞大运"，很多时候我们的职业生涯受挫就是由于职业生涯规划没有做好。好的计划是成功的开始，古语讲，凡事"预则立，不预则废"就是这个道理。

3. 职业生涯规划可以提升应对竞争的能力

　　当今社会处在变革的时代，到处充满激烈的竞争。物竞天择，适者生存。职业活动的竞争非常突出，要想在这场激烈的竞争中脱颖而出并立于不败之地，必须设计好自己的职业生涯规划。这样才能做到心中有数，不打无准备之仗。

　　而不少应届大学毕业生不是首先坐下来做好自己的职业生涯规划，而是拿着简历与求职书到处乱跑，总想会撞到好运气、找到好工作。结果是浪费了大量的时间、精力与资金，到头来感叹招聘单位是有眼无珠，不能"慧眼识英雄"，叹息自己英雄无用武之地。

　　这部分大学毕业生没有充分认识到职业生涯规划的意义与重要性，认为找到理想的工作靠的是学识、业绩、耐心、关系、口才等条件，认为职业生涯规划纯属纸上谈兵，简直是耽误时间，有那时间还不如多跑两家招聘单位。这是一种错误的理念，实际上未雨绸缪，先做好职业生涯规划，磨刀不误砍柴工，有了清晰的认识与明确的目标之后再把求职活动付诸实践，这样的效果要好得多，也更经济、更科学。

（二）大学生尽早进行职业生涯规划的必要性

1. 个人职业生涯的有限性要求每个人及时规划

　　职业生涯规划是需要结合自己的资源情况、制约因素而进行的规划行动。对于一个人而言，最大的资源可能不是金钱，而是时间和精力。随着年华逝去，精力日减，职业生涯的可规划性将日益降低，职业生涯规划所取得的效益也会逐步减少。在一些发达国家，职业能力、职业倾向等的测试以及职业教育的开展从个人很小的时候就开始了，目的就是使职业生涯规划的价值最大化。所以，大学生进校后应尽早进行职业生涯规划。

2. 有助于在校大学生的个性化发展

　　应当说，我国的高等教育是一贯注重学生的个性化发展的。在很多高校的人才培养计划中，也都很容易找到"个性化发展""创造性人才"等字眼。真正有利于在校大学生个性化发展的宏观环境可能始于20世纪80年代。20世纪80年代起，我国开始实行学分制，学分制使学生进入大学后个人选择变得更为自由。一些学校，例如武汉大学还实行了"创新学分制"等。这些措施为在校大学生的发展提供了良好的条件。

　　但是，对于在校大学生而言，这些只属于外部环境，如果没有必要的职业生涯规划做指导，学生很难明确今后职业发展的方向，大学期间的学习存在盲目性，必然导致学习缺乏动力、知识结构失衡、适应社会的能力弱化。所以，职业生涯规划应该成为高校教育的必要组成部分，职业生涯规划应该从大学生入学伊始就着手进行，以引导学生有效地利用宝贵的大学时光，为一生的职业发展打下坚实的基础。

3. 有利于大学生择业、就业

由于职业生涯规划指导能够为学生提供了解社会的方法和认识自我的机会，所以，及早开展职业生涯规划有利于调整大学生的择业心态。同时，按照规划，经过有针对性的、系统的学习和充分的就业准备，大学生的就业竞争能力无疑将得到极大的提升，有助于毕业生顺利就业，实现一生的职业生涯目标。

【课堂案例】

赵丽职高毕业后，进入一家公司，她的工作是打扫卫生。虽然她的工作与那些搞设计、搞管理的人相比有一定的差别，但赵丽有自己的职业生涯规划。她做清洁工，把厂区打扫得干干净净，还经常给企业提建议。后来厂里叫她学业务，她学得又快又好。以后提升她当组长，又领导得很出色。再后来让她学财务，她把账目算得清清楚楚。最后，她当了这个厂的经理。此时，不少人对赵丽的发展感到惊讶——那些正规院校毕业的大学生还没当上经理，她怎么会当上经理呢？论学历，她不过是职高毕业；论路子，她既没有后门，也没有关系。她为什么发展如此快呢？

【解析】 她成功的秘诀就是职业生涯规划。赵丽在做清洁工时就树立了当经理的目标。因此，她每天所从事的工作、所思考的问题，甚至她的言谈举止，都是为实现自己的目标而努力，都在为她的目标积累素材、创造条件。我们要相信，无论从事什么职业、什么工作，只要通过科学的职业生涯规划，就可能使一个人的目标得以实现，使事业获得成功。

(三) 大学生职业生涯规划的具体方法

许多职业咨询机构和心理学专家进行职业咨询和职业生涯规划时常常采用的一种方法就是有关五个"W"的思考模式。从问自己是谁开始，然后顺着问下去，共有五个问题：

1）Who are you? （你是谁?）应该对自己进行一次深刻的反思，有一个比较清醒的认识，优点和缺点都应该一一列出来。

2）What do you want? （你想干什么?）是对自己职业生涯发展的一个心理趋向的检查。每个人在不同阶段的兴趣和目标并不完全一致，有时甚至是完全对立的，但随着年龄和经历的增长而逐渐固定，并最终锁定自己的终身理想。

3）What can you do? （你能干什么?）是对自己能力与潜力的全面总结，一个人职业的定位最根本的还要归结于他的能力，而他职业生涯发展空间的大小则取决于自己的潜力。对于一个人潜力的了解应该从几个方面着手，如对事的兴趣、做事的韧性、临事的判断力以及知识结构是否全面、是否能及时更新等。

4）What can support you? （环境支持或允许你干什么?）这种环境支持在客观方面包括本地的各种状态，比如经济发展、人事政策、企业制度、职业空间等；在主观方面包括同事关系、领导态度、亲戚关系等。两方面的因素应该综合起来看。有时我们在职业选择时常常忽视主观方面的东西，没有将一切有利于自己发展的因素调动起来，从而影响了自己的职业切入点。而在国外通过同事、熟人的引荐找到工作是最正常，也是最容易的。这和"走后门"等歪门邪道有本质区别，这种区别就是这里的环境支持是建立在自己的能力基础上的。

5）What can you be in the end? （最终的职业目标是什么?）

回答了这五个问题，找到它们的共同点，你就有了自己的职业生涯规划。

明确了前面四个问题，就会从各个问题中找到对实现职业目标有利和不利的条件，列出不利条件最少的、自己想做而且又能够做的职业目标，那么第五个问题"自己最终的职业目标是什么"自然就有了一个清楚明了的框架。最后，将职业生涯规划列出来，建立个人发展计划档案，通过系统的学习培训，实现就业理想目标：选择一个什么样的单位，预测个人在单位内的职务提升步骤，如何从低到高逐级而上，例如从技术员做起，在此基础上努力熟悉业务领域、提高能力，最终达到技术工程师的理想目标；预测工作范围的变化情况，不同工作对自己的要求及应对措施；预测可能出现的竞争，自己如何应对，分析自我提高的可靠途径，如果发展过程中出现偏差，如果工作不适应或被解聘，该如何改变职业方向。

（四）大学生职业生涯规划的主要内容

1. 确立正确的职业理想，明确职业生涯发展目标

职业理想在人们的职业生涯中起着调节和指导作用。一个人选择什么样的职业，以及为什么选择某种职业，通常都是以个人职业理想为出发点、以个人兴趣为基础的。职业存在于社会分工之中，职业生涯规划的价值就在于个体能够把自己的理想和兴趣融于社会之中，以社会需要为客观依据，才能在社会中找到自己的发展空间。所以大学生的职业理想应当把个人志向与国家利益和社会需要有机地结合起来。

2. 正确进行自我分析和职业环境分析

首先，要通过科学认知方法和手段，对自己的职业兴趣、气质、性格、能力等进行全面认识，了解自己的优势与特长、劣势与不足。避免设计中的盲目性。其次，现代职业具有自身的区域性、行业性、岗位性等特点，要对该职业所在的行业现状和发展前景做比较深入的了解，比如了解人才供需情况、企业文化、岗位能力要求、行业规范、发展空间以及劳动报酬等。

3. 选择发展路径

所谓路径是指个体通往理想目标的途径，是实现理想目标的必要条件，同时也是职业生涯规划过程中最难的抉择。所以，要求个体在路径设计时首先要摆正心态，实事求是，不好高骛远，从自身条件和所处的环境出发，选择最有可能实现目标的路径。其次要用好用足身边可利用的资源。这些资源不仅包括个体的自身条件，还包括政策资源、人脉资源等。最后要树立风险意识。任何一条路径都会有风险，要有足够的心理准备和应对措施。路径选择最根本的目的是尽量不走错路，少走弯路。

4. 活动内容、活动方式与活动计划的设计

1）活动内容的设计。每一种职业在专业知识、技能、能力等方面都有非常明确的要求，大学生要依据自己的选择，把它作为具体的活动内容。比如，希望毕业后从事外贸工作，那你就得把学习营销贸易知识、国际贸易知识、外语、相关的法律法规以及沟通谈判能力等作为活动内容。再比如，想自主创业当老板，你除了学习相关知识和技能外，还得把资金的筹措、发展人脉关系作为具体的活动内容。

2）活动方式的设计。活动方式指的是完成活动内容所采用的方法。完成一项学习、工作任务方法可能很多，其中有创意的方法可以让你获得事半功倍的效果。

【课堂案例】

刘芸同学的职业目标是外贸工作，她知道外语能力，尤其是外语听说能力是从事外贸工

作必不可少的。为了迅速提高外语水平，她想了很多办法。除了按常规完成学校规定课程外，她还给自己制订了学习计划：

①增加单词量：每天晚上把要记的单词写在小本子上，入睡前读 10 分钟，第二天醒过来躺在床上背 10 分钟，每天上下课从宿舍到教室往返四次约 40 分钟，在路上再回忆四次。

②提高听力：每天听英语广播半个小时。

③提高口语能力：在宿舍里与同学尽量用英语交流，尽量争取机会与外教接触交流。

刘芸同学虽然只是高职学生，但到了大二就以高分通过了英语六级考试，其中口语、听力部分获得满分，毕业时被深圳一家外贸公司录用。

可见有创意的方法是提高学习、工作效率，增强竞争力的有效措施。

3）活动计划的设计。计划是指发展路径和活动内容确定之后打算用多少时间达成目标，比如 15 年、10 年或更短一些时间。根据目标管理原则可将目标分成长期目标、中期目标、短期目标、年行动计划、月行动计划、周行动计划、日行动计划。

Super（1957）的职业生涯发展理论将人的职业生涯分为五个阶段：

职业成长阶段（出生 ~ 14 岁）：认同并建立起自我概念，对职业好奇占主导地位，并逐步有意识地培养职业能力。

职业探索阶段（15 ~ 24 岁）：探索各种可能，做好准备工作。

职业确立阶段（25 ~ 44 岁）：工作生命周期的核心部分，尝试稳定（中期出现危机）。

职业维持阶段（45 ~ 65 岁）：建立一席之地，保住这一位置。

职业衰退阶段（65 岁以后）：接受权力和责任减少的事实，准备退休。

即如下图所示，大目标是小目标的条件，小目标是大目标的结果；大目标为小目标的分解提供了依据，小目标为大目标所选择的活动的实施提供了组织保证。所以在战略上只有狠抓小目标、行动计划的落实，才能确保大目标的实现。

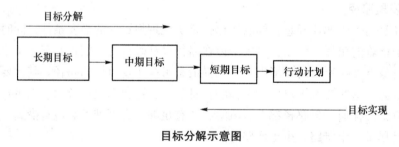

目标分解示意图

（五）大学生职业生涯规划的支点

职业生涯规划有三个层次的支点：生存支点、发展支点和兴趣支点。

如果立足生存支点来规划职业生涯，会把薪酬作为主要导向，总是在想明天能不能找到薪酬更高的工作，一有获取高薪的机会就会跳槽，而常常忽略自身成长。等到遇上职业发展瓶颈，薪酬没了增长空间，而技能又没学到多少，身价便会每况愈下。在如今这个知识更新越来越快的时代，在为现在的高薪得意时，更要想想如何保持高薪。所以，如果一直以生存为支点来做职业生涯规划，是一种只重现在不看将来的短视行为，不会感到工作的快乐，也不会获得事业上的成就感。

如果立足发展支点来规划职业生涯，会以自身的进步作为导向，即使所从事的职业自己并不特别喜欢，薪酬也并不特别高，也会努力做好。对你来说，从中获取的经验和技能最为重要。这些收获让你增值，帮助你实现未来事业上的成功。除了有物质上的收获外，你还可以有精神上的收获，如荣誉、地位等，使自己最终成为职场上的抢手货。不过，这种职业修炼过程需要不断挑战自己的极限，鞭策自己向前迈进，可能会承受工作压力的考验。

如果是立足兴趣支点来规划职业生涯，会以快乐作为导向，并不一定在乎眼前的薪酬多少，也不在乎将来能获得什么地位与荣誉，能找到喜欢的职业，能享受工作的过程，就会对工作投入极大热情，忘却疲倦，甚至感到生命变得灿烂多彩。工作成为享受，成为娱乐，不知不觉中就会做出成绩。喜欢是做好一件事的前提，兴趣是成功的最大驱动力。

不过，现在职场竞争激烈，你有兴趣的工作常常别人也感兴趣，你要知道自己的优势和劣势，采取合适的策略去获取。

职业生涯规划的过程是个体自我探索、自我发现、科学决策、统筹规划的过程，为了保证规划的实用性和科学性，应遵循以下六项原则：

1. 实事求是的原则

由于人与人之间的内外条件差异很大，其间原有的基础、发展潜力也会有很大的不同，因此需要密切结合个体的具体特点进行设计，切忌追新逐异、好高骛远。

2. 可操作性的原则

职业生涯规划是个体职业发展行动的蓝图，因此必须具备很强的操作性。具体表现在以下五个方面：

1）目标明确。即在规划中明确回答你的理想职业是什么，在理想职业领域里你想达到什么层次，比如，"我的理想职业是会计，职业目标是中型企业会计高级主管"。

2）可衡量的。理想目标需要量化、即"多少""多高""多远"，比如，"今年要完成招生指标 3 500 人"，"到大学三年级我的英语达到四级水平"，不能含糊不清地说"完成招生任务""提高英语水平"或"尽力而为""努力学习"等。

3）可实现的。设定的目标要有挑战性，经过努力是可以实现的。

4）实际的（相关的）。即设定的目标是与自己所确立的志向是一致的，与当前的学习、工作相关联的。

5）有时间限制的。即规定实现目标所需要的时间。

3. 循序渐进的原则

柯维博士指出："人生有许多成长发展的阶段，必须循序渐进。小孩先学翻身、坐立、爬行，然后才学会走路、跑步。每一步骤都十分重要，而且需要时间，没有一步可以省略。"同样，人生的各个层面，包括知识、技术、能力、经验等都要花一定的时间，经历一定过程，才能达到一定的水平，不可能在一夜之间，从无知变成知识丰富，从无能变能人。

4. 阶段性的原则

对职业生涯发展来说，不同人生阶段承担着不同的发展任务，需要解决相应的发展问题。因此，职业生涯规划也应该结合个体的年龄特征、家庭背景、社会环境等因素，制定与发展总目标相衔接的阶段性的发展目标，就像登山一样，从山脚一个台阶一个台阶往上攀登，一步一步地去接近理想的顶峰。

5. 发展性的原则

发展性的原则指的是个体在设计职业生涯规划时不仅立足于当前的发展，而且要对未来的发展空间进行科学预测，要把"发展意识"贯穿始终，具体体现在两个方面：一是规划的每一个阶段要有所发展，有所提高，有所进步；二是职业生涯发展的核心要素，如专业水平、协作能力、交流与沟通能力、创造性思维能力等在职业生涯发展中不断得到加强和提升。

6. 动态的原则

职业生涯规划方案有较长的时空跨度，短则 3 年，长则 10 年、20 年，甚至 30 年，这么长的时空跨度无论自身条件还是外部环境或多或少都会产生变化。因此，需要对已设定的发展路径、发展进程、活动内容、活动方式甚至发展目标进行相应调整。

（六）大学生职业生涯规划程序

个人职业生涯规划程序如下图所示，主要包括：自我分析、环境评估、理想职业选择、发展路径选择、活动内容和活动方式选择、制订实施计划、评估与反馈七个步骤。

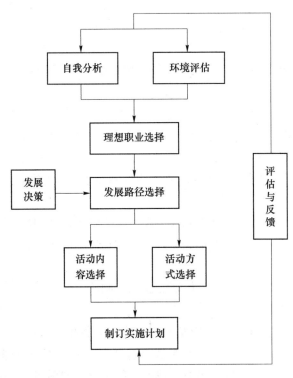

职业生涯规划示意图

七个步骤呈自上而下逻辑顺序关系。评估与反馈贯穿于规划及实施过程中的每一个步骤、每一个环节。

做好职业生涯规划应该分析三个方面的情况：

1. 自己适合从事哪些职业/工作

研究自己适合从事哪些职业/工作，是职业生涯规划的关键和基础；回答这个问题，要考虑以下因素：

（1）自己的职业锚（职业取向系统）

职业锚（career anchor）是职业生涯规划时另一个必须考虑的要素。当一个人不得不做出职业选择的时候，他无论如何都不会放弃的那种职业中至关重要的东西或价值观就是职业锚。职业锚是人们选择和发展职业时所围绕的中心。每一个人都有自己的职业锚，影响一个人职业锚的因素有：

天资和能力；

工作动机和需要；

人生态度和价值观。

天资是遗传基因在起作用，而其他各项因素虽然受先天因素的影响，但更加受后天努力和环境的影响，所以，职业锚是会变化的，这一点有别于职业性向。

例如，某个人攻读了医学博士，并且从事外科医生工作已经 20 年了，尽管他的职业性向可能并不适合做外科医生，但是他在确定自己的职业时，基本上不会考虑改为其他职业，这是因为他的职业锚在起作用。

埃德加·施恩在研究职业锚时将职业锚划分为如下类型：

技术或功能型职业锚；

管理型职业锚；

创造型职业锚；

自主独立型职业锚；

安全型职业锚。

技术或功能型：这类人往往出于自身个性与爱好考虑，并不愿意从事管理工作，而是愿意在自己所处的专业技术领域发展。在我国过去不培养专业经理的时候，经常将技术拔尖的科技人员提拔到领导岗位，但他们本人往往并不喜欢这个工作，而是更希望能继续研究自己的专业。

管理型：这类人有强烈的愿望去做管理人员，同时经验也告诉他们自己有能力达到高层领导职位，因此，他们将职业目标定为有相当大责任的管理岗位。成为高层管理人员需要的能力包括三方面：

一是分析能力：在信息不充分或情况不确定时，判断、分析、解决问题的能力；

二是人际能力：影响、监督、领导、应对与控制各级人员的能力；

三是情绪控制力：有能力在面对危急事件时，不沮丧、不气馁，并且有能力承担重大的责任，而不被其压垮。

创造型：这类人需要建立完全属于自己的东西，或是以自己的名字命名的产品或工艺，或是自己的公司，或是能反映个人成就的私人财产。他们认为只有这些实实在在的事物才能体现自己的才干。

自由独立型：有些人更喜欢独来独往，不愿像在大公司里那样彼此依赖，很多有这种职业定位的人同时也有相当高的技术型职业定位。但是他们不同于那些简单技术型定位的人，他们并不愿意在组织群体中发展，而是宁愿做一名咨询人员，或是自主创业，或是与他人合伙创业。一些自由独立型的人往往会成为自由撰稿人。

安全型：有些人最关心的是职业的长期稳定性与安全性，他们为了稳定的工作、可观的收入、优越的福利与养老制度等付出努力。目前我国绝大多数人都选择这种职业定位，很多情况下，这是由社会发展水平决定的，而并不完全是本人的意愿。相信随着社会的进步，人们将不再被迫选择这一类型。

正如许多分类一样，以上分类也无好坏之分，之所以将其提出是为了帮助大家更好地认识自己，并据此重新思考自己的职业生涯，设定切实可行的目标。

值得注意的是伴随现代科技与社会进步，大学生要随时注意修订职业目标，尽量使自己职业的选择与社会的需求相适应，一定要跟上时代发展的脚步，适应社会需求，才不至于被淘汰出局。

（2）自己的职业兴趣

在做职业生涯规划时，还要考虑本人的职业兴趣，例如：喜欢旅行（适合于经常出差的职业）；喜欢温暖湿润的气候（适合在华南工作）；喜欢自己做出决定（应该自己做老板）；喜欢住在中等城市；不想为大公司工作；喜欢穿休闲服装上班；不喜欢整天在桌子后面工作等。另外，本人具有的职业技能也不能忽略，如果某人具有某项突出的技能，而这项技能可以为其带来收入，做职业生涯规划时就应当将其作为一个重要因素加以考虑。

（3）自己的技能

自己的技能，也就是自身的本领，比如专业、特长等，在做职业规划时也必须加以考虑，以扬长避短，增加职业生涯成功的概率。

2. 自我职业机会系统分析

约翰·霍兰德的研究发现，不同的人有不同的人格特征，不同的人格特征适合从事不同的职业，约翰·霍兰德将其分为六种职业性向（类型）：

实践性向；

研究性向；

社会性向；

常规性向；

企业性向；

艺术性向。

每一种职业性向适合于特定的若干职业。通过一系列测试，可以确定一个人的职业性向。职业者如果确定了自己的职业性向，就可以从对应的若干职业中选择。

3. 制定阶段性职业生涯规划

面对发展迅速的信息社会，仅仅制定一个长远的职业生涯规划显得不太实际，因而有必要根据自身实际及社会发展趋势，把理想目标分解成若干可操作的小目标，灵活规划自我。

一般说来，以5~10年的时间为一规划段落为宜。这样就会很容易跟随时代需要，灵活易变地调整自我，太长或太短的规划都不利于自身成长。具体可有两种方式：一是根据自己的年龄划分目标，如25~30岁的职业规划；二是根据职业通路中的职位、职务阶段性变化为划分标准，制定不同时期的努力方向，如5年之内向部门经理职位冲刺，10年内成为主管经理。

做职业生涯规划时，还要把目光投向未来，研究清楚以下问题：本人现在做的工作10年后会怎么样？自己的职业在未来社会需要中是增加还是减少？自己在未来社会中的竞争优势，随着年龄的增加是不断加强还是逐渐削弱？在自己适合从事的职业中，哪些是社会发展迫切需要的？等等。

4. 进行社会分析

社会在进步、在变革，作为即将步入社会的大学生们，应该善于把握社会发展脉搏，这就需要做社会大环境的分析：当前社会、政治、经济发展趋势；社会热点职业门类分布及需求状况；所学专业在社会上的需求形势；自己所选择的职业在目前与未来社会中的地位；社会发展对自身发展的影响；自己所选择的单位在未来行业发展中的变化情况，在本行业中的地位、市场占有及发展趋势等。对这些社会发展大趋势问题的认识，有助于自我把握职业社会需求，使自己的职业选择紧跟时代步伐。同时，个人处于社会庞杂的环境中，不可避免地要与各种人打交道，因而分析人际关系状况尤为必要。人际关系分析应着眼于以下几个方面：个人职业发展过程中将与哪些人交往，其中哪些人将对自身发展起重要作用；工作中将会遇到什么样的上下级、同事及竞争者，对自己会有什么影响；如何提高人际交往能力；等等。

（七）职业发展目标的调整与落实

根据个人需要和现实变化，要不断调整职业发展目标与计划。常说计划赶不上变化，一成不变的发展计划有时形同虚设。

根据确定的职业方向，选择一个对自己有利的职业和得以实现自我价值的单位，是每个大学生的良好愿望，也是实现个人目标的基础，但这一步的迈出要相当慎重。就人生第一份工作而言，它往往不仅是一份单纯的工作，更重要的是它会使你初步了解职业、认识社会，一定意义上它是你的职业启蒙老师。人生成功的秘密在于机遇来临时，你已经准备好了。机遇对于任何人来说都是平等的，千万别在机遇面前说抱歉。

制定好一系列的职业发展规划后，如何将其最终落实是每个规划制定者所必须考虑并面对的一个问题。做一个好的规划若没有实施细则，就无法保证规划顺利进行。应对职场上纷繁的信息和变动必须建立有效的信息整理、分析和筛选系统，再结合自身竞争力合理规划职业生涯，这样才能在职业生涯发展过程中凭借良好的职场敏感度到达成功的彼岸。

三、大学生职业生涯规划及实施

（一）职业生涯规划的四大误区、设计七问及历史类型

1. 职业生涯规划的四大误区

（1）因小失大

著名的职业顾问托尼·罗宾斯总是喜欢提醒人们："别把精力放在鸡毛蒜皮的小事上，想想大事！"许多人在面临职业生涯选择时总显得犹豫不决，这个现象称为"被艾尔维斯所干扰"。如果你总是"被艾尔维斯所干扰"，就永远无法在职业生涯上有所作为，在其他许多重要方面也成不了什么大器。

（2）习惯拿别人的意见当拐杖

许多成年人仍旧没有摆脱父母的支配和管教，包括某些童年时建立起来的"家规"的

约束。这无疑将使之对世界和对自己的认识受到局限。喜剧明星范尼·布莱斯曾说过这样一段话："你就是你，不是别人眼中的你。如果你习惯了拿别人的意见当拐杖，当某一天这根拐杖消失了，你该怎么办呢？"

（3）老板至上

在很多情况下，你会不知不觉地从老板那里寻求一种类似于成长时期建立的对父母及长辈那样的依赖感。这种现象并不罕见，值得引起你的注意。如果你习惯于取悦他人，想与别人和睦相处，并渴望得到别人的青睐，就更容易染上这种综合征。

（4）自我局限

人们总是习惯于低估自己，结果往往是弄假成真。对此，心理学家罗洛·梅总结道："许多人觉得，在命运面前，自己的力量微不足道，打破现有的框架需要非凡的勇气，因而许多人最终还是选择了安于现状，这样似乎更舒适些。所以在当今社会，'勇敢'的反义词已不是'怯懦'，而是'因循守旧'。"

2. 职业生涯规划设计七问

一问：我喜欢做什么？

从事一项自己喜欢的工作，工作本身就能给你一种满足感。兴趣是最好的老师，是成功之母。调查表明：兴趣与成功概率有着明显的正相关性。在设计自己的职业生涯时，要考虑自己的特点，不要压抑自己的兴趣，要选择自己喜欢的职业。

二问：我擅长做什么？

任何职业都要求从业者掌握一定的技能，具备一定的能力，而一个人一生中不可能将所有技能全部掌握。每个人最大的成长空间在于其最终的优势领域。你可以把自己已经证明的能力和自认为还可以开发出来的潜能一一列出来，在进行职业选择时择己所长。

三问：环境支持或允许我做什么？

回答这个问题前要分析周边的环境，包括本单位、本市、本省、本国，甚至国际环境；分析内外环境带给自己职业生涯的机遇和阻碍，只要认为自己有可能借助的环境，都应在考虑范畴之内；分析在这些环境中自己可能获得什么支持和允许。

四问：社会需要什么？

社会的需求不断变化，旧的需求不断消失，新的需求不断产生。昨天的抢手货或许今天就会变得无人问津。所以在设计职业生涯时，一定要分析社会需求趋势。

五问：我要什么？

也就是确定自己的人生目标，明确为什么而活，在自己理想的框架内制定职业生涯目标，并将它分解成阶段目标。

职业是个人谋生的手段，其目的在于追求个人幸福。在择业时，首先要考虑的是自己的预期收益—个人幸福最大化。明智选择个人利益最大化的职业取向，从社会角度和个人意向中取舍，从而在由收入、社会地位等变量组成的函数中找出一个最大值。这就是在选择职业生涯中的收益最大化原则。

六问：怎样设计职业生涯规划？

根据设定的目标，制定整体的职业生涯规划，作为纲领性的长期规划；制定一个 3 ~ 5 年的职业生涯规划，作为一种发展的中期规划；制定一个 1 年的职业生涯规划，作为一个可操作性强、变化较小的短期规划。

七问：干得怎么样，还应怎么干？

每过一段时间，都要审视内外部环境的变化，获得反馈，并且及时调整自己的职业生涯规划。

3. 职业生涯规划的历史类型

（1）子承父业型

在自然经济社会中，经济发展落后，信息封闭，家传亲授各种谋生的技艺或手工艺十分普遍，某种行业至今仍是这样。例如，现在社会上还有很多演员世家、教师世家、医生世家、家庭手工业作坊等，甚至有的"青出于蓝而胜于蓝"，但与此同时"子叛父业"的人数也在增加。

（2）服从分配型

中华人民共和国成立以来，在计划经济时代，大学生实行"包学费、包分配、包当干部"，因此，大学生的职业生涯规划主要是依靠国家、依靠学校、服从分配。

（3）临阵磨枪型

在计划经济向市场经济转变时期，当"自主择业"到来的时候，大学生的职业生涯规划就出现了"临阵磨枪型"，即临近毕业时，接受就业指导教育，临时收集就业信息，临时制定就业决策，匆匆忙忙准备就业资料，完全是"现上轿现扎耳朵眼"的"忙出嫁"的紧张状况。

（4）未雨绸缪型

在市场经济中，社会竞争日趋激烈，"预则立，不预则废"，职业生涯规划显得十分重要，其前提是正确认识自我。因此，客观上要求大学生在高考之前就应当制定符合自身实际情况的职业生涯规划，选择满足社会发展需要和自己有兴趣的专业，上大学以后还要重新认识自我，调整自己的职业生涯规划，并积极做好知识、技能、思想、心理诸方面的准备，努力实施职业生涯规划。

（5）父母包办型

即父母在子女很小的时候，就为子女设计好了职业生涯规划，并有步骤地实施。例如，从小学习音乐、美术、体育、舞蹈等，并成为终身职业。另一种包办是父母利用各种社会关系为子女"铺平"职业发展之路。

（6）"自主婚姻"型

大学生在年龄很小的时候，就对某种社会职业情有独钟，为自己设计好了职业生涯规划，并有步骤地实施。例如，从小学习音乐、美术、体育、舞蹈、表演等，并成为终身职业。

（7）"晚婚晚恋"型

这种类型是一种以推迟延宕的方式，对自己的重大决策拖延决定。例如：有的学生等到最后一刻才决定要选择何种职业；有的学生对所学专业很不满意，可是却不想现在就去思考这个问题；有的学生不知道自己是否该写求职信，结果发现因为拖得太久，只剩下少许单位愿意接受他的求职申请。

（8）冲动从众型

即冲动型和从众型。冲动型就是根据自己的感觉来做事，而未经过思考。冲动型的决定可能很适当，也可能很盲目。从众型就是随大流，赶时髦，无主见。

（9）期望过高型

即过高估价自身的价值，产生不恰当的期望。如当官期望过高、挣钱期望过高、创业期望过高。

（二）怎样进行职业生涯规划

1. 大学生职业生涯规划的步骤

（1）确定志向

志向是事业成功的基本前提，没有志向，事业的成功也就无从谈起。俗话说："志不立，天下无可成之事。"立志是人生的起跑点，反映了一个人的理想、胸怀、情趣和价值观，影响着一个人的奋斗目标及成就的实现。所以，在制定职业生涯规划时，首先要确立志向，这是制定职业生涯规划的关键，也是职业生涯规划中最重要的一点。

（2）自我评估

自我评估的目的是认识自己、了解自己。因为只有认识了自己，才能对自己的职业做出正确的选择，才能选定适合自己发展的职业生涯路线，才能对自己的职业生涯目标做出最佳抉择。自我评估的内容包括自己的兴趣、特长、性格、学识、技能、智商、情商、思维方式、思维方法、道德水准以及社会中的自我等。

（3）职业生涯机会的评估

职业生涯机会的评估，主要是评估各种环境因素对自己职业生涯发展的影响。每一个人都处在一定的环境之中，离开了这个环境，便无法生存与成长。所以，在制定个人的职业生涯规划时，要分析环境条件的特点、环境的发展变化情况、自己与环境的关系、自己在这个环境中的地位、环境对自己提出的要求以及环境对自己有利的条件与不利的条件等。只有对这些环境因素充分了解，才能做到在复杂的环境中趋利避害，使自己的职业生涯规划具有实际意义。

环境因素评估主要包括：

组织环境；

政治环境；

社会环境；

经济环境。

（4）职业的选择

职业选择正确与否，直接关系到人生事业的成功与失败。据统计，在选错职业的人当中，有 80% 的人在事业上是失败者。人们常说"女怕嫁错郎，男怕选错行"，可见职业选择对人生事业发展是何等重要。如何才能选择正确的职业呢？至少应考虑以下几点：

性格与职业的匹配；

兴趣与职业的匹配；

特长与职业的匹配；

内外环境与职业相适应。

（5）职业生涯路线的选择

在职业确定后，向哪一路线发展，此时要做出选择。是向行政管理路线发展，还是向专业技术路线发展；是先走技术路线，再转向行政管理路线……由于发展路线不同，对职业发展的要求也不相同。因此，在职业生涯规划中，必须做出抉择，以便使自己的学习、工作以及各种行动措施沿着职业生涯路线或预定的方向前进。通常职业生涯路线的选择须考虑以下三个问题：

我想往哪一路线发展？

我能往哪一路线发展？

我可以往哪一路线发展？

对以上三个问题，进行综合分析，以此确定自己的最佳职业生涯路线。

（6）设定职业生涯目标

职业生涯目标的设定，是职业生涯规划的核心。一个人事业的成败，很大程度上取决于有无正确适当的目标。没有目标，如同驶入大海的孤舟，没有方向，不知道自己走向何方。只有树立了目标，才能明确奋斗方向，目标犹如大海中的灯塔，引导你避开险礁暗滩，走向成功。

目标的设定是继职业选择、职业生涯路线选择后，对人生目标做出的抉择。其抉择要以自己的最佳才能、最优性格、最大兴趣、最有利的环境等信息为依据。通常目标分短期目标、中期目标、长期目标和人生目标。短期目标一般为 1～2 年，短期目标又分日目标、周目标、月目标、年目标。中期目标一般为 3～5 年。长期目标一般为 5～10 年。

（7）制定行动计划与措施

在确定了职业生涯目标后，行动便成了关键的环节。没有达成目标的行动，目标就难以实现，也就谈不上事业的成功。这里所指的行动，是指落实目标的具体措施，主要包括工作、训练、教育、轮岗等方面的措施。例如，为达成目标，在工作方面，你计划采取什么措施提高你的工作效率；在业务素质方面，你计划学习哪些知识，掌握哪些技能，提高你的业务能力；在潜能开发方面，采取什么措施开发你的潜能等，都要有具体的计划与明确的措施。并且这些计划要特别具体，以便于定时检查。

（8）评估与回馈

俗话说："计划赶不上变化。"是的，影响职业生涯规划的因素很多。有的变化因素是可以预测的，而有的变化因素难以预测。在此状况下，要使职业生涯规划行之有效，就必须不断地对职业生涯规划进行评估与修订。其修订的内容包括：职业的重新选择、职业生涯路线的重新选择、人生目标的修正、实施措施与计划的变更，等等。

总之，科学合理的职业生涯规划是每一个大学生职业生涯发展过程中的必然要求。每一个大学生都应该知道自己适合做什么，应该做什么，以及怎样实现自己的目标。

2. 职业生涯规划成功的条件

职业生涯规划是人生的大事，执行的时间较长，任何人在漫长的数十年中，都可能遭遇到许多无情的冲击，若得不到外力支持，就可能一蹶不振。所以再好的职业生涯规划，若缺乏以下条件，欲成功无异于缘木求鱼：

1）身体健康。健康的身体是成功的最大资本，身体不健康，一切归零，任何计划均无法执行，更无成功可言。

2）应有贯彻执行的毅力与决心。职业生涯规划是一生的计划，若缺乏克服困境的毅力与贯彻始终的决心，势必无法达成目标。

3）有改变不良习性与嗜好的决心。

4）良好的人际关系。人际关系圆融者，当身处困境时较不会被人落井下石，反而常得到意想不到的外援，能转危为安，迈向成功之道。

5）能接纳他人意见，适时调整自己。切莫固执己见，关闭沟通之管道。应待人诚恳、信守承诺，有接受批评的雅量，如此方能得到他人的忠告，借以调整自己，让自己更加稳健成熟，易成功。

6）善用社会资源充分发挥效能。实施职业生涯规划，有可能因个人或家庭资源的匮乏而影响实施成果，甚至无力继续实施，此时宜广泛运用政府、民众团体、慈善团体、财团法人基金会的既有资源，如此必能有效实现既定目标。

3. 职业生涯的九点忠告

1）无论你现在或将来从事的职业是什么，对职业要负责这一点切切不可忘记。你一定要对自己的职业认真敬业，勇承重担，兢兢业业，恪守职责。

2）切记和谐融洽的人际关系非常重要。实践证明，与同事关系融洽将使工作效率倍增。

3）要优化你的交际技能。优良的交际技能可为你谋职就业提高成功概率。

4）要善于发现变化并适应变化。不管周围环境以及你人生某一阶段出现何样的变化，你都应该善于发现其中的各种机遇并驾驭这些机遇。

5）要灵活。未来时代的工作者们可能要经常转换职业角色，这就是说你要善于灵活地从一个角色迅速转换到另一个角色，方能适应时代环境的变化。

6）要善于学习新技术。或许你想当一名作家，但在当今时代作家欲获成功也必须不断学习并掌握新技术技能才行，比如作家必须同时成为一名计算机文字处理员、网上发行员才能获得成功。

7）要舍得花钱花时间学习各种指南性知识简介。目前各大学、社会研究机构和其他组织开办了各式各样的实用性半日、一日或两日即可学完的知识简介科目，这类指南性知识简介科目的试学可能是预探新领域"水深度"的最简便易行的方法。

8）摒弃各种错误观念。当你考虑某新职业或新产业时，观念一定要更新，以防被错误思维误导。

9）要不断开拓进取、不断开发新技能。一个复合型的社会将不仅需要专业化知识，同时还需要通用化及灵活式技能。一名专业工作者若能借助于专业知识及通用技能综合武装自己，就更能适应未来年代的挑战和竞争。换句话说，为未来的职业考虑，你绝不应只"低头拉车"，专心研究某一种专业知识，还应同时"抬头看路"，看看这种专业知识在未来社会是否还为人们所需要。一般说来，以长远眼光看问题，多掌握几种技能要比只精通一门狭窄的专业知识更有前景。

（三）大学生职业生涯规划的原则

职业生涯规划说到底是一份人生规划，它的对象是一个大学生的自我，其实现的舞台是现实社会，对于人生道路来说具有战略意义，至关重要。决策正确，则一帆风顺，事业有成；反之则弯路多多，损失多多。所以要制定科学合理的职业生涯规划方案，必须遵循以下十条原则：

1）清晰性原则：目标是否清晰、明确？实现目标的步骤是否直截了当？

2）挑战性原则：目标或措施是否具有挑战性？

3）变动性原则：目标或者措施是否具有弹性或缓冲性？是否能随着环境变化做调整？

4）一致性原则：大目标和小目标是否一致？目标与措施是否一致？个人目标与组织目标是否一致？

5）激励性原则：目标是否符合自己的兴趣、性格、特长？能否对自己产生内在的激励作用？

6）合作性原则：个人目标与他人（家人、社会）目标是否冲突？

7）全过程原则：拟定职业生涯规划时，必须考虑到职业生涯发展的整个过程，做全程的考虑。

8）具体原则：职业生涯路线的划分与安排必须具体可行。

9）实际原则：目标设定、路线选择、行动措施必须切合实际，有很强的可操作性。

10）可评量原则：设计应有明确的时间限制或者标准，以便评量、检查、修正。

【参考】你的职业生涯规划书应该包含的内容

1. 认识自我

（1）个人基本情况；

（2）职业兴趣；

（3）职业能力及适应性；

（4）个人特质；

（5）职业价值观；

（6）胜任能力；

（7）自我分析小结。

2. 职业生涯条件分析

（1）家庭环境分析；

（2）学校环境分析；

（3）社会环境分析；

（4）职业环境分析；

（5）职业生涯条件分析小结。

3. 职业目标定位及其分解组合

（1）职业目标的确定；

（2）职业目标的分解与组合。

4. 具体执行计划

5. 评估调整

（1）评估的内容；

（2）评估的时间；

（3）规划调整的原则。

6. 结束语

四、大学学习与职业发展的关系

（一）大学学习对职业发展的影响

大学生涯是整个人生的重要阶段，是职业发展的准备期。在大学选择某一专业进行学习是为今后做职业准备，因而大学生涯可称为职业准备阶段或职业准备期。这是个人职业生涯的起步阶段，是决定能否赢在起点的重要阶段。

假如将生活看成是展现在人们面前的一种情景：你正在走的这条路的两边还有许多的岔道，每一条岔道代表着不同的职业生涯，你必须在这些岔道口做出选择，这种选择将影响你的将来。每一条岔道都有一扇门，只有拥有合格的证件，这扇门才会为你打开。因此，为了使自己在今后拥有更多的选择机会，你的策略应该是，尽可能准备好自己的证件，或者称为资本。资本雄厚的你能把职业的选择权掌握在自己的手里，而不是看门人的手里。

在大学期间不做积极的充分的准备，我们便放弃了自己把握自己命运的权利，把自己应承担的责任交付给了他人，而我们只能被动地接受任何可能产生的结果。也就是说，我们在生活中就不能充分运用自己选择的权利，而只能等待着社会对我们的挑选。对大学期间的学习进行科学合理的规划有助于我们顺利走向社会，进入职场，谋求职业发展与事业成功。

（二）大学阶段的主要任务

在大学阶段，我们要通过英语四、六级考试，要获得几项职业技能证书，要培养自己的表达能力、沟通能力，要为升学考研做准备……总之，大学阶段是我们职业生涯的重要准备期，有做不完的事情。但在许多需要完成的任务中，哪些是我们在大学阶段必须完成的呢？

尽管专业不同、今后从事的职业不同，每个人在大学阶段的具体任务有所差异，但结合社会对人才的需要，我们发现可以将这些具体任务归纳为"大学学习一二三"。一是指培养一种精神，二是指树立两种意识，三是指学会三种本领。这三点是我们大学时期必须完成的任务，它们将对我们的人生产生重要的影响。

1. 培养一种精神

一种精神是指职业精神。职业精神是人们在从事工作时所表现出来的一种态度或精神风貌。美国研究人员比奇通过调查发现，在失业者或无法获得晋升者中，有 87% 的人并非因为缺乏职业知识或技能，而是因为不恰当的工作习惯和态度导致其事业受阻。由此可见，职业精神对一个人的职业发展确实是非常重要的。目前，我们虽然还没有进入职场，但是一个人在大学里养成的行为习惯，是非常容易带到今后的职场中去的。因此，我们"勿以善小而不为，勿以恶小而为之"，要从身边小事做起，在做小事的过程中，培养自己的职业精神。

职业精神的内涵是非常丰富的，作为新时代的大学生应该重点培养以下三个方面的职业精神：

（1）责任心

【课堂案例】

有个人来公司应聘，经过交谈，老板觉得这个人其实并不适合他们公司的工作。因此，他很客气地和这个人道别。这个人从椅子上站起来的时候，手指不小心被椅子上冒出来的钉子划了一下。他顺手拿起老板桌子上的镇纸，把冒出来的钉子砸了进去，然后和老板道别。就在这一刻，老板突然改变了主意，留下了这个人。"我知道在业务能力上他也许未必适合我们公司，但他的责任心的确令我非常欣赏。把事情交给这样的人我会很放心。"

【解析】

责任意识是一个人成才的重要支柱，也是衡量一个人成熟与否的重要标准。首先，强烈的责任心是我们对自己的人生之路做出正确选择，并顺利走向社会的前提。其次，责任心是个人职业素质的重要组成部分，只有一个具有强烈责任感的人才能踏实工作，把本职工作做好。如今用人单位在招聘人才时，非常强调敬业精神。其实敬业精神的深层次来源是一个人对其工作的强烈的责任心。

一个缺乏责任心的人，在学习、工作、生活中的习惯行为就是寻找借口，告诉别人自己做不了某事或做不好某事的理由。但是，理由找得越多，离成功就越远。人生的成功从职业生涯发展开始，职业生涯发展从做好本职工作开始，做好本职工作从对事情的结果负责开始。一件事没有干成时，总是为推卸责任找理由，理由找得越多，就离发现客观规律越远，从而与成功绝缘。

（2）主动精神

从出生直至上大学，在我们的生活和学习中，总是会有人不断地告诉我们应该做什么，不应该做什么，由此造成了我们的被动性思维。当需要我们自己做决定的时候，总是寄希望于父母或老师告诉我们应该怎样做。激烈竞争的社会不需要被动做事的人，这种人就像牙膏一样，挤一点出一点。大学阶段是我们青年人社会化的重要时期，我们要由他人导向型转变为自我导向型。

（3）诚信

诚信对国家来说，是立国兴邦之基；对企业来说，是立世发达之魂；对个人来说，是立身处世之本。海尔集团就是靠一句"真诚到永远"，让很多消费者认识了它，而海尔也以真诚的服务赢得了大家的信赖。

目前，我国尚处于社会转型时期，法制还不完善，弄虚作假有可能会使一部分人暂时获得利益，但是从长远来看，他们一定会失去更大更多的利益。在工作中做到诚实守信就是要做到：

1）在工作过程中，不走过场，不搞形式主义。

2）在汇报工作结果时，干成了什么就说什么，不夸大也不缩小，要实事求是。错误的决策，往往来自错误的信息。决策者一旦基于失真的工作成果信息而做出了错误的决定，就会给整个集体甚至社会造成重大的损失。

2. 养成两种意识

（1）生涯规划意识

一句话诠释了规划的重要性，即"有原则不乱，有计划不忙，有预算不穷"。这句话的意思是：一个人如果有了明确的信念与原则，便可以始终如一，立场就会坚定；一个人如果有了明确的计划，在面对多变的外在环境时，就不会手忙脚乱；一个人如果事先做好预算，生活就不会落魄。

如今，我们生活在一个瞬息万变的世界中，世界充满了不确定性。在我们的一生中，有许许多多的事情要我们去完成，并且每个人的时间又是如此有限。面对多变的外部环境、有限的时间、无限多的事情，为了充分发挥人的潜力，实现人生价值，就必须能够未雨绸缪，事先做好规划。机会往往给予有准备的人。

（2）自立意识

自立是指个体从自己过去依赖的事物中独立出来，自己行动、自己做主、自己判断、对自己的承诺和行为负起责任的过程。自立贯穿于我们整个人生，可以分为身体自立、行动自立、心理自立、经济自立和社会自立。

学会自立是我们实现人格独立、开创事业的前提条件。因此，在大学阶段，我们应该树立自立意识，培养自立能力。香港富豪李嘉诚的儿子李泽楷在美国留学的时候，不仅不带保姆，反而自己打工挣零花钱。他没有钱吗？不是，他是想要培养自己的自立精神。正因为具备这种自立精神，才有可能在将来开创自己的一番事业。

因此，不管家庭情况如何，我们作为一个成年人，从入校开始就要培养自立意识。一个人只有学会了自立，才能赢得职业生涯的发展与成功。

3. 学会三种本领

（1）学会做人

做人是人们在人际交往中所表现出来的对人、对自己的原则和态度。著名教育专家孙晓云在《教育的秘诀是真爱》一书中指出，"教育的核心是学会做人"。作为受教育的大学生，在大学学习的过程中首先应该学会做人。

如何学会做人，是我们应该长期用心思考的问题。在日常的学习和生活中，我们应该做一个有心人，从老师、同学、朋友的言行中去分析、去体会；在面对同一件事情时，思考别人为什么处理得比我好，从中我应该吸取什么。

学会做人是逐渐积累的过程，它不仅是大学阶段的主要任务，也是整个职业生涯发展过程中的重要方面。统一集团创始人高清愿先生说："学问好不如做事好，做事好不如做人好。"

（2）学会学习

美国心理学家斯金纳说："如果我们将学过的知识忘得一干二净，最后剩下来的东西就是教育的本质。"所谓"剩下来的东西"，其实就是自学的能力，也就是举一反三或无师自通的能力。事实上，在知识大爆炸的时代，学校不可能教给我们今后需要的所有知识。但是在大学里，我们可以学会独立思考并掌握学习的方法，这个"剩下来的东西"会让我们不论面对怎样的知识变更和激烈竞争，都能游刃有余，得心应手。

大学不是职业培训场，而是一个让学生学会适应社会、适应不同工作岗位的平台。在大学期间，学习专业知识固然重要，但更重要的还是要学习独立思考、解决问题的方法，掌握自修之道。只有这样，大学毕业生才能跟上未来世界变化的节奏。有的同学总是抱怨老师教得不好、懂得不多、学校的课程安排不合理，"与其诅咒黑暗，不如点亮蜡烛"。大学生不应该只会跟在老师的身后亦步亦趋，而应当主动培养自己的自学能力。

（3）学会做事

大学阶段，还有一个非常重要的任务就是要充分利用大学里的优质资源，培养我们的职业胜任能力。完成以下几件事，将会有助于培养我们做事的本领。

　　1）培养专业能力。

　　专业能力是从事专门工作必须具备的能力。专业能力的获得主要靠专业学习，专业教育也是我国高等院校人才培养的主要方式。在培养专业能力的问题上，我们应该注意以下几个问题：

　　①"学什么"与"学成什么"。

　　"学什么"指的是专业名称的问题，而"学成什么"指的是专业能力的问题。将专业名称与专业能力等同起来是错误的，在一个专业里学习不会让我们自动拥有从事与该专业相关工作的能力。

　　②基础知识要扎实。

　　知识不等于能力，但知识是能力构成的重要因素，能力是以知识为基础的，在大学期间，一定要学好本专业要求的基础课程，为将来打好基础。

　　③培养专业能力的途径是多样的。

　　有的同学可能因为没有机会学习自己感兴趣的专业，就怨天尤人，甚至自暴自弃。其实，培养专业能力的途径是多样的。除了进入自己感兴趣的专业进行系统学习外，我们还可以辅修、选修、自学等。

　　2）学会使用办公软件。

　　随着计算机的普及，以计算机为核心的办公自动化在工作中被广泛应用，办公自动化可大大提高我们的工作效率。因此，无论是对于计算机专业的学生还是非计算机专业的学生来说，学会使用办公软件都是必要的。

　　微软公司的 Microsoft Office 是人们广泛使用的办公软件。其中 Word、Excel、PowerPoint 是人们使用最多的文字处理、电子表格制作和电子文稿演示工具，我们应熟练使用这些工具。

　　3）学会收集信息。

　　现代社会是一个信息社会，没有信息，我们就无法顺利地开展学习和工作。因此，对于当今的大学生来说，懂得如何收集自己想要的信息对学习和工作而言是至关重要的。

　　一位企业家认为，信息是谋求发展的关键。他这样写道："要么去狩猎，要么被猎取。我大部分的成就都源自我拥有需要的信息。第一步，要了解别人需要什么。第二步，要拥有足够的资源，以便知道去哪里迅速地获取这些信息。速度是我着重强调的一点。企业竞争需要速度，而当你收集信息时，你必须做到有条不紊。"

　　作为一个处在信息社会的大学生来说，要懂得到正确的地方去获取正确的信息。在大学阶段，学会收集信息对于我们做出合理的学习或职业生涯决定，自主地开展学习活动，培养自学能力也是非常有帮助的。学会利用图书馆资料、电子数据库、互联网搜索、问卷调查以及信息采访等都会有助于提高我们信息收集的能力。

　　4）培养写作能力。

　　随着科技的进步和工作节奏的加快，书面沟通在当今社会中的作用已经越来越明显，任何行业都需要运用书面沟通来进行公务来往。对个人而言，随着职务级别的上升，书面沟通也会变得越来越重要。

　　当你有一个想法时，如果只能用口头表达，那么，可能影响范围仅限于说话的对象。但是，一页能够做出清晰说明的备忘录会在整个公司内被员工传阅，甚至会一代传一代。

要形成良好的书面沟通，沟通者必须具备良好的写作能力。为了培养和提高写作能力，在大学期间，应该尽可能地选修一些要求学生写日志、计划书和评估报告等以论文形式完成的课程。另外，有的大学可能还会专门开设旨在帮助大学生为工作中可能遇到的对象写作的课程，这样的课程对于培养专门写作技能的帮助非常大。

5）提高英语会话水平。

中国正在走向世界，在英语已经成为国际通用语言的情况下，能够用英语进行沟通就成为高素质国际化人才必须具备的一项本领。由于受应试教育的影响，长久以来我们学习英语只是为了考试，由此造成我们懂得的英语知识比外国人还多，可是就是张不开口。

提高英语会话水平的根本是要学以致用，不能只学不用。大家可以通过看电影、与外国人交流、听广播等方法来学习英语。总之，勇于实践、持之以恒是提高英语会话水平的必由之路。

第三节　创业导入

现在就业压力大，随着一批年轻企业及年轻富豪的崛起，加之现今媒体对大学生创业热炒，很多学生都跃跃欲试，准备自己创业。但我们不妨冷静分析一下：自己想干什么？自己适合干什么？自己有哪些资源？或许你的创业想法源于一个创意、朋友的一个建议或倡议、有一笔资金，甚至是一时的冲动……那么，你真的了解创业的含义及其艰辛吗？你真的做好了准备吗？

中国是世界上人口最多的发展中国家，劳动力资源丰富是中国的基本国情，就业困难在相当长的一段时期内是客观现实。近年来随着大学持续扩招，大学生就业难的问题越发凸显，特别是2008年发端于美国并造成全球经济动荡的金融危机更是令这种情况雪上加霜。

【扩展阅读】

创业革命：美国经济奇迹的秘密武器

美国经济奇迹的秘密武器在于近30年兴起的创业革命。《大趋势》的作者、未来学家约翰·奈斯彼特认为：创业是美国经济持续繁荣的基础。管理学大师彼得·德鲁克认为：创业型就业是美国经济发展的主要动力之一，是美国经济政策成功的核心。从1990年以来，美国每年都有100多万个新公司成立，创业者们彻底改变了美国经济，创造出前所未有的商业价值，当今美国财富中超过95%是在1980年后创造出来的。支撑美国的创业革命获得巨大成功的是其完善的创业政策体系。

创业革命直接推动了美国经济的繁荣，主要表现在：

（1）创造就业机会

自1980年以来，美国已经创造了3 400多万个新的就业机会，但《财富》500强企业同期却减少了500多万个就业岗位。小企业提供了大约75%的新增职位。从硅谷和波士顿扩展到北卡罗来纳州的研究三角带、得克萨斯州的奥斯汀、印第安纳波利斯、哥伦布、安阿佰和佐治亚州的亚特兰大，没有一个新兴的高增长地区不是主要由新的小型成长型公司创造大量就业机会的。

（2）新行业的形成

经济变革大潮中的创业一代不仅创建了一些杰出的公司，还创建并领导了全新的行业。如个人计算机、语音邮件信息技术服务、生物技术、手机服务、网络出版与网上购物、虚拟图像、快餐超市、手控设备、数字媒体与娱乐、保健生活用品等。这些新行业改变了整个经济社会，加快了老行业淘汰步伐，其直接的后果是大公司裁员并适当地调整规模。

（3）提交税金

由于小企业能够提供许多大企业所不能提供的服务，而且有很多创造发明，因而小企业产品的销售量很大，占美国销售量总数的54%，能够为国家提交大量的税金。

（4）激发了整个社会的创新意识和创业精神，为起跑线上的年轻人圆梦

创业革命使得"为自己工作的观念"深深扎根于美国文化中，并且显示出从来没有过的强劲势头。盖洛普和罗珀·斯塔奇民意测验的调查结果显示，年轻人对创业的兴趣空前高涨。

【扩展阅读】

福建大学生放弃保研回乡种茶　带动农民致富

1984年出生的谢思惠，是福建省福安市晓阳镇谷口村人。就读山东农业大学期间，他成绩优异，获得多项大奖。大学毕业时他毅然放弃保送研究生资格，回乡创业，利用自己所学的技术带动当地农民致富，成为大学生自主创业的榜样。

"好不容易把你送出去，你却又回家种地，这大学白上了。"2008年年初，谢思惠承包了村里30亩地，打算种植竹姜，他的父亲困惑地说出这一句话。村里人也在背后议论，觉得大学生回来当农民，是个大笑话。

这时的谢思惠刚刚放弃了学校公费保送研究生的名额，拒绝了在大城市就业的机会，手头除了6万元的奖金，就只有满腔激情和4年的知识积累。

谢思惠把竹姜作为突破口，用上了大学里学到的新技术。新技术需要在地上挖沟，上面覆膜，工程量很大。因为经费有限，他和农民们一起下地，"挖一条深沟，起两手水疱，每天都疼得受不了"。2008年春天，连下40多天的雨，让他每天都睡不踏实，但是辛辛苦苦挖出的排水沟发挥了作用，竹姜完好无损。这一年，谢思惠的竹姜大丰收，每亩产量比传统方法种植的增产近500千克，他赚了6万多元，比村里任何一家的收入都多。"上了大学就是不一样。"乡亲们改变了看法，开始向他学习技术。有了种姜的收益和经验，2008年10月，他开始大胆投资，办起了茶园。

走在谢思惠的茶园里，可以看见成片种植的"金观音""金牡丹"等新品种茶，这些都是他从省农科院茶科所寻来的宝贝。为了推广，谢思惠成立了合作社，自己任理事长，费了不少心思。

有了合作社做后盾，谢思惠在2009年2月成立了福建省好思惠农业发展有限公司，加工制作各种茶叶。2010年6月，谢思惠在福安市区为有志创业的大学生提供免费的办公场所，"让回来创业的大学生拎包过来就能创业"。现在，孵化基地已经吸引了8个创业团队20多名大学生入驻。

现在，谢思惠是福安市泽民农业专业合作社理事长、福安市谢氏坦洋功夫茶叶加工厂厂长、宁德市青年创业协会会长，还荣获第十三届"中国青年五四奖章"、第五届"福建省青年五四奖章标兵"等荣誉。"他是村里头一个这么回来的。"一位谷口村村民说，以前他们

都希望孩子考上大学后，能离开这个闭塞的山村。村里人现在觉得只要读好书，回到农村来也能干大事。

通过以上阅读材料，我们不难看出，大学生创业不仅可以解决严峻的就业问题，而且还可以增强经济活力、促进科技创新。为此，我国出台了大量法律、法规、政策来鼓励大学生创业。

一、大学生创业的意义及有利条件

有人说，美国硅谷（Silicon Valley，USA）就是和斯坦福大学（Stanford University）、学生创业公司以及美国的风险投资公司一起成长的。没有在车库里的学生创业者，就没有惠普公司（Hewlett - Packard）、苹果公司（Apple）和英特尔公司（Intel Corporation）等这些今天世界著名的高科技公司，也就没有今天世界第一流的斯坦福大学，也就没有今天神话般的硅谷。学生创业的意义和价值在这样的评论中，已经得到充分的肯定。

（一）大学生创业对社会的意义

1. 大学生创业是社会经济发展的原动力

全球创业观察项目曾将一国或一地区的全员创业活动指数与 GDP 增长率进行时间序列回归分析，统计结果显示：创业活动与经济增长情况成正相关。创业活动活跃的国家或地区，经济增长速度快。尽管有的国家或地区创业活动不太活跃，经济增长仍然很快，但是，并没出现一个国家或地区创业活动活跃但经济增长速度低的情况。

在中国，创业活跃的地区也是经济增长快的地区，如北京、上海、广东，而创业活动不活跃的地区，也是经济增长不快的地区。

在美国，小企业占企业数的 99%，产值占 GDP 的 40%，美国 95% 以上的财富是由 1980 年以后出现的比尔·盖茨等新一代创业英雄们创造的。

创业繁荣了市场，丰富了人们的生活，提高了人们的生活质量。大量的新创中小企业，利用其灵活的机制，通过"多品种""小批量"等个性化服务，以及参与垄断行业和新兴产业领域的竞争，保证了市场活力，促进了市场竞争。

2. 大学生创业是科技创新的加速器

创业过程的核心是创新精神。创新是创业的主要驱动力量，创业是新理论、新技术、新知识、新制度的孵化器，也是新理论、新技术、新知识、新制度形成现实生产力的转化器。

美国一半的创新、95% 的根本性创新是由小型企业完成的，小企业和创业者每年创造了 70% 以上的新产品和服务。在美国，小型创业企业的研发工作比大型企业更有成果、更显得生机勃勃：小型企业每个科技研发人员可以实现两倍于巨型企业的革新项目；与那些员工超过 10 000 人的超级企业相比，小型企业创造的革新项目是它们的 24 倍。

就我国来说，当前经济结构调整的重点是发展高新技术产业和进行传统产业的升级改造。而创业往往伴随着新科技、新产品、新工艺、新方法进入市场，科研成果转化型的创业企业往往伴随着新的技术或者工艺的产生与发展，这对中国科技水平和综合国力的提高有着巨大的促进作用。

3. 大学生创业是社会就业的扩容器

在发达国家，就业机会大多由创业型中小企业创造，尤其是在大企业进行裁员时，中小企业在稳定就业方面就起着越发重要的作用。据麻省理工学院统计，自 1990 年以来，该校的毕业生和教师平均每年创建 150 多个新公司。截至 1999 年，该校毕业生创办了 4 000 多家公司，录用了 110 万人，创造销售额 2 320 亿美元。

在 20 世纪 90 年代，美国的大企业裁掉了 600 多万个工作岗位，但失业率却降到历史上的最低水平，这主要是创业者创建新企业的结果。1980 年以来，美国已经创造了 3 400 多万个新的就业机会，但《财富》500 强企业同期却减少了 500 万多个就业岗位。目前，美国有 1 000 多万人是自我雇用的，大约每 8 个成人中就有 1 个。

随着我国经济体制和政治体制改革的不断深入，特别是在国有和集体企业下岗分流、减员增效的大背景下，国有企业和城镇集体企业的就业空间明显缩小，而私营企业就业持续增长。截至 2013 年年底，我国登记注册的私营企业达到 1 253.9 万个，个体工商户达到 4 436.3 万户，我国私营企业注册资金 39.3 万亿元，平均每个企业注册资金达 313.5 万元，全国个体、私营经济从业人员实有 2.19 亿人。持续、高效、大量地吸纳劳动力，是民营经济对国民经济发展的重要贡献之一。

中小企业在推动经济发展、稳定就业市场方面表现突出，目前国家对其扶持力度日增。党的十八大提出，要贯彻鼓励创业的方针，并强调要引导劳动者转变就业观念，鼓励多渠道多形式就业，促进创业带动就业，做好以高校毕业生为重点的青年就业工作。

4. 大学生创业是实现人生价值、展现个性的机会

首先，大学生通过自主创业，可以把兴趣与职业紧密结合，实现人生价值。大学生自主创业与社会供职不同，他可以做自己最感兴趣、最愿意做和自己认为最值得做的事业。大学生在自己创办的事业里"海阔凭鱼跃，天高任鸟飞"，可以最大限度地发挥才能，实现自己的人生价值。

其次，自主创业为大学生提供了施展个人才能的极好机会，创业活动中通常是创业者个人选择岗位，与传统就业方式中的工作岗位选择就业者不同。大学生创业在创业活动中完全可以发挥自己的才华和个性，实现自己的人生目标。

5. 大学生创业促使全新成才观形成

习惯思维告诉我们，大学生的路应该这样走：安安心心读书，大学毕业后，找一家中意的单位谋求发展。大多数大学生压根儿就没有想到自己去开公司，原来的计划是在单位里一步步发展，一步步升迁，当老板、CEO 那是以后的事了。

大学生创业概念的出现，对传统的成才观是一个猛烈的冲击。在新的社会环境中，大学生对未来的选择多元化。创业可以作为未来的就业选择，这势必对所有大学生的学习生活产生深远影响。他们将重新设计自己的成才道路，并为成才做好应有的准备。可以这样说，最终选择自主创业的学生将永远是学生中的少数，但是这少数创业者涌现在大批有着创业准备的群体中。大学生创业将使他们树立起创业意识，这比创业本身更有意义，因为在创业意识的推动下，大学生将更重视自身素质的完善和提高，而大学生群体素质的提高有利于更优秀、更成熟的创业者诞生。

6. 有助于为国家造就一批年轻的企业管理人才

大学生创业的艰苦过程，不仅磨炼了创业者的意志品质，还培养了创业者的市场观念，训练了他们的决策管理能力，锻炼和提高了自身素质，有助于为国家造就一批年轻的企业管理人才。

（二）大学生创业对个人的意义

新东方教育科技集团董事长兼总裁俞敏洪认为，人要像树一样活着。

阿里巴巴创始人马云说，我知道自己还能干多少年，我还能做什么事情，我把后半辈子开开心心地过。后面的每一年、每一天要过得很快乐，我不希望我离开这个世界的时候，有些事情我想到可以做，没去做。

我们往往羡慕创业名家头上的光环和他们积累的财富，其实，每一个创业成功者的身后，都有一段曲折的创业历程，每一个创业者都不是我们想象中的一帆风顺。创业不寻常，创业者，在破茧而出之前，总会经过痛苦的挣扎，才能化为美丽的蝴蝶。涉及人生层面，我们认为，创业可以改变人生，创业可以点亮人生，创业可以使人生辉煌。通过创业，能够有效实现人生价值，把握人生航向。

首先，创业可以充分发挥自我才能。许多上班族之所以感到厌倦，积极性不高，重要原因之一是个人的创意得不到肯定，个人的才能无法充分发挥，工作缺乏成就感。而创业则完全可以摆脱原有的种种羁绊，充分施展自己的才华，发挥最大潜能，提高个人价值。

其次，创业可以积累财富，拥有自主人生。成功创业能够改变工薪阶层的窘困，可以为寻找出路的大学生另辟蹊径。无论何种动机和意愿，开创一份完全属于自己的事业，既能满足自我需求、实现自我价值又能为社会提供一系列的就业机会，终究是一件造福当下甚至惠及未来的好事情。不仅如此，创业还可以摆脱上班的约束，使自己的人生价值得到更完美的体现。

最后，创业可以享受过程，激励人生。在创业过程中，创业者可以感受到无穷的变化，遇到无数的挑战和机遇，这本身就是令人兴奋的；重要的是，在这个过程中，创业者可以不断积累经验，为日后的成功和长足发展奠定基础。创业还能够使个人有足够的机会和潜力回馈社会，造福一方，从而获得极高的成就感。创业更能使个人做自己喜欢的事并从中获得乐趣，能够激励自己不懈怠、不骄傲，一路踏实地走下去。

总之，创业是实现人生理想和价值、获得自身全面发展的有效途径。

【扩展阅读】

人物：广州盛放文化传播有限公司总经理黄希

感言：目标明确才能成功。

"美国哈佛大学有一项跟踪调查，对象是一群智力、学历和环境等都差不多的年轻人，结果是90%的人'没有目标'，6%的人有目标，但目标模糊，只有4%的人有非常清晰明确的目标。20年后，研究人员回访发现，4%有明确目标的人，生活、工作、事业都远远超过了另外96%的人。更不可思议的是，4%的人拥有的财富，超过了96%的人所拥有财富的总和。"

广州盛放文化传播有限公司总经理黄希说，研究人员做了进一步的跟踪调查，发现原来这96%的人，他们的一生中忙忙碌碌，总是在直接或间接、主动或被动地为4%的人达成他们的人生目标。可见目标对于人们的一生起着非常重要的引导作用。

"小时候父母常跟我说，好好学习，将来找一份好工作。但是，从小我就有自己的想法：为什么将来找一份好工作，而不是为别人提供一份好工作？"黄希很早就有创业的想法。她用 3 年时间修完中大自考本科后，就义无反顾地开始了创业历程。

她大二时就有了自己的收入。中大有很多留学生，相互交流对学语言很有好处。黄希发现了这一点，就和匈牙利、美国留学生一起创办了中外大学生联盟俱乐部，定期开展活动，当时缴费的会员有 3 000 多人。她累积了创业的第一笔原始资金。

"比别人先走一步的优势，培养了比别人先走一步的理念。"黄希如此解读创业体验。就像开车，同样是宝马，在高速公路上可以开到每小时 180 千米，在一般马路上只能开六七十千米。"在学校时已经有了很多实践机会，我们就比别人提前上了高速公路，就有机会比别人快 10 倍、20 倍。"

经过 3 年努力经营，黄希的广州盛放文化传播有限公司现在是广州市十大优秀外模（国际模特）公司之一。

目前就业压力大，黄希却认为这正是不错的创业时机，国家的政策支持大学生创业，还有 3 年免税的政策。

（三）大学生创业环境不断优化

1. 法律、政策、社会环境持续改善

第一，1999 年修改后的我国宪法明确规定："国家保护个体经济、私营经济的合法权利和利益。"这就为私营经济的存在和发展从宪法上提供了保障；其他有关保护和促进非公有经济发展的法律也逐渐制定完善并付诸实施，私营经济发展的法律环境逐渐完备，随着法制建设的推进，私营经济发展的法律条件正在改善。

第二，创业门槛不断降低。包括：《中华人民共和国行政许可法》实施以来，对私营经济在市场进入方面的限制大多将逐渐取消，更多的行业领域许可私营企业进入，一些经营手续办理程序得到简化，企业自主经营范围更为广泛；新修订的《中华人民共和国公司法》对有限责任公司注册资本的最低限额下调至 3 万元，且股东既可以用货币出资，也可以用实物、知识产权、土地使用权等非货币财产作价出资，公司的注册资本还可以在 2 年内分期缴足。

第三，资本市场日趋健全和活跃。在融资方面，银行贷款、金融支持、融资担保、风险投资、产权交易等更多的业务不断推陈出新。为解决创业过程中融资难的问题，有关机构还启动了为创业者提供开业贷款担保和贴息的业务。外资对私营经济更加青睐。

第四，创业载体和创业服务机构发展加快。创业载体，如各类企业孵化器、科技园区、企业服务中心、创业指导机构等不断新增。风险投资机构、担保服务机构、信用评级机构、顾问咨询机构等得到发展，更有利于创业的启动与发展。

第五，过时观念正在改变。经过 40 年的改革开放，人们对私营经济的看法和态度已有根本的改变，创业光荣、致富光荣已成为共识，一种鼓励、宽容创新创业的社会观念正在形成。

2. 创业扶持政策不断增加

为了促进创业，国家和地方各级政府（如劳动和社会保障、财政、金融、工商、税务等部门）纷纷出台相关政策，给予创业者更多的支持。例如，劳动和社会保障部已经在全国百家创业试点城市搭建创业平台，通过开展免费创业培训、强化创业指导、优化创业环境、培育创业文化、进行创业激励等途径进行重点扶持。

为了缓解大学生的就业压力，鼓励和支持大学生自主创业，国家还专门出台了一系列针

对普通高校毕业生从事创业的优惠政策。2003 年 6 月 5 日，国务院办公厅发出通知，要求各地、各有关部门要积极鼓励高校毕业生自主创业和灵活就业。凡高校毕业生从事个体经营的，除国家限制的行业外，自工商部门批准其经营之日起，1 年内免交登记类的各项行政事业性收费。

3. 社会经济科技发展为创业者提供了广阔的发展空间

迅速发展的时代不仅需要人们创业，呼唤着人们创业，而且它也为创业者创造了前所未有的机遇，为创业者提供了一个前所未有的大舞台，为创业者提供了前所未有的优越条件。

首先，知识经济为大学生提供了巨大的创业舞台。知识经济时代最重大、最根本的变化，无疑是资金让位于知识，知识成为最宝贵的资源、最重要的资本。从而向一切富有知识与智慧者，提供了前所未有的机遇。如：随着高科技的发展，大量的新兴行业不断涌现，这为受过良好教育并具有相当的专业知识的人才提供了无穷的机会，当代许多创业明星就是在网络技术和服务领域创业成功的；随着知识更新速度的加快，"继续教育"成为人们的终身行为，从事文化教育、信息传播也成为一个大有前途的创业领域。

其次，第三产业成为我国一个极具魅力的投资领域。从总体上看，我国第三产业仍比较落后，特别是一些新兴第三产业还远远不能跟上时代的步伐。随着我国加入 WTO 和市场经济的进一步发展，第三产业可以为创业者提供许多大显身手的舞台，而且，第三产业投资少、见效快，十分适合普通大众创业。

【扩展阅读】

国务院鼓励自主创业的四项政策

自主创业是大学生就业的重要增长点。据有关调查，目前应届毕业生中自主创业的比例仅为 0.3%。创业难度很大，潜力也很大。

为了鼓励高校毕业生自主创业，国务院提出四项优惠政策：

1. 免收行政事业性收费

对高校毕业生从事个体经营符合条件的，免收行政事业性收费。同时，落实鼓励残疾人就业、下岗失业人员再就业以及中小企业、高新技术企业发展等现行税收优惠政策和创业经营场所安排等扶持政策。

2. 提供小额担保贷款

对于创业者而言，创业初期多是开办中小企业，然而中小企业"融资难"一直是制约企业发展的瓶颈。针对这些问题，在当地公共就业服务机构登记失业的自主创业高校毕业生，自筹资金不足的，可申请不超过 5 万元的小额担保贷款；对合伙经营和组织起来就业的，可按规定适当扩大贷款规模；从事当地政府规定的微利项目的，可按规定享受贴息扶持。

3. 享受职业培训补贴

要想创业成功，仅有创业意愿还不够，关键还要提高创业者的创业能力。对创业者提供职业培训是提高创业者创业能力的有效途径。为了鼓励支持更多高校毕业生参加创业培训，有创业意愿的高校毕业生参加创业培训的，按规定给予职业培训补贴。

4. 享受更多公共服务

高校毕业生想创业，选择什么项目？项目开发成功，如何推向市场？创业失败，谁来帮助自己？针对这些问题，强化高校毕业生创业指导服务，提供政策咨询、项目开发、创业培训、创业孵化、小额贷款、开业指导、跟踪辅导的"一条龙"服务。

国务院还要求，各地要建设完善一批投资小、见效快的大学生创业园和创业孵化基地，并给予相关政策扶持。

此外，政府鼓励支持高校毕业生通过多种形式灵活就业，并保障其合法权益，符合规定的，可享受社会保险补贴政策。

（四）大学生创业之路始于足下

创业是件激动人心的事情，也是一件伟大的事情。但许多人总是认为创业很难：自己学历不高，智商一般，没经验、没基础、没资金、没时间一连串的问题，往往让大家对创业望而却步。事实上，这些问题都是可以解决的。

首先，创业不一定要创造全新的生意，也不是学历"多"、知识"深"、智商"高"者的专利。据统计，美国前500名大企业的领导人物，绝大多数没有进过大专院校，而许许多多大学毕业的人，则都受雇于这些企业，帮助老板处理业务。可见，教育和成功是不能画上等号的。

国外研究已证明，智力是多种多样的，它的广泛程度是大多数研究者和测试设计者都无法想象的，当前的IQ、SAT、GMAT等测试方法都不能对其进行精确衡量。实际上，每个人都有自己的长处，关键是能否挖掘、释放出来，只要大家扬长避短，完全可以将自己的长处变为创业的优势。即使没有"智力"但有体力的人，只要肯吃苦，也可以有所作为。例如，天津一位名叫吴青的下岗工人，下岗后办了一家家庭服务公司，专门清洗抽油烟机，还为住户换煤气罐，每月收入可达万元以上。

其次，创业需要资金，但创业成功与否的关键并不在资金的投入，而在于创业者的能力、能量和资格。《民富论》作者赵延忧先生把它称之为"灵魂资本"。例如，闻名全国的北京大碗茶商贸集团，最初的家当只有一把铁壶、几个茶碗，再加上几把旧凳子，全算在内不过10元钱。

再次，经验是可以学来的。可以向他人请教，更重要的是边干边学，自己摸索到的经验更可贵。许多成功的创业者都是通过为别人打工，积累经验后再去创办自己的事业的。

最后，关于时间问题，关键是会合理安排，如果将每天看电视、读报、就餐、睡觉以及弹性工作时间相应压缩，一星期下来，何愁没有时间呢？很多人正是利用闲暇兼职创业，不但增加了收入，增添了生活情趣，而且也不会影响正业。其实，"我的时间不够"，是自己把自己推向刽子手。能否学会挤时间、挖时间，全在于自己。没有合作伙伴，一个人也能创业。

【扩展阅读】

天津市最年轻的创业明星寇永欣，原是天津市数控机床配套公司的下岗工人，他偶然在一家工艺品商店里看到一只制作精美的小帆船，标价七百多元，喜欢航模制作的他便向公司借了几千元和一间房子，从家里找来一些工具，开始手工制作小帆船，从而开始了他的创业之路。

成功心理学认为，人人都有巨大的潜能，人人都可以取得成功！你认为自己是个什么样的人，你期望自己成为什么样的人，这将在很大程度上决定自己的命运。

把命运握在自己手中，一个人要成功只能靠自己，也必须靠自己！世界是无限的，人的潜能也是无限的，只要唤起创业的热情，善于发挥自己的潜能，带着信心、意志投入不懈的追求之中，成功之路就会在你脚下延伸。

一家企业、一条高速公路、一幢大楼、一所学校、一座教堂……不论任何事情，在实现以前都是个梦。对于想创业的人来说，关键是要增强自信心，克服惰性，做好充分的准备。作为大学生，更要为创业做好心理、知识和能力准备。

二、创业的基本常识

在当今的经济时代，创业是流行的。简单地说，创业就是将产品推向市场谋求利益的过程。创业包含技术、资金、经验和人才四大基本要素。一般来说，创业可以划分为五个阶段，即种子期、创建期、成长期、扩张期和获利期。

（一）创业的内涵

创业，我们现在通常表述为"自己当老板""自己给自己打工"。创业，中文本意指创立基业。"创业"一词首见于《孟子·梁惠王下》："君子创业垂统，为可继也。"其意思是指，创立基业，传之子孙。诸葛亮《出师表》中也提到过创业："先帝创业未半，而中道崩殂。"在中国传统文化中，"创业"一词与"守成"相对应。《辞海》对创业的定义为"创立基业"，指开拓、创立个人、集体、国家和社会的各项事业以及所取得的成就。这一词强调了开端和草创的艰辛和困难，突出过程的开拓和创新意义，侧重于在前人的基础上有着新的成就和贡献。这些对创业的定义都比较宽泛。

西方发达国家在使用这个概念时意向比较集中，与经济事物息息相关，所指关系比较明晰。罗伯特·C·荣斯戴特（Robert C. Ronstadt）认为：创业是一个创造并增长财富的动态过程。杰弗里·A·蒂蒙斯（Jeffry A. Timmons）认为："创业是一种思考、推理和行为方式，这种行为方式是机会驱动、注重方法和与领导相平衡。创业导致价值的产生、增加、实现和更新，不只是为所有者，也为所有的参与者和利益相关者。"美国巴布森商学院（Babson Business School）和英国伦敦商学院（London Business School）联合发起，加拿大、法国、德国、意大利、日本、丹麦、芬兰、以色列等 10 个国家的研究者应邀参加的"全球创业监测"项目，把创业定义为："依靠个人、团队或一个现有企业，来建立一个新企业的过程，如自我创业、一个新的业务组织或一个现有企业的扩张。"

总结国内外学者的研究来看，创业的概念分为两个层次：狭义的创业概念和广义的创业概念。狭义的创业指"创办新企业的生产经营活动"。广义的创业指"在社会生活的各个领域里人们开创新事业的实践活动"，即所有开创新事业的活动都是创业。

综合各种观点，我们将创业定义为：创业是指承担风险的创业者，通过寻找和把握商业机会，投入已有的技能知识，配置相关资源，创建新企业，为消费者提供产品和服务，为个人和社会创造价值和财富的过程。

这个概念包括几层含义：

（1）创业是一个创造的过程，即创业者要付出努力和代价；

（2）创业的本质在于机会的商业价值发掘与利用，即要创造或认识到事物的一个商业用途；

（3）创业的潜在价值需要通过市场来体现，即市场是实现财富的渠道；

（4）创业以追求回报为目的，包括个人价值的满足与实现、知识与财富的积累等。

（二）中国四次创业浪潮

改革开放至今，中国经历了三次创业浪潮，目前迎来了第四次创业浪潮。第一波浪潮的主要创业者是社会相对边缘的人；第二波创业浪潮是体制内"下海"的人；第三次创业者集中于信息产业；第四波创业浪潮开始出现全民创业，大学生成为此次创业浪潮的重要组成部分。

1. 第一波创业浪潮

党的十一届三中全会以后出现了第一波创业浪潮。第一波创业浪潮的主要创业者是社会相对边缘的人，其中"倒爷"成为第一波创业者的主体。主要是在当时物质极度匮乏的时代背景下，为"倒爷"赚取差价提供了条件。这一阶段的创业者代表有希望集团的刘永好四兄弟、傻子瓜子的创始人年广久、浙江横店集团的徐文荣。

2. 第二波创业浪潮

20 世纪 90 年代，发生了第二波创业浪潮。当时在国有企业或政府机构任职的工作人员，看到了经商者的成功，便放弃了原有的工作，选择"下海"创业。第二波创业者赢得巨大利益的领域集中在制造、房地产和外贸产业。代表人物有联想集团的柳传志、SOHO 中国潘石屹、巨人集团史玉柱等。这批创业者拥有较高的教育水平和知识层次，逐渐开始学习西方先进的企业管理模式。

3. 第三波创业浪潮

中国第三波创业者选择了互联网。当时，美国验证了互联网技术在未来有很大的潜在价值，这是一个巨大的机会，这批中国创业者抓住了这个机遇。宽松的政策加上新经济新技术带来的机遇，造就了搜狐张朝阳、百度李彦宏、网易丁磊、盛大陈天桥、阿里巴巴马云、腾讯马化腾等一批网络英雄。这些创业资本并不丰富的大学生、留学生、大学老师凭借技术优势和资本市场的力量，以传统经济不可企及的速度，成为新一代创业英雄，成为年轻创业者的偶像，这次属于信息技术创业浪潮时代。

4. 即将来临的全民创业浪潮

2008 年 9 月，世界金融危机对世界经济产生了重要影响。随着国际金融危机影响不断加深，国内部分企业生产经营困难，大学毕业生群体逐年扩大，城乡就业压力明显加大。面对新形势，各级政府采取有效的政策措施创造了更加宽松的环境，激发全社会创业热情，促进城乡就业，保障改善民生。

2008 年 9 月 26 日，人力资源和社会保障部和其他十部委联合出台了《关于促进以创业带动就业工作的指导意见》，重点指导和促进高校毕业生、失业人员和返乡农民工创业。一些地方政府也明确将"全民创业"写入政策文件，建设创新创业型城市。在这次创业浪潮推动下，大学生自主创业比例逐渐上升。

（三）创业的基本要素

创业要素包括创业者、商业机会、技术和资源、资金、人力资本、组织、产品服务等几个方面。

1. 创业者

创业者是创业过程中处于核心地位的个人或团队，是创业的主体。创业者在创业过程中起着关键的推动和领导作用，包括识别商业机会、创建企业组织、融资、开发新产品、获取和有效配置资源、开拓新市场等。因而创业者的素质和能力是创业成功的第一要素。

2. 商业机会

商业机会是创业过程中的核心，创业者从发现和识别商业机会开始创业。商业机会指没有被满足的市场需求，它是市场中现有企业留下的市场空缺。商业机会就是创业机会，它意味着顾客能得到比当前更好的产品和服务的潜力。

3. 技术和资源

技术是一定产品或服务的重要基础。产品与服务当中的技术含量及其所占比例，是企业满足社会和市场需求的支持保障，是企业的核心竞争力。资源是组织中的各种投入，包括各种人、财、物。资源不仅指有形资产，如厂房、机器设备，也包括无形资产，如专利、品牌；不仅包括个人资源，如个人技能、经营才能，也包括社会网络资源，如信息、权力影响、情感支持、金融资本。

4. 资金

资金对于处在不同发展阶段的企业来说都是非常重要的。在企业快速发展时期，资金的缺口将直接限制企业的发展壮大，而在创业之初，主要是靠自筹资金，对于符合一定条件的创业者，将有可能获得一定的政府扶持资金。

5. 人力资本

人力资本是创业的重要资源投入。成功的关键在于创业者的识人、留人、用人。形成创业的核心团队，制定有利的政策制度和有效的组织结构，建立良好的企业文化是建立人力资本的核心。

6. 组织

组织是协调创业活动的系统，是创业的载体，是资源整合的平台。创业型组织的显著特征是创业者的强有力领导和缺乏正式的结构和制度。从广义来说，创业型组织是以创业者为核心形成的关系网络，不仅包括新设组织内的人，还包括这个组织之外的人或组织，如顾客、供应商和投资人。

7. 产品服务

产品服务是创业者为社会创造的价值，它既是创业者成功的必要条件，也是创业者对社会的贡献。正是通过为社会提供更多更好的产品服务，人类社会的财富才日益增多，人们的生活才变得丰富多彩，借此一代代创业者成为世人追捧的亿万富豪。

创业就是具有创业精神的创业者、商业机会、组织与技术、资金、人力资本等资源相互作用、相互配置，以创造产品和服务的动态过程。

（四）创业发展阶段

创业企业一般具有两个共同特征：一是它们都不能在贷款市场和证券公开市场上筹集资金，只有求助于创业资本市场；二是它们的发展具有阶段性，任何一个企业从提出构想到企业创立、发展、成熟，存在一个成长的生命周期，通常可以划分为五个阶段，即种子期、创建期（启动期）、成长期（发展期）、扩张期和成熟期。每一阶段在企业规模、资金需求、投资风险、市场开拓以及公司成长等方面都有明显差别。

1. 种子期（Seed）

种子期又称为筹建期，企业尚未真正建立，基本上处于技术、产品开发阶段，所产生的还只是实验室成果、样品和专利，而不是产品。企业可能刚刚组建或正在筹建，基本上没有管理队伍。

进入这一阶段的投资成功率最低（平均不到10%），但单项资金要求最少，成功后的获利最高，投资者主要是政府专项拨款、科研机构或者大学的科研基金、社会捐赠和被称作天使投资者的个人创业投资家提供的股本金等。

种子基金主要用于帮助企业家研究其创意、编写经营计划、组建管理队伍、进行市场调研等。

2. 创建期（Start-up）

又称为起步期或导入期，此时企业已经注册设立并开始运营，拥有了一份初步的经营计划，管理团队逐步完善。没有任何收入，开销也极低。据统计，创建阶段一般在一年左右。至该阶段末期，企业已有经营计划，管理队伍也已组建完毕。

创业投资家开始参与企业筹建或提供资金，已制定出新产品或劳务的正式设计书及经营计划。本阶段对创业投资家来说是最冒险和最困难的阶段，但已经能够对详细的技术和商业计划做出评估，因此，他们通常在此一阶段开始投资新创企业。

这一阶段大致相当于我国划分的小试阶段前期，技术风险与种子阶段相比，有较大幅度下降，但投资成功率依然较低（平均不到20%）。虽然单项资金要求较种子阶段要高出不少，但成功后的获利依然很高。这一阶段，那些非营利性的投资，由于法律的限制将不再适宜，所以创业投资将是其主要投入形式。一般来说，创业投资从这一阶段才真正介入创业企业的发展。

3. 成长期/发展期（Development）

此时产品进入开发阶段，技术风险大大降低，并有数量有限的顾客试用，但仍没有销售收入。至此阶段末期，企业完成产品定型，着手开始其市场开拓计划。企业资金需求量在增加，内部融资已经远远不能适应，迫切需要外部股权性融资，创业资本一般在这一阶段大批进入新创企业。

4. 扩张期（Shipping）

企业开始出售商品或劳务，并拥有一定的销售量和利润，资产规模逐步扩大。但需进一步提高生产能力，开拓市场，故仍需要大量资金，一般需要通过几个创业投资家共同投资以满足需要。因技术和市场风险已大大降低，且有了一定的业绩，创业投资家也愿意在这一阶段投资。

这一阶段大致相当于我国划分的中试阶段后期和工业化阶段，企业开始出售产品和服务，但支出仍大于收入。在最初的试销阶段获得成功后，企业需要投资以提高生产和销售能力。在这一阶段，企业的生产、销售、服务已具备成功的把握，企业可能希望组建自己的销售队伍、扩大生产线、增强其研究发展的后劲，进一步开拓市场，或拓展其生产能力或服务能力。这一阶段，企业逐步形成经济规模，开始达到市场占有率目标，此时成功率已接近70%，企业开始考虑上市计划。

这一阶段融资活动又称作 Mezzanine，在英文里的意思是"底楼与二楼之间的夹层楼面"。可以把它理解为"承上启下"的资金，是拓展资金或是公开上市前的拓展资金。这一阶段意味着企业介于创业投资和股票市场投资之间。投资于这一阶段的创业投资通常有两个目的：

（1）基于以前的业绩，风险性大大降低。企业的管理与运作基本到位。业已具有的成功业绩，使风险显著降低。

（2）迅速成长壮大走向成熟。这个阶段之所以对创业投资家有一定的吸引力，是因为企业能够很快成熟，并接近于达到公开上市的水平。如果企业有这种意向，在这一阶段介入的创业投资，将会帮助其完成进入公开上市的飞跃。公开上市后创业投资家便完成了自己的使命从而撤出企业。因此，"承上启下"阶段的投资对创业投资家来讲可以"快进、快出"，流动性较强。

这一阶段资金需求量更大。比较保守或规模较大的创业投资机构往往希望在这一阶段提供创业资本。在股本金增加的同时，企业还可争取各种形式的资金，包括私募资金、有担保的负债，或无担保的可转换债，以及优先股等。

5. 获利期（Profitable）

又称为成熟期，企业逐渐在本行业特定的市场上站稳了脚跟，销售收入高于支出，产生净收入，但仍然需要创业资本的最后投入。随着成熟期的推进，企业开始由新创企业转变为成熟企业。如果接近达到公开上市水平，创业投资将会帮助企业实现这一飞跃，以便获利退出。由于这一阶段的投资一般用于对企业进行最后包装，因此，常被称为美化基金。

综上所述，创业投资一般主要投资于创建阶段、成长阶段和扩张阶段。规模较小、运作较为灵活的创业投资机构主要投资于前两个阶段，规模较大、相对保守的创业投资机构往往投资于后一个阶段。

三、创业与就业的差异

1. 角色差异

两者在企业中地位、所肩负的责任和使命均有较大差异。创业者通常处于新创企业的高层，在企业实体的创建过程中，创业者始终是负责人，始终参与其中；而就业者通常处于中低层，到达高层需要一个过程，也不需要对企业的成长负责，只需要做好本职工作就可以了。

2. 技能差异

创业者通常身兼多职，既要有战略眼光，也要有具体的经营技能，从而要求其具备相当全面的知识和技能；就业者通常具备一项专业技能即可开展自己的工作。

3. 收益与风险差异

就业的主要投入是数年的教育成本，而创业除了教育成本，还包括前期准备中投入的人力、物力和财力。一旦失败，就业者并不会丧失教育成本，但创业者会损失在创业前期投入的一切成本；而一旦成功，就业者只能获得约定的工资、奖金及少量的利润，创业者则会获得大多数经营利润，其数额理论上没有上限。

4. 成功的关键因素

就业可以完全依靠企业实体，但创业更多的还要考虑自身的经验学识与财力，以及各种需求和各种资源占有等条件。

【扩展阅读】

选择就业还是创业?

创业和就业的区别,貌似再简单不过,前者是自己创造事业,为自己打工;后者是在别人的事业中寻找工作机会,为别人打工。两者的区别在心态、在思维。那么,你是属于哪一类呢?

经常听到有的创业者抱怨创业太艰难了,那么请你反思一下你是否在用就业的心态创业,是否只是得过且过,是否只是静等奇迹的出现。反之,如果抱着一种创业的心态去就业的话,那么请相信,不仅本职工作可以完美地驾驭,而且保持着这颗创业的心,你终将可以拥有自己的事业。

创业和就业的区别,归结为以下七点,如果你愿意,请对照自己是否是个合格的创业者。

1. 是否具有长远的目标和思维的高度

马云说,人一定要想清楚三个问题:一是你有什么;二是你要什么;三是你能放弃什么。想清楚这三个问题,你就拥有了长远的目标和一定的人生高度,那么当下的工作不论是创业还是就业不再毫无意义,而是你的人生理想、人生征程上不可或缺的一步。作为一个真正意义上的创业者,知道自己最终想要什么,要达到目标需要经过哪些过程,具备长远眼光,拥有战略意识,而作为就业者,着眼点也就是当前这两三年,往往第一考虑的还是安全感,如何保住现有的稳定饭碗,自然不会想到太远。而且,很少有就业者能进行换位思考,站到老板的角度去考虑问题,也就造成很多就业者很难跳出自己的思维模式而终其一生。

2. 是否拥有梦想

只是为了生存,只关心生活、只满足享受,恐怕称不上有梦想。安于就业的人往往在日复一日的工作中沉沦,就是因为没有梦想可以激发他们的想象力和创造力。而且没有梦想的人往往不能坚持,在失败的路上一蹶不振的都是夭折的创业者。真正的创业者为了梦想而活,不在乎初期的艰难、不在乎别人的流言蜚语、不在乎失败的重创,他们享受创业的过程,如同上瘾,他们觉得创业的人生才是有价值的人生。梦想如同一道分水岭,就业者在那边,创业者在这边。

3. 对完成的定义

创业者对一件工作完成的定义是指把某件事彻底解决,考虑到方方面面所有的可能性,而且今天能做完的一定不拖到明天。而就业者会习惯性地把工作按照天数来分解,每天完成只是"八小时",下班时间一到心里就习惯性地结束手头的工作,剩下的明天再做也无妨,觉得在公司里多待一分钟都不愿意。试想,这样的完成有何意义?可是对于创业者来说,事业就是生命,工作就是生活。

4. 是整体思维和局部思维

就业者在接到一个指派工作任务后,往往是直接进行处理或是分解后转交给其他同事,在他看来,这事就差不多算完了,反正他负责的这块已经做完了,至于转交出去的工作任务是否被保质保量按时间地完成了,那就不是他所要操心的范围之内了。长此以往,许多就业者已经习惯只管自己的二亩三分地,转交给别人的事就让别人操心去吧。严重缺少整体系统概念。而创业者则不同,他走出的每一步都是经过了深思熟虑的,他们惯用全局的思维,整合可以利用的一切资源。不要用多管闲事来搪塞自己，你的事业是和你的视野相关的，你看得越远，可能得到的资源越多。

5. 是否具有责任意识

在公司或企业中，一旦出现事故，我们最常见到的情况是老板要追查责任，大家异常统一、步调一致地互相推卸责任，极少有人会站出来承认是自己工作的不足，反而都强调自己肯定是把属于自己那个环节做好了，至于前后衔接人员所出的问题，和我一点关系也没有。就业思维深了，遇到问题首先想到的是回避，或者是设法推给别人。这样一来，就业者也就愈加不可能从失败和失利中学习、吸取到教训了。创业者则不一样，他们习惯分析事故、失败的原因，在今后的道路上尽量地避免。失败并不可怕，可怕的是逃避。创业者们的成长也就是从一个个自己承担的失败中总结分析了问题原因所在，积累了经验。有时候，这样的反思和承担，有可能推动社会的发展。所以，责任对于每个人来说，不仅具有个人意义，更具有社会意义。

6. 是否具有成本概念

作为创业者，每一分钱的支出都会算作是成本，省下来的就是利润，所以，精打细算是许多老板的习惯性思维和动作，这是从创业过程中养成的习惯，绝对不是一个"抠"字能概括得了的。而就业者们却很是"大方"，他们不把自己和工作或是公司融为一体，总觉得公司是老板的，又不是自己的，花的钱是公司的又不是自己的。这样的思维模式虽然不能说不对，但确实是狭隘和自私的，以至于许多就业者在自己创业的时候，还改变不了在就业时养成的大手大脚的习惯。想创业没有很好的成本观念，就难以实现财富的积累。

7. 定式思维和创新思维

就业者很容易形成一种思维定式，即遇到某一类事情就要用这一种特定的处理方法，这样的方法不一定不好，但你主动舍弃很多的可能，也可能舍弃了最简捷最有效的方法。所谓条条大路通罗马，完成一种工作不止一种方法，如果人类只满足于用一种方式解决问题，那么世上再没有创业者这个名称；如果人类只满足于用一种方式解决问题，那么社会就会停滞不前。来势汹涌的创业者团队都是带着创新的思维，力求没有最好只有更好地解决问题！创新是创业者最珍贵的品质，创新也是对创业者最崇高的赞美！

创业是艰辛的，蜷缩在毫无压力的就业岗位上是安逸的，但人生因你曾经的抉择、曾经的奋斗、曾经的执着而有意义，而且创业是在开发自己的潜力，是在自己创造自己的价值。所以，不管你现在是正在就业还是打算创业，请对照上面的七点，在工作中抱着一种创业的心态，形成一种创业的思维，首先成为精神意义上的创业者，然后当你想创业的时候，毅然地去做吧！

四、大学生创业者

大学生创业者主要是由在校大学生和大学毕业生群体组成。现今大学生创业问题越来越受到社会各界的密切关注，因为大学生属于高级知识人群，并且经过多年的教育往往背负着社会和家庭的种种期望。在现今社会经济不断发展、就业形势却不容乐观的情况下，大学生创业也自然成为大学生就业之外的新兴现象。

自 1998 年清华大学在国内首次举办创业计划大赛以来，到 2002 年 4 月，教育部将清华大学、中国人民大学、北京航空航天大学、武汉大学、上海交通大学、西安交通大学、黑龙江大学和南京经济学院这 8 所高等院校确定为开展大学生创业教育的试点院校后，全国各高校普遍出现了开展大学生创业的热潮。那到底大学生创业者是什么人群呢？大学生创业者又该具备什么样的能力呢？大学生要怎样成功创业呢？

(一) 大学生创业者的内涵与特点

1. 大学生创业者的内涵

（1）大学生创业者既是创新者，又是继承者

大学生创业者不论是创建新企业，还是在原有企业中采用新战略、开发新产品、开辟新市场、引进新技术或运用新资源，都是不同程度的创新活动，因而创业者首先是创新者，要具有创新的思维和能力。同时，任何创新活动都不能脱离实际，首先，要根据企业的原有条件、现实状况及未来发展方向去进行；其次，创业活动也是创业者本人的知识、经验和文化观念的反映，因此创业具有传承性，创业者也是继承者。

（2）大学生创业者既是实践者，又是宣传者

创业是创建或运营经济实体，故而具有实践性。其生产的产品可以是有形的物质产品，也可以是无形的精神产品，但都应具有满足社会和人某种需要的特性，否则，创业就是无价值的和无意义的，也就不能称之为"创业"。另一方面，创业既然是从事生产实践活动，他的行为就是一个模范、榜样。而创业过程是生产实践活动和宣传活动的统一体，创业者也就成为实践者和宣传者的统一体。

（3）大学生创业者既是管理者，又是参与者

创业者通常在企业中居于管理者的位置，从事企业的日常经营与战略决策。但同时，创业者又是普通的创业团队成员，具有普通劳动者的需要和特征。如希望通过诚实劳动获得收入，提高生活质量，博得相应的社会地位和社会承认与尊重，在劳动过程中实现自我价值等。

2. 大学生创业应具备的能力

（1）创新能力是创业人才的核心

在创业者的创业过程中，无论是发现新的创意、捕捉新的机遇、寻找新的市场，还是撰写一份有潜质的创业计划，以至于创业融资、创办公司和企业运作、管理和控制，都包含着创新的内容。所以，作为一个创业者或创业团队，必须具备市场、技术、管理和控制的创新能力。创新能力来源于创造性思维，一个成功的创业者一定具有独立性、求异性、想象性、新颖性、灵感性、敏锐性等人格特质。

（2）策划能力是创业人才的重要支柱

"狭路相逢，智者胜，胜在策划。"作为创新思维、创造市场竞争奇迹的技术手段，作为科学的思维方法，作为企业竞争中最有力的新武器——策划，对每一位创业者来说都是非常重要的，所以，根据外部环境和掌握的创业机会，进行富有创意的策划，对创建企业是至关重要的。它主要体现在制定战略、确定目标、拟定计划、组织指挥和调配人员时能够做出果断的、科学的决定。

（3）组织能力是创业者不可缺少的重要能力之一

组织能力包括合理选择下属的能力、黏合能力、架构能力、沟通能力、协调能力、激励

下属的能力、授权能力、应变能力和合理分配资源（人力、财力、物力）的能力等。任何组织必须建立基于能力的管理，不断增强个人、团队、组织的能力，通过实现组织目标的能力管理，形成公司独特的核心竞争优势，才能从众多的竞争者中脱颖而出。

（4）领导能力是创业人才的灵魂

在创业过程中，创业者的领导能力通常通过如下几个方面体现：

1）不屈服于逆境，不惧怕变化，不断学习，积极挑战新事物，充满活力；

2）能够活跃周围的人，善于表达和沟通自己的构想与主意；

3）有锐意竞争的精神、自发的驱动力、坚定的信念和勇敢的主张；

4）能够将构想和结果联系起来，将构想变成切实可行的行动计划并能够直接参与和领导计划的实施。

（5）管理能力是每一个创业者必备的重要能力，要在工作中不断地培养、积累自己的组织管理能力

管理能力与组织能力有密不可分的联系，管理能力主要包括：激励的能力、控制情绪的能力、幽默的能力、演讲的能力、倾听的能力等。管理不仅是对自身的管理约束，更是对创业团队的管理，管理能力强对形成一个良好的创业团队非常重要。

（6）公关能力是决定成功与否的重要条件

这种能力实际上是善于获得和利用社会支持的能力，有时候这种支持的重要性甚至超过经济上的支持。这就是为什么许多招聘单位特别看中应聘者社会活动能力的原因所在。善于与别人进行互利互惠的合作，实际上也是公关交际能力强的表现，对于立志商业上成功的人来说，有意识地培养这种能力非常重要。

3. 大学生如何成功创业

（1）目标是首要

如果大学生创业是一个项目，那么大学生创业项目的目标是什么呢？

有人说是创办一家公司，有人说是开发出一个新产品，有人甚至说是成功融资，这些都是不全面的。企业的根本目的是盈利，新产品应体现出价值。因此，大学生创业项目的目标应是创办能盈利的企业或开发出能带来财富的新产品。明确了大学生创业的目标，就像在茫茫大海中找到了灯塔，找到了方向。

（2）组织是关键

创业成功需要具备多方面的综合知识和经验，如管理知识、营销知识、财务知识、法律知识，甚至产品技术知识。而大部分青年大学生没有这方面的实践，经验更是匮乏，很难做到全才。因此，大学生创业要获得成功，离不开一个好的创业团队。

（3）计划是前提

任何项目，假如没有详细有效的计划，失败概率将大增。计划是一张路线图，指引项目实施者如何从当前的位置到达想去的地方，没有它，项目实施者可能到不了那里。大学生创业同样如此，也需要一份详尽可行的创业计划书，作为创业成功的前提。

（4）管理是重点

管理是以一定的标准为依据，定期或不定期地监控项目，发现项目活动与标准之间的偏离，并采取必要措施进行解决。大学生在创业的过程中应经常检查自己的计划执行情况，是否在按计划推进，进展比预想的快还是慢了，要及时发现问题，及时检讨，迅速提出解决办

法进行纠正。

（5）总结是必要

创业教育使面临就业压力的大学生多了一种选择的机会，但有志于创业的大学生必须清醒地认识到创业是有风险的。成功创业必须有一定的财力和创业能力做保障，总结前人的经验是减少风险的途径之一。

（二）大学生创业者概况

自主创业，对个人而言，是实现个人价值、创造财富的一种方式；对社会而言，是缓解大学生就业问题的一条可行之路。随着我国近年来产业结构的调整和就业问题的严重化，自主创业也渐渐得到了国家的鼓励和支持。可是，在校的大学生们，是否有着浓厚的创业意向？对创业的认识是怎样的？他们是否具备自主创业的能力？他们是否已有了相应的准备工作？

1. 大学生创业的基本情况

（1）大学生创业者的比例较低

2.9%——这是 2017 届大学生自主创业者在毕业生总数中所占的比例。近日，某第三方教育咨询研究机构在《2018 年大学生就业报告》中发布的统计数据表明，2017 届大学生自主创业的比例与 2016 届、2015 届（均为 3.0%）基本持平。2014 届大学毕业生半年后有 2.9% 的人自主创业（本科为 2.0%，高职高专为 3.8%），3 年后，有 6.3% 的人自主创业（本科为 4.1%，高职高专为 8.5%），说明有更多的毕业生在毕业 3 年内选择了自主创业。

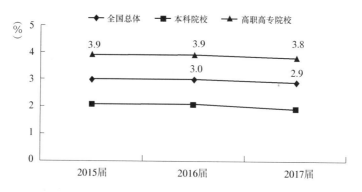

2015—2017 届大学毕业生自主创业的比例变化趋势

（2）创业者比就业者更有沟通优势

创业者离校时掌握的 35 项基本工作能力中，有 30 项都高于受雇就业者掌握的能力水平，其中理解他人、积极学习、服务他人、有效的口头沟通等基本工作能力大大优于受雇就业者。创业活动本身有着高于其他职业的能力门槛，要求与受雇者存在区别，要求创业者在沟通方面有较强的能力，有效的口头沟通、说服他人、判断和决策、谈判技能是重要性排在前 4 位的能力。

【扩展阅读】

大学一毕业就在学校附近开了一家便利店的何建龙认为，去公司上班和自己开店完全是不同的概念，二者的能力要求差别很大。在大学里曾经拯救过一个社团的何建龙，把去公司上班比作进学生会，每天都要按部就班地工作，"而自己开店相当于带领社团，一切都需要自己去规划，领导者需要有很强的沟通能力"。

KAB创业教育研究所副所长刘帆表示，创业能力遵循"圈文化"，要求创业者学会"将就""平衡"和"妥协"；相反，就业能力遵循"条文化"，就业者只要干好自己的事，可以不管或少管别人的事。与就业能力相比较，创业能力要求更为综合和系统，除创业本身要求创业者的知识、技能和特质外，还包括机会识别能力、资源整理能力和团队领导能力等。

【思考与探索】

<h3 style="text-align:center">你是一个会交朋友的人吗？</h3>

卡耐基曾经说过这样一句话："一个人事业上的成功，15%是靠他的专业技术，85%是靠他的处世技巧和人际关系。"在这个"公共关系"越来越重要的时代里，如果没有良好的和别人打交道的技巧，那么创业之路将会变得异常艰辛，甚至失败。

常常会听身边的一些朋友互相开玩笑说："认识你，我起码少奋斗五年！"这句话看上去虽然有些调侃的意味，但是在现实生活中又何尝没有如此的事实？举个很简单的例子，假如你现在有个非常不错的项目，但是就是缺乏资金。无奈之下你想到了求助VC风险投资，但是遗憾的是，你连一个VC人都不认识，更不要说把你的计划书交给VC。如果这时候你忽然听说就在你最好的朋友里面有一位的哥哥就在某著名风投机构工作，你就可以非常方便地把你的计划书交给VC人了。

在实际创业的过程中，你不但需要有很多老朋友的帮助，而且要不断地认识新朋友。有很多正在创业的人抱怨说，在整个创业的过程中每天都需要和很多新人认识，浪费了大量的时间。但实际上，这是一个非常好的兆头，当你的人脉汇聚到一个非常高的顶点时，你就会发现，朋友多了并不是什么坏事。所谓一个好汉三个帮，刘备之所以能成气候，这与张飞、关羽、诸葛亮、赵云等人的帮助是分不开的。我相信马云、史玉柱也不是仅仅靠一个人的奋斗就得到了今天的成就。每一个Bill Gates身后都有David Seuss，Philippe Kahn，以及其他数百名我们没有听说过的天赋过人、辛勤工作、富有见解的人。

交朋友不难，难就难在怎样交朋友。你会交什么样的朋友？你交朋友的方式是什么？仅仅是请人家吃饭吗？假如有一个聚会，你可以认识很多的新朋友，那么在这个聚会上如何体现你的人格魅力呢？这些都是值得深思的问题。

如果你仅仅认为交朋友就是请人吃饭喝酒，甚至你认为自己的性格根本不适合在一些公共场合中侃侃而谈，充分体现自己的人格魅力的话，我的建议是你最好再好好把握一下关于人际关系的一些精髓。

有一个简单的测试题可以完全看得出你是不是一个会交朋友的人。假使在你的生日聚会上，客人当中有四位重要嘉宾，你会选择哪一位坐在自己的旁边呢？

A. 杰出的运动员

B. 知识渊博的作家

C. 有预知能力的掌相学家

D. 当红的流行歌手

让我们来看看这道题的答案：

A. 你喜欢交朋友，你的性格开朗，喜欢社交，朋友多，在朋友中很有威信，非常受欢迎，大家都愿意和你这样的人交朋友，什么事都爱征求你的意见，而热情的你也愿意帮助大家。生活中，你自然、坦率的性格还吸引了一大批异性的注意。

B. 你是个很细心的人，不但爱留意身边发生的事物，连琐碎的事也特别留意，因为你愿意聆听别人的倾诉，所以大家都把你当成知心的好朋友。但是你的情绪很容易波动，易受外界的影响，有时候会吓走刚认识的朋友，如果情绪能稳定一点，你的朋友更多。

C. 你的性格乐观、向上，处事大方。凡事爱喜形于色，如果不喜欢，会明确地告诉对方自己的感受，说话很少拐弯。这一切都是由于你率直、可爱的性格决定的，不过，这样可能会导致你得罪了别人而不自知。但是，经过对你的了解，真正结识到的朋友一定都是你的知心好友。

D. 你的性格比较神经质，假如遇到不愉快的事就会整天闷闷不乐，经常黑口黑面，又不愿意和别人说明原因，令人不敢跟你接触，因此你的朋友也不会很多，当然好朋友就更少之又少啦。希望你早日学会怎样控制情绪，不要因为任性，而让自己陷入孤单的境地。

选择好了吗？答案就是你应该要改正的地方了，不要小看这道题目，这的确可以让你更好地改进自己的人脉和在公众心目中的魅力。

还是那句话，要是你觉得交朋友是件让人讨厌的事的话，那还是再多改正一下这方面的问题，然后再考虑创业吧！

（3）理想，才是创业的最重要动力

加强创业意识的培养才是提升大学毕业生自主创业率的有效途径。大学生、年轻的创业者们更多是以一种积极的心态开始创业，他们做出这样的选择往往是出于遵循自己的梦想或者是把握身边的机遇，创业的毕业生们有着强大的内在动力。

创业者强大的内在动力，并不是任何人都具有的，创业是一个异常艰苦的过程，需要付出更多的努力和汗水，强大的信念更是创业者不可少的精神支撑。因此在决定是否创业之前，我们必须了解自己的性格是否真的适合创业，切不可仅凭一时兴起盲目地加入创业的潮流中。

（4）大学生创业者的地域分布及特点

$$就业经济区域自主创业比例 = \frac{本区域自主创业的本届大学毕业生人数}{本区域就业的本届大学毕业生人数}。$$

据《2018 年中国大学生就业报告》显示，2017 届本科毕业生自主创业地例最高的就业经济区域为泛长江三角洲区域经济体（2.7%）。2017 届高职高专毕业生自主创业比例最高的区域为中原区域经济体（4.9%）。

应届大学毕业生创业者主要分布在经济较为发达的地区。由此也说明，经济的成熟或是高速发展的地区更能提供创业所需要的新的商机与发展点。

【扩展阅读】

创业者喜欢"本土作战"

经营足疗服务的河南人胡伟坤选择了留在郑州创业，因为他就是在这里度过了自己的大学时光，也在这里形成了创业团队，这是创业团队 5 个成员的共同决定。杭州人何建龙毕业后选择了留在大连开便利店。他认为，父母对孩子读大学有一定期待，而应届毕业生的就业形势不容乐观，回到家乡，父母为了孩子的工作四处求人，或多或少会产生抱怨。他打算在大连锻炼一段时间，等有了一定资本，再回家乡工作或创业。

北京林业大学职业发展与创业研究中心路军教授指出，大学生回家乡创业有四大优势，即高校的知识储备、从一线城市获得的先进理念、一定的创业眼光以及家乡的人脉资源，这些是吸引大学毕业生回家乡创业的重要因素。他同时提醒大学毕业生不可盲目回乡创业，市场相对狭窄、消费群体受限制、商业背后的潜规则都是创业者需要考察的因素。

路军分析，大学生留在就读所在地创业，就读城市以一线或二线城市为主，经济活跃度高，为创业带来了很多机会。此外，大学生在就读城市经历了从少年蜕变到青年的过程，城市人脉、环境都会较为熟悉。

（三）大学生创业者的优缺点

1. 优势

大学生往往对未来充满希望，他们有着年轻的血液、充满激情，以及"初生牛犊不怕虎"的精神，而这些都是一个创业者应该具备的素质。

大学生在学校里学到了很多理论性的东西，有着较高层次的技术优势，而目前最有前途的事业就是开办高科技企业。技术的重要性是不言而喻的，大学生创业从一开始就必定会走向高科技、高技术含量的领域，"用智力换资本"是大学生创业的特色和必然之路。一些风险投资家往往就因为看中了大学生所掌握的先进技术，而愿意对其创业计划进行资助。

现代大学生有创新精神，有对传统观念和传统行业挑战的信心和欲望，而这种创新精神也往往造就了大学生创业的动力源泉，成为成功创业的精神基础。

大学生创业的最大好处在于能提高自己的能力，增长社会实战经验并学以致用；最大的诱人之处是通过成功创业，可以实现自己的理想，证明自己的价值。

2. 弊端

由于大学生社会经验不足，常常盲目乐观，没有充足的心理准备。对于创业中的挫折和失败，许多创业者感到十分痛苦茫然，甚至沮丧消沉。大家以前创业，看到的都是成功的例子，心态自然都是理想主义的。其实，成功的背后还有更多的失败。看到成功，也看到失败，这才是真正的市场，也只有这样，才能使年轻的创业者们变得更加理智。

急于求成、市场意识及商业管理经验的缺乏，是影响大学生成功创业的重要因素。学生们虽然掌握了一定的书本知识，但终究缺乏必要的实践能力和经营管理经验。此外，由于大学生对市场营销等缺乏足够的认识，很难一下子胜任企业经理人的角色。

大学生对创业的理解还停留在仅有一个美妙想法与概念上。在大学生提交的相当一部分创业计划书中，许多人还试图用一个自认为很新奇的创意来吸引投资。这样的事以前在国外确实有过，但在今天这已经是几乎不可能的了。投资人看重的是你的创业计划真正的技术含量有多高，在多大程度上是不可复制的，以及市场盈利的潜力有多大。而对于这些，你必须有一整套细致周密的可行性论证与实施计划，绝不是仅凭三言两语的一个主意就能让人家掏钱的。

大学生的市场观念较为淡薄，不少大学生很乐于向投资人大谈自己的技术如何领先与独特，却很少涉及这些技术或产品究竟会有多大的市场空间。就算谈到市场的话题，他们也多半只会计划花钱做做广告而已，而对于诸如目标市场定位与营销手段组合这些重要方面，则全然没有概念。其实，真正能引起投资人兴趣的并不一定是那些先进得不得了的东西，相反，那些技术含量一般但却能切中市场需求的产品或服务，常常会得到投资人的青睐。同时，创业者应该有非常明确的市场营销计划，能强有力地证明盈利的可能性。

【扩展阅读】

教室里走不出创业人才

创业人才是怎样成长的？创业人才来自哪里？

绝大多数创业人才的成长得益于自身的创业实践，他们的创业实践又是来自对他人的模仿，这就是创业者的成长轨迹。现实中的许多创业者曾经是农民，是高考落榜者。没想到进不了大学反而成了他们成功的转折点。他们没有接受所谓的创业教育，更没有听过什么创业课程，甚至什么创业计划书也不知道，但他们成功了。创业成功者如果要感谢的话，一是要感谢邓小平的改革开放，二是要感谢自己没能考上大学。

创业能力不是教出来的，是练出来的。可以说，没有创业行动，就不可能有创业能力的获得，更不可能有创业的成功。要让大学生创业成功，当务之急就是让学生付诸创业实践。遗憾的是，当下的高校一讲创业，马上组织教材编写、系列教材开发和开设创业理论课。高校教师是真不知道创业人才的成长规律，还是为了谋利而这样做呢？但一个事实谁都看到了：创业教育轰轰烈烈，创业人才成长凤毛麟角；创业教材汗牛充栋，创业行动偃旗息鼓。有投入，没产出；有课时，没成效。怎么解释？怎么交代？这就迫切需要找到一块遮羞布，而"创业意识""创业精神"之类既好听又无法验证的托词就成了遮羞布的最好选项。

成千上万的创业者就在我们的身边，他们的创业轨迹是如此简单，按照他们的成长规律实施大学的创业教育也可以很简单。简单的问题为什么要复杂化？明白的事为什么要搅和得云里雾里？

创业教育，就是要让学生像成功创业者那样先从事创业实践，这不仅是创业人才成长之关键，也是创业教育改革、教师成长和课程建设之本源。

（四）大学生创业的成功案例与启示

很多非常成功的创业者都在不停地奉劝："大学生不要直接创业，要先进入社会积累一些经验……"似乎大学生创业或大学毕业就创业，成了创业失败的另一种说法。但是真实情况真的是这样吗？

经过调查，发现很多创业成功者其实都是典型的"大学生创业者"，他们用自己的实例证明了，中国大学生创业者也可以如硅谷的扎克伯克、比尔·盖茨那样，从校园出来直接成功创业。

当然，创业有风险，入行需谨慎，一个创业者必备的素质是能清楚判断形势做出决策，究竟你是否要直接创业，还得你自己说了算。

1. 执着，"三国杀"下的创业神奇

2012 年一款桌面游戏——"三国杀"风靡全球，而这款游戏的创始人黄恺同年也一举进入《福布斯》中文版首度推出的"中美 30 位 30 岁以下创业者"的名单里，创造这份辉煌的奇迹，他只用了短短的 6 年。

出生于 1986 年的黄恺祖籍福建福清。他从小就喜欢玩游戏和画画，与同龄人不同的是，他从不仅仅满足于只是"玩"游戏，而且更喜欢改造游戏。高考那年，根据自己的爱好，他报考了中国传媒大学"互动艺术"专业。

大二的那年暑假，他在北京一家外国人开的桌游吧里第一次接触到了桌面游戏。桌游的世界，包罗万象，涉及的题材包括战争、贸易、文化、艺术、城市建设、历史甚至是电影。他非常感兴趣，但同时也有些困惑，当时大多数桌游都是舶来品，背景和角色对于中国的大部分玩家来说都非常陌生。能不能设计一款中国玩家的游戏呢？他产生创作的冲动，就此展开了大量的探索，开始尝试把游戏的角色替换成身边的人：熟悉的好友、同宿舍的兄弟，甚至在讲台上讲课的老师，并且度身定做了"独门绝技"。

当尝试创作到了一个阶段，黄恺又迸发出了另外一个奇思妙想：为什么不用富有浓郁中国色彩的三国时期的背景来设计呢？比如张飞想要刺杀刘备，诸葛亮和司马懿正在决斗，关羽为了保护孙权奋不顾身……在"三国杀"的游戏里，可以充满了各种可能性。

不到一年，黄恺就设计出了"三国杀"这款游戏。他的心思再次转动了：既然国外的桌游都能风生水起，那"三国杀"又为何不可？于是他和另外两个朋友合伙琢磨了一下，成立一个工作室，然后把"三国杀"纸牌放在淘宝网上售卖。当时黄恺并没有意识到这款游戏能给中国桌游带来怎样大的震撼。他笑言："能赚点零花钱就好。"

焦急的等待后，当第一笔生意提示交易成功时，他兴奋不已。之后销量逐渐上升，半年内更是卖出了上百套。不过，黄恺并没有把卖卡牌当一项大生意来做，直到遇到以后他最好的合作伙伴——清华大学计算机专业博士生杜彬。

作为国内最早一批桌游爱好者，杜彬敏锐地察觉到了"三国杀"的巨大商业潜力。他主动找到黄恺，两人一拍即合，决定成立一个桌游工作室，专门经营和开发桌游。2008 年11 月，国内首家桌游公司——北京游卡桌游文化发展有限公司正式成立。

为了赶在次年 1 月 1 日前出版"三国杀"的正式游戏，他和伙伴们连续四个月没日没夜地设计绘制卡片，为了将游戏制作得更有趣，同伴之间也常常争论得面红耳赤。那时候正值毕业，论文和毕业设计都是硬关，测试卡牌之余还要不停地在各个学校之间来回跑动，熬夜失眠更是家常便饭，但是他都努力坚持。

随着渠道的扩展和口口相传，玩"三国杀"的人越来越多。从创立时只有 3 个人、5 万元的游卡桌游公司，到发展已成为一家有上百人、资产过千万元的大公司。如今"三国杀"的全球玩家已经超过 1 亿人次，手机平台下载用户超过 3 000 万，而自 2010 年起，"三国杀"每年的销量在 200 万套以上。

现在，他统领着一支数十人的游戏设计团队，没有了往日单干时的自由自在。但他依然乐此不疲，他说："'三国杀'成为中国的第一代桌游，是诸多因素叠加的结果。我的目标从来不是超越某个具体的产品，而是尽全力超越自己。"

2. 创业第一步，抓住商业机遇

郭敬明，这个伴随着"80 后"成长的名字，如今他的小说也影响着"90 后"，并开始被"00 后"所喜爱，我们在这里不评判郭敬明的文学水平、导演水平以及身高，单以一个创业者的身份来看，他是极其成功的。

郭敬明大学时期便开始创业，虽然他常年霸占着中国作家收入排行榜榜首，但是他在商业上的成功甚至让他的作家身份也黯然失色。如果你只是觉得这个瘦弱的男人只会玩弄一些小女生喜欢的华而不实的文字，那么你就太小看他了，郭敬明绝对有着惊人的商业嗅觉。郭敬明在大学时便成立"岛"工作室，出版一系列针对自己小说受众的杂志与期刊，而后成立柯艾文化传播有限公司，逐渐建立起自己的商业版图。

而且，以今天各个期刊纷纷转型产业链服务来看，郭敬明早在2005年就察觉到了这一点，从那时起他就为刊物读者提供"立体服务"，例如推出音乐小说《迷藏》，推出小说主题的写真集，拍摄《梦里花落知多少》偶像剧，在青春读物的基础上打造了一条属于自己受众的文化消费产业链，开始深耕产业布局。而今，郭敬明已经用自己的小说《小时代》拍出了电影，第一部便直奔5亿的票房。

知乎上有人这么描述郭敬明"其实中国的年轻人并没有什么本质的变化。对于大学和社会的幻想，对于爱情和成功的畅想，对于华服美食的渴望，是每一代中学生的必由之路。真正重要的其实仍是郭敬明本人。他或许是中国这二十年来唯一一个认真去满足上述需求的作者。"——真正伟大的创业者是干什么的？满足大众的需求。

很显然，郭敬明很聪明，他知道他的读者需要什么。他同时满足着中学生以下的幻梦：读大学、进入社会、找到体面的工作、工作中取得成就、赢得尊严、实现梦想、有痛感的爱情、牢不可破的友情、活在大城市、住大房子、穿名牌……相比很多小说作者关注于某一个点，郭敬明要贪心一些。但这是必要的，因为，他不是在纯粹地自我表达（这件事我们放在后面说），他更像一个礼数到位的餐厅老板，给自己的客人端上色香味俱全的拼盘，一样都不能少。

从商业的角度讲，郭敬明满足的需求很精准、全面。郭敬明本人不是一个很擅长编故事的人，但他有自己擅长的东西：他懂自己的读者在幻想什么，也能用一种很多人不喜欢但令年轻人惊艳的文字展开叙述。所以，他不止一次把别人的故事骨架借过来，填上自己的肉，取得更大的成功。他知道自己擅长什么，不擅长什么，然后他早早去走了一条捷径"补上"了自己的短板。

郭敬明入选福布斯榜对于关注他的粉丝而言已经不再是什么重大新闻，因为上榜已经成了家常便饭，而这次上榜的理由却颇为不同，入选30岁以下创业家，对他而言，这是一个极为重要的肯定。

郭敬明入选福布斯"中国30位30岁以下创业家"榜单，不过此前他就已经多次入选福布斯，只是这次，他是以创业者的身份入选，2007年一直到现在他基本上每年都会荣登福布斯发布的福布斯名人榜，同时在中国作家富豪榜里，数次排名第一或第二。

郭敬明的小说创造了很多的传奇，传奇之一便是不断刷新着内地出版的销售记录，2008年《小时代》一上市，就受到热捧，2011年终结篇首印200万，打造了一个小说印刷的传奇。但是，对于大多数作家而言，创造神话仅仅是一两次，而难能可贵的是，郭敬明像一棵常青树，随着岁月的流逝，作品却越发见功夫，越发受人欢迎。

郭敬明的经历就像是一个神话，对于大多数人而言可望而不可即，而首次创造神话的作品是一部《幻城》，累计销售84万册，给新世纪的中国小说带来了极大的震动，也使他成为新时期作家的领军人物，在名气和势力上大有比肩韩寒和郁秀的气势，甚至令一些作家前辈望尘莫及。而在之后，郭敬明传奇之路边越走越通畅，越走越宽广。

郭敬明就像是一个传奇，但是在这神话背后，有着新的神话。他不局限在写小说上，而且也是个作词人，还是公司的董事长，然而各种优点集一身的他，似乎将每件事情做得都是井井有条，于是共同铸造着属于他自己的传奇，书写着属于他自己的神话。

吃到一口甜头，并不难。难得的是，郭敬明一锄头下去，小有所成，然后竟然反复耕作十年，打出一片市场来。这种直觉和判断力，在中国的"80 后"创业者中实属罕见。得承认，作为创业者，郭敬明是顶级的。

【扩展阅读】

大学生创业成功八大典型案例

1. 王兴

一提到王兴，很多人脑海里面第一想到的一个词语就是连环创业者，因为他是校内网、饭否网、美团网这三个中国大名鼎鼎的网站的联合创始人，除此之外，他还有另外一层身份，大学生创业者，在毕业之后，没有丰富的职业履历就开始创业的人。

他是一名人们口中的天才少年，高中没有参加高考就被保送到中国名牌学府清华大学，毕业后拿到全额奖学金去了美国特拉华大学师从第一位获得 MIT 计算机科学博士学位的大陆学者高光荣，随后归国创业，在前一两次不算成功的创业项目之后，王兴创立了中国版 Facebook 校内网，并很快风靡于大学校园圈之中。校内网于 2006 年 10 月被千橡以 200 万美元收购。2007 年 5 月 12 日，王兴创办饭否。这也是中国第一个类 Twitter 项目饭否网，但就在饭否发展势头一片良好之际被关闭，让王兴事业受到挫折。之后王兴于 2010 年 3 月上线新项目美团网，并在千团大战之中脱颖而出，稳居行业前三，并先后获得红杉和阿里的两轮数千万美金的融资，这个连环创业客的事业正逐渐走上正轨。

2. 戴志康

康盛创想创始人戴志康是无数互联网人的偶像，他创建的"Discuz!"建站开源模板与"Wordpress"并称为世界上最伟大的两个开源网站模板，被数以百万级的站长使用，深刻地改变了中国互联网，而戴志康也是一位大学生创业者。

戴志康出生于一个知识分子家庭，父亲是大学教授，亲属中也有很多人是老师。据说，因为这种家庭背景，戴志康小时候就一直接触电脑。在计算机性能不断升级的过程中，他的编程技术也日益提高。戴志康从小学刚毕业后的 1995 年开始初步尝试编制软件。初中、高中时期，他几乎席卷了各类计算机大赛。戴志康 2000 年考上哈尔滨工程大学，2001 年便在校外创业，他在外面找到一间月租 300 元的房子，一天差不多 15 个小时都泡在电脑前面，最终他创造的"Discuz!"成为中国最成功的建站开源模板，"Discuz!"于 2010 年被腾讯以 6 000 万美金的价格收购。

3. 陈鸥

聚美优品的 CEO 陈鸥也是一名标准的大学生创业者，他的大学生创业经历要追溯到他的上一个创业项目 GG 游戏平台。陈鸥 16 岁的时候考上了新加坡南洋理工大学，作为一个资深游戏爱好者，在大四的时候陈鸥决定在游戏领域创业，凭着有限的资源做出了后来影响力巨大的 GG 游戏平台。作为当时没有任何资源的大学生创业者，那时的创业经历是非常艰苦的，据陈鸥回忆，那时候他为了节省成本，不得不每天都吃最便宜的鱼丸面。

后来，陈鸥出售 GG 平台，获得了千万元级别的收益，也为自己后来的创业道路做了极好的铺垫。而他创造的 GG 游戏平台，仍然是现在东亚地区最受欢迎的游戏平台之一，全球拥有超过 2 400 万用户。

4. 蒋磊

铁血网创始人蒋磊——典型的大学生创业者，16 岁保送清华大学，创办铁血军事网，20 岁保送硕博连读，中途退学创业。如今，铁血网稳居中国十大独立军事类网站榜首，铁血军品行也成为中国最大的军品类电子商务网站，年营收破亿，利润破千万。

倒回 2001 年，16 岁的蒋磊初入清华园，电脑还没有在这个普通宿舍出现，他只能去机房捣鼓他的网页，他想把自己喜欢的军事小说整合到自己的网页上，他的"虚拟军事"的网页一经发布，就吸引了大量用户，第二天就达到了上百的浏览量。蒋磊很兴奋。他把"虚拟军事"更名为"铁血军事网"。

2004 年 4 月，蒋磊和另一个创始人欧阳凑了十多万元，注册了铁血科技公司。其间蒋磊还被保送清华硕博连读学习了一阵。2006 年 1 月 1 日，蒋磊最终顶住了家庭以及学校的压力毅然决定辍学创业，以 CEO 的身份正式出现在铁血科技公司的办公室里。经过 12 年的努力，目前蒋磊的公司拥有员工 200 余人，他创办的网站已成为能够提供社区、电子商务、在线阅读、游戏等产品的综合平台。

5. 黄一孟

电驴（VeryCD）之父黄一孟是一名中途离开大学的创业者。2003 年，verycd.com 只是爱好计算机的大学新生黄一孟陆续注册的众多个人网站中的一个。当时，因为不满于网络上质量不高且需收费的电影资源，VeryCD 很快聚集起了一批和黄一孟有着类似热情的用户，他们在下载的同时也愿意上传自己的资源。这让黄一孟意识到，这个所谓的个人网站不再只对他一个人具有价值。2004 年，黄一孟中途离开学校专心创业而成立了一个工作室。

黄一孟除了是 VeryCD 的创始人，也是心动游戏的创始人。2012 年，心动游戏的收入达到了 10 亿人民币，从入不敷出的 VeryCD 到年收入 10 亿的网页游戏公司。黄一孟依靠自己的感觉和摸索去创业。

6. 王学集

王学集出生于浙江温州，毕业于浙江理工大学。大学时和两位同学一起创业，大三时正式发布 PHPWind 论坛程序，2004 年大学毕业的王学集成立公司，公司亦命名为 PHPWind，中文名"杭州德天信息技术有限公司"，专门提供大型社区建站的解决方案。目前，PHP-Wind 已成为国内领先的社区软件与方案供应商，PW6.3.2 版本的推出更在社区软件领域树立起一个极高的技术壁垒，PHPWind8.0 系列版本则推动了社区门户化。

PHPWind 于 2008 年 5 月被阿里巴巴以约 5 000 万人民币的价格收购，现在隶属于阿里云计算有限公司，为阿里云计划提供了强有力的支持。

7. 舒义

舒义 19 岁就开始创业，读大一时就是国内最早的 web2.0 创业者之一，创办过国内第一批博客网站 Blogku，Bolgmedia，还创建了一个高校 SNS 和一家校园电子商务公司。

2006 年舒义第三次创业，创办了成都力美广告有限公司，后发展为中西部最大的专业网络广告公司之一。2009 年舒义成立北京力美广告有限公司（i-Media），两年内发展为国内领先的移动营销解决方案公司，并于 2011 年获得 IDG 资本投资。目前舒义开始尝试天使投资，投资创办过多家移动互联网公司。

8. 杨明平

超级课堂的联合创始人杨明平是典型的大学生创业者，并且是一位连续创业者。杨明平毕业于中欧国际工商学院。2005 年，大三的他接手了学校边上的一家川菜馆，发展到拥有 400 多平方、一年 200 多万营业额规模的火锅店，大学的创业经历为他赢得了第一桶金。而后杨明平决定朝着更大的领域发展，进入在线教育领域，创建超级课堂（Super Class）。

超级课堂成立于 2010 年 10 月，由杨明平创立的超级课堂将线下教育搬到线上，为中小学学生提供好莱坞大片式的网络互动学习课程。

第四节　职业技能培训与鉴定

职业技能培训是指依照职业技能标准和职业要求，为具有劳动能力的劳动者获得从事某种职业和做好工作所必需的专业知识、实际操作技能和职业道德、职业纪律而进行教育训练。

职业技能鉴定简单地说是一种特殊的国家考试制度，是一项基于职业技能水平的考核活动，属于标准参照型考试。它是由考试考核机构对劳动者从事某种职业所应掌握的技术理论知识和实际操作能力做出客观的测量和评价。

开展职业技能鉴定，推行职业资格证书制度，是落实党中央、国务院提出的"科教兴国"战略方针的重要举措，也是我国人力资源开发的一项战略措施，对于提高劳动者素质，促进劳动力市场建设以及深化国有企业改革，促进经济发展都具有重要意义。职业资格证书是劳动者求职、任职、开业的资格凭证，是用人单位招聘、录用劳动者的主要依据，也是境外就业、对外劳务合作人员办理技能水平公证的有效证件。

《职业教育法》第八条明确指出："实施职业教育应当根据实际需要，同国家制定的职业分类和职业等级标准相适应，实行学历文凭、培训证书和职业资格证书制度。"高职院校主要培养高技能专门人才，职业技能培训与鉴定已成为高职教育的主要内容之一。职业技能证书分为五个等级：一级（高级技师）、二级（技师）、三级（职业资格高级）、四级（职业资格中级）、五级（职业资格初级）。

我校为增强毕业生的就业竞争力，提高学生服务社会的能力，全面落实"双证书"制度，要求我校学生毕业时必须同时取得学历证书和职业资格证书（包括从业资格证书、执业资格证书或职业技能证书，各专业要求详见专业人才培养方案）。未能取得职业资格证书的学生暂缓毕业，在学生取得职业资格证书后，补发毕业证书。

因此，我校学生报到注册后就应该做好参加职业技能培训与鉴定的规划，具体建议如下：

职业技能培训与鉴定指南

序号	时间	职业培训技能鉴定内容	方式	级别
1	大一至大二上	基本必备职业技能，如计算机办公软件、计算机辅助设计（建筑）CAD、机械 CAD、图形图像处理 PS 等	列入教学计划、以证代考	中级

续表

序号	时间	职业培训技能鉴定内容	方式	级别
2	大二下	与专业相关的职业技能工种，如汽车修理工、电工、美容师、茶艺师、民航乘务员、全国计算机信息高新技术相关模块等	培训或列入教学计划	中、高级
3	大三	根据自身兴趣及就业需求进行有选择培训，如会计初级证、普通话、教师资格证、心理咨询师、人力资源管理师等	培训	初、中、高级

注：2、3 项参加高级培训与鉴定可 100% 享受政府津贴＋20% 学校奖金。

第五节　专升本深造

教育部《面向 21 世纪教育振兴行动计划》中指出："要逐步研究建立普通高等教育与职业技术教育之间的立交桥，允许职业技术院校的毕业生经过考试接受高一级学历教育。"高职高专教育不是一次性的教育，更不是终结性的断头教育，它在需要与可能时，无论是学历的提高还是知识的加宽与更新上，都可以向上延伸、向左右拓展。一些学生考入高职高专院校接受专科学历层次的高等教育时，对高职高专毕业生今后的继续学习和深造不甚了解，往往出现一些自卑、消极的思想情绪。下面介绍三种最主要高职高专学生专升本继续深造的渠道：

一、自考专本衔接

自考专本衔接考试是高职高专教育与高等教育自学考试本科相互沟通，优势互补，资源共享，将原自考本科专业课程进行重新划分，与相同或相近专业的高职高专教育相糅合，按不同要求进行考核，从而使绝大多数参加衔接考试的专科考生在专科毕业时能完成本科的课程，取得自考本科毕业证书并申请相应的学士学位证书。目前报名对象主要针对的是高职高专院校的在校生。参加衔接考试的考生绝大多数可在三年专科教育期间完成所有自考本科课程，在专科毕业后如仍有自考本科课程未通过，可以继续报考，直至通过为止。自学考试并没有规定毕业年限，全部课程考过即可申办毕业证书和学位证书。需注意的是要获取省人事厅派发的本科就业报到证，就必须在专科毕业后三年内通过所有自考本科课程方可申请办理。

原自考本科专业课程设置分为：沟通课程、衔接课程、专业必修课程三类。沟通课程主要包括公共政治课和公共基础课，可以在专科课程中与已经学过的名称相同的课程互抵；衔接课程为专业基础课，名称与专科所开课程相同或者相近的课程由主考学校进行考试；必修课程使用自考规定的教材和考试大纲，参加全省统一组织的自学考试。这三类课程各占 5 门左右。

二、统招专升本

统招专升本是全日制普通高等教育性质的本科，指在普通高等学校专科应届毕业生中选择优秀学生升入普通高等学校本科层次进行两年制的深造学习，修完所需学分，毕业时授予普通高等教育本科学历证书，符合条件颁发学位证书，并核发本科就业报到证。统招专升本属于国家计划内统一招录（统招），统考全称为"选拔优秀高职高专毕业生进入本科学习统一考试"，简称普通专升本（福建省称"专升本"）。列入当年普通高校招生计划，享受与普通四年制本科同等待遇。

2017 年福建省专升本考试实行按类别报考，共设 20 个类别，即计算机科学类、电子信息类、建筑类、机械工程类、经济类、财会类、管理类、新闻传播学类、英语类、生物学类、农林类、临床医学类、医学检验类、护理学类、药学类、环境科学与工程类、学前教育类、小学教育类、美术类、音乐类。考生报名时，只能选择 1 个类别报考，所填报的类别须与本人高职（专科）所学专业（类别）相同或相近。

2017 年专升本考试各类别考试科目均分为公共基础课（大学英语、大学语文、高等数学等，各大类不一样）和专业基础课，总分满分 600 分。其中，公共基础课考两门，每门满分 150 分，每门课考试时间 120 分钟（英语类的专业基础英语考试时间 150 分钟）；专业基础课考一门，满分 300 分，考试时间 150 分钟（美术类的色彩和素描考试时间分别为 120 分钟）。

附：专升本两种形式对比表

序号	学历教育	主要特点	获取证书	报名时间	学费	毕业待遇
1	自考专本衔接	在校边读大专边读本科，大专毕业同时获取本科文凭，共三年	全日制自考本科文凭、学士学位、本科报到证	大一、大二上	约 1 万	应届本科毕业生同等待遇
2	统招专升本	大专毕业后参加入学考试，录取后到本科院校学习二年，共五年	全日制普通本科文凭、学士学位、本科报到证	大二下、大三	约 4.4 万	应届本科毕业生同等待遇

三、海外深造

学校根据《福建省"十三五"教育对外开放发展规划》，充分利用厦门特区优势、结合本校实际，注重发展中外合作办学，突显"涉外"办学特色，为在校生提供了另一条海外深造的渠道。

目前学校已开展中外合作项目与开设专业详见下表（项目在不断更新）：

海外深造直升班项目

序号	中外合作项目	招生对象	学制	专业	层次	海外合作大学	毕业待遇
1	中韩	应届高中毕业生	2+2	国际商务汽车、工程学前教育、视觉传播设计与制作	本科	韩国大邱加图立大学	获大邱加图立大学本科学位
2	中澳	应届高中毕业生（有较好的英语基础）	2+1	信息技术和系统	本科	维多利亚理工学院	获得澳大利亚国际本科学位
3	中加枫叶班	应届高中毕业生	2+1	酒店管理、学前教育、汽车维修	专科	加拿大曼省公立学校	获加拿大专科文凭，参加六个月工作实习，即可获得绿卡
4	中美飞机维修（FAA）班	应届高中毕业生（有较好的英语基础）	2+2	航空飞机维修	专科+FAA证书	美国南西雅图学院	获FAA证书和副学士学位
		应届高中毕业生（有较好的英语基础）	2+2.5	航空飞机维修	本科+FAA证书	美国莱托诺大学	获得FAA证书和学士学位

第五章　健康成长

　　健康的一半是心理健康，疾病的一半是心理疾病，最好的医生是自己。最能够使人短命的莫过于不良情绪和恶劣心境，比如忧虑、恐惧、贪求、嫉妒、憎恨。

——钟南山教授

　　忧愁、顾虑和悲观可以使人得病；积极愉快、坚强的意志和乐观的情绪可以战胜疾病，更可以使人强壮和长寿。

——俄国生理心理学家巴甫洛夫

第一节　认识心理健康

一、从常见的生活现象认识心理健康及其重要性

　　夏日的阳光下，有三个"钓鱼人"相约在一条大河边树荫下垂钓，约中午时分，他们发现有人从上游被水冲进水中挣扎着呼救。于是，其中一个钓鱼人便跳入水中把落水者救了上来，并予以抢救。但在这时，他们又见另一个被冲下来的落水者，另一个钓鱼人又跳入水中把他救了上来……可是，他们同时发现了第三个、第四个和第五个落水者……这三个钓鱼者已经是手忙脚乱，难以应付了。

　　此时，有一个钓鱼人似乎想到了什么，他离开现场去了上游，想做一项性质不同但目的是一致的工作，他在落水处插上一块木牌警告并劝说人们不要在这里游泳，但仍有无视警告者被冲入水中。后来，其中另一个钓鱼人最终明白这样做不能从根本上解决问题，他要做另一项工作：教会人们游泳。这似乎是问题的关键，因为有了好的水性，不易被冲走，即使被冲入激流中，也能够独立应付，自我保护。

　　用"授人以鱼与授人以渔"比喻，那么教人们水性的钓鱼人所做的工作，就好比是心理健康教育了。心理健康教育着眼于从根本上解决问题，不但教人们如何预防危险发生，还教人们处于危急时进行应对的能力。

二、高职大学生心理健康标准

大学生正处于青年的早期，根据大学生心理发展的特征和特定社会角色的要求，其心理健康的标准可以从以下几个方面来概括：满意的心境、和谐的人际关系、正确的自我意识、良好的个性等。

1. 满意的心境

满意的心境是一种自我感觉良好的状态。心理健康的人无论处于顺境或逆境，都能够随遇而安，积极地寻找到生活的乐趣，发现生活的光明面。满意的心境主要来源于较高的精神修养，与人生态度和价值观有很大的关系，具有满意心境的人往往具有一定的幽默感。幽默感可以调节情绪、放松精神、减轻焦虑、保持愉快的心情和氛围。

2. 和谐的人际关系

大学生的成长绝不是一个封闭的过程，而是一个开放的社会运动过程。每个大学生都要与其他社会成员之间建立这样那样的联系，最终成为一个社会人。心理健康的大学生乐于与他人交往，对集体有一种休戚相关、安危与共的情感。师生和睦相处，融洽共事，良好的人际交往能力对个人的成长成才既有积极作用，又可提升个人的心理调节能力。

3. 坚强的意志力

坚强的意志是人们取得事业成功的先决心理条件之一。凡事总会遇到各种各样意想不到的困难，而只有克服了各种苦难的人才可能到达辉煌的顶点。在大学的日常生活中有许多人遇到困难就退却，一有挫折就逃避，这些无疑是成功路上最凶狠的拦路虎。

4. 良好的个性

良好的个性是获得众多朋友的基础，是人际和谐、家庭幸福的基本条件。个性良好的人是最能够善待自己、完善自我的人，无论是在道德上，还是在自我发展上，个性良好的人都比较容易得到和谐发展。而个性不良的人则截然相反，在走向成功的途中会有多种障碍，想要获得成功很不容易，即便取得成功，也未必能够收获幸福。

美国人本主义心理学家马斯洛和心理学家密特尔曼提出，判断一个人的心理是否健康有十条标准：

1）是否有充分的自我安全感；

2）是否对自己具有较有充分的了解，并能恰当地评价自己的能力；

3）自己的生活理想和目标是否切合实际；

4）能否与周围环境保持良好的接触；

5）能否保持自己人格的完整与和谐；

6）是否具备善于从经验中学习的能力；

7）能否保持适当和良好的人际关系；

8）能否适度地表达和控制自己的情绪；

9）能否在符合集体允许的前提下，能有限度地发挥自己的个性；

10）能否在社会规范的范围内，适度地满足个人的基本需要。

美国人格心理学家奥尔波特认为心理健康包括七个方面：

1）自我意识广延；

2）良好的人际关系；

3）情绪上的安全性；

4）知觉客观；

5）具有各种技能，并专注于工作；

6）现实的自我形象；

7）内在统一的人生观。

严和锓提出6条心理健康的标准：

1）有积极向上、面对现实和环境的能力；

2）能避免由于过度紧张或焦虑而产生病态症状；

3）与人相处时、能保持发展融洽互助的能力；

4）能将其精力转化为创造性和建设性活动的能力；

5）有能力进行工作；

6）能正常进行恋爱。

王效道提出，正常心理应具备下列8项标准：

1）智力水平在正常范围以内，并能正确反映事物；

2）心理行为特点与生理年龄基本相符；

3）情绪稳定，积极与情境适应；

4）心理与行为协调一致；

5）社会适应，主要是人际关系的心理适应协调；

6）行为反应适度，不过敏，不迟钝，与刺激情景相应；

7）不背离社会规范，在一定程度上能实现个人动机，并使生理要求得到满足；

8）自我要求与自我实际基本相符。

他还认为心理水平可从适应能力、耐受力、控制力、意识水平、社会交往能力、康复力、道德愉快甚至于道德痛苦等七个方面加以评量。

王希永等认为，心理健康的标准可以概括为：

1）智力正常，思维方式正确，能辩证地看待社会，看待自己，看待一切事物；

2）具有高尚的情感体验，能控制自己的情绪；

3）正确对待困难和挫折，不苛求环境，不推卸责任，有战胜困难的信心、勇气、毅力，有创新意识和开拓精神，顺利时不骄傲自满；

4）需要是合理的，动机是可行的，有理想，有追求，有社会责任感，精神生活充实；

5）具有自觉的社会公德，具有社会所赞许的道德品质，能恰当地处理好人际关系；

6）经常处于内心平衡的满足状态，出现心理不平衡时，自己可以及时调整。

郑日昌认为，心理健康包括：

1）正视现实；

2）了解自己；

3）善与人处；

4）情绪乐观；

5）自尊自制；

6）乐于工作。

无论生理的还是心理的感受，都是相对的。比如，当我们最近为人处事都很顺利时，我们会觉得心情很好，很舒畅。一旦遇到困难，如果我们自己有很好的心理调节方法，能很好地解决问题是最好的。万一碰上了自己无法解决的困难，感觉心里很压抑，我们不妨试着求助师长，可以与老师辅导员进行沟通，还可以求助心理咨询师，我相信每个老师都会愿意帮助有困难的学生，因为你的主动，能让老师感受到你对他的信任。

三、高职新生主要心理困惑

经过高中三年的学习，高兴地迈入了大学校园，对于大学每个人都有着强烈的理想主义色彩，到了大学后现实与梦想产生反差太大，一些同学没有做好"适应"的心理准备。大学的学习特点与高中相比具有更多的自主性、灵活性和探索性，大部分学生会一时无所适从，以致忧郁，焦虑；还有一部分学生对环境的突然改变，表现出不适应的特点等。心理学上将这一时期称为"大学新生心理失衡期"。怎样才能更快更安全地度过心理失衡期，从而成功地进行角色转换呢？通过每年学校新生的心理健康普查活动以及学生心理咨询，我们发现新生主要存在以下几个方面的心理困惑：

1. 失落心理

中学教师为了激励学生刻苦学习，总爱把大学描绘成一个"人间天堂"，但学生跨入大学校园后，发现事实并非如此，比如部分高考失利的学生在新的集体内，感到周围部分学生无心向学，无形中会产生一种失落感；部分学生表现出对专业学习的困惑心理；部分同学希望在大学期间能充分地锻炼自我，积极主动担任班委学生干部等，由于同学间彼此都不了解，竞选却因各种原因落选，或者是老师安排的职位不中意，产生失意不安心理。

2. 迷惘心理

许多学生在高中有明确的目标，所有的努力就是为了考大学。进入大学后发现管理主要是靠自我约束，什么都要靠自己安排，没有老师、父母的督促检查，同学们就如同刚出笼的小鸟，凭自己的兴趣参加校内社团组织，部分同学常常找各种理由请假旷课等，到考试的时候发现自己的书看得太少了，结果是应该做的基本都没做，不应该做的倒是做了许多。

3. 防范心理

远离家乡，对大多数学生来说，面对的是一些口音不同、性格不同、生活习惯不同、兴趣爱好也不尽相同的新同学。在这种情况下，如何与同学友好相处成为一大难题。有些同学入校没多久，就想换一个宿舍，理由是现在的宿舍太吵了，同宿舍的同学都不自觉，搞得自己没办法睡觉，每天晚上休息不好，结果第二天没有精力听课。可是为什么别的同学不睡觉，莫非他们都是"铁人"不成吗？为什么自己是那样的与众不同？由于性格、生活习惯等诸多差异，容易造成人际交往中的防范心理，不利于同学间和谐相处。

4. 盲目乐观造成心理受挫

刚入学的大一新生对大学生活知之甚少，部分同学盲目乐观，可一旦遇到不如意，就感到遭受了很大的挫折和打击，因此一蹶不振，产生消极情绪，甚至感到前途无望，面对心灰意冷的沮丧心态没有得到及时性调整很容易产生心理挫折感。

5. 厌学心理

一些同学容易受到高年级同学的影响，你玩我也玩，你谈恋爱我也谈恋爱；一些大学生受到社会不良因素的影响，一些同学认为反正我家里有钱，以后找不到工作也没关系；有些同学的家长自己就是开公司搞企业的，认为毕业后依靠父母的人脉安排工作即可，觉得读书无用而且辛苦；还有部分迷上了网络游戏，或沉浸于玩手机、刷微信、聊 QQ、看韩剧等，久而久之因学习进度跟不上而产生厌学情绪。

6. 急于求成心理

部分同学刚来到大学时积极上进，做事认真，可是一旦效果不如意，就很容易对学习失去兴趣，因而表现出学习动力不足、沮丧等，甚至产生厌学的情绪。

7. 贪多贪大心理

相当一部分新生对大学生活与学习不了解，在校园看到各社团、协会的纳新启事，或听学姐学长的各类介绍，认为参加得越多越好；还有一些人不管什么活动都想参加，不管什么干部都想争当，其结果是徒劳无功、适得其反；也有些人好高骛远，不热心于参加宿舍、班级的活动，总希望能在院、系活动中展现自己，不愿意做宿舍长、班干部，一心只想当校、系学生组织的主要干部等。

这些都是错误的思想，是不健康的心态。

四、培养健康心理的途径

烦恼、挫折、失败、沮丧、痛苦、忧愁等消极情绪时时侵扰我们的精神世界，成为我们每天都要面临的压力。父母、老师对我们学业的关注远远超过对我们情绪的关注，所以，我们不可以仅仅等待、观望，我们应该主动、自觉培养健康的心理，才能拥有快乐人生。

1. 悦纳自己

有一则老掉牙的伊索寓言：有父子俩赶一头驴到集市上去卖，正走着，路上就有人说："瞧那两个傻瓜，明明有头驴不骑，却自己走路。"父子俩觉得有理，于是便舒舒服服骑驴而行。可过一会儿，又有人议论："看那两个懒家伙，驴快给压坏了，到了集市还有谁买。"父子也觉得有理，于是把驴的四条腿绑在一起，倒挂在扁担上抬着走。想想生活中你有过这样的烦恼吗？希望每个看到我们的人都能喜欢自己、肯定自己，因而任由他人的评价来频繁更改自己的目标走向，为他人的议论、指责而烦恼，为学习、人际的竞争而焦虑，使自己的心理压力增大且疲惫万分。还有些同学不能正确认识自己，不能正确刻画自我形象，或消极自卑，或自负自傲，使自己滋生不良心态。常听有人感叹"太累了""太苦了"，不能正确悦纳自己，怎能不苦、不累？我们应该正确认识自己，发掘自己的优势、长处，肯定自己，鼓励自己，自信、信人，笑对周围的评价，这样，我们就会有一个好心情，我们也会把事情做得更好。

2. 正确对待挫折

每天我们或多或少总会遇到些不顺心的事：小的不快如某次考试失败，亲人有难，和同学闹别扭，和家长怄气；大的挫折如失恋、家庭方面带来的如家庭困难生活窘迫，父母投资失败，父母关系紧张或因父母离异，家庭突然遭重大变故等。挫折常常带给我们更多的痛苦，使我们情绪消沉。当挫折一旦发生了，你就是痛苦得卧床不起，也还是改变不了这些客观现实。聪明的办法就是承认它、接受它，然后再想办法对付它、解决它。记得鲁迅曾说过这样一句话："伟大的心胸，应该表现出这样的气概——用笑脸来迎接悲惨的厄运，用百倍的勇气来应付一切的不幸。"同学们，让我们用笑脸来迎接挫折，用百倍的勇气来应对生活中遇到的一切困难吧！当困难、挫折或失败来临时，我们不能仅仅忧虑，不要放弃努力，请原谅自己的过失，吸取失败的教训，再去尝试！同时，我们也要学会放弃，有选择地放弃。常听有人说："别人能做到的事情，我也一定要做到。"请你问一问自己：有些事情，是不是就算投入最大的努力，也很难做到呢？我们应该尽量做到最好，我们可以尽可能靠近"十全十美"，但不要强求，有些事实不可避免又令人不快，我们得勇于承认、接受。坦然地面对自己的短处，也是一种风度，可以排解自己的心理压力，带给自己一份好心情，让自己在轻轻松松的心境下投入学习和生活中。

3. 培养乐观的精神

两个人看到水壶里还有半壶水。一个人说："哎，只剩下半壶水。"另一个人说"不错，还有半壶呢！"还有一个故事，说的是一位旅客在火车上欣赏自己刚买的新鞋时，不小心从窗口掉了一只，大伙都替他惋惜，岂料这位旅客果断地把另一只鞋也从窗口扔了下去。这位旅客的解释是，一只鞋，搁谁手里都是废品，但两只鞋一旦被同一个人捡到，它的价值就重获新生。想到能给另外一个人带来意外的惊喜，自己的遗憾就变得不值一提了。可见，同样的遭遇，有无乐观精神的人却持有截然不同的态度。一个悲观沮丧，一个乐观满足。教育家说过："生活的快乐与否，完全取决于个人对人、事、物的看法如何，因为生活是由思想造成的。"乐观固然与人的天性有关，但主要还是后天培养出来的。同学们，我们的情绪应该由我们自己控制。既然生活的快乐与否完全取决于个人的看法，那我们可以试着改变自己的看法，可以选择使自己处于一种积极、乐观的情绪状态。请你告诉你自己：我要做乐观的、积极的、快乐的人！只要你有了这种追求，离快乐就不再遥远。

4. 学会调适情绪

情绪冲动是"魔鬼"，这句话很形象地说明情绪管理对生活影响的重要性。喜怒哀乐是人们每天生活的主题曲，智慧的人将"喜乐"延长，将"怒哀"缩短。有的人在面对"怒哀"时，积郁于心，耿耿于怀，丢不开，放不下，致使消极情绪不断漫延，甚至日益加重，甚至因情绪失控导致严重后果的也不在少数，严重影响到学习和日常生活。我们需要学会调适情绪。具体方法包括：当你心情不好时，请有意识地转移注意的焦点，不要强迫自己做不愿意做的事，找信任的朋友倾心交谈，投入地哭一次，忘了自己，告诉父母、好友或你信得过能倾听你诉说的人："我今天很难过。"不妨背后骂骂人（不是背后议论人），这些都有利于控制和消除不良情绪。另外我们还可以做一些平日喜欢的事情，既要学会自我安慰、自我暗示与自我激励，还得学会心理换位，将心比心，站在对方的角度冷静地分析、体会别人的情绪和思想。当不愉快的情绪困扰我们时，无论你选择何种方式宣泄，都应以不对自己与他人造成伤害为前提。

5. 关注身体健康

身体的健康与否会直接影响人的心理情绪：一个被疼痛折磨得冷汗直冒的人，脸上绝不会绽出舒心的微笑，一个重病卧床的人，也难得情绪高昂。因此，健康的身体是正常情绪的先决条件。同时，个人情绪又反过来影响自身的身体健康。世界卫生组织宣称，每个人健康长寿10%取决于社会因素，15%取决于遗传，8%取决于医疗条件，7%取决于气候条件，60%取决于自己。而这60%中，至少有一半取决于一个人的情绪状态。因为消极的情绪会引起循环、呼吸、消化等系统的异常活动，导致心率、血压、呼吸、代谢、体温的一系列复杂变化。所以，培养健康的心理有利于身体健康。体育锻炼也是消除心中忧郁的好方法。体育活动一方面可使注意力集中到活动中去，转移和减轻原来的精神压力和消极情绪；另一方面还可以加速血液循环，加深肺部呼吸，使紧张情绪得到放松。因此，应该积极参加体育活动，促进身心健康。

五、心理问题的预防及解决策略

1）主动学习心理健康知识，树立科学的健康观，掌握一些心理问题的鉴别方法和常用的心理调适方法。激发且保持对学习较深厚的兴趣和求知欲望。

2）积极参加心理健康实践活动，学习一些心理训练的方法，丰富生活体验，增加社会阅历，提升挫折承受力和社会适应力。

3）能正确地认识自我，接纳自我；能调节与控制情绪，且保持良好的心境；乐于交往且能保持和谐的人际关系；在学习中完善人格品质；能保持良好的环境适应能力；心理行为符合年龄特征。

4）以科学、理智的态度对待心理问题，发现有心理困扰时，主动、积极、及时地寻求帮助，如到心理咨询中心找心理老师进行心理咨询辅导等。

在大学如果你只有优异的成绩，却不懂得与人交往，是个寂寞的人；只有过人的智商，却不懂得控制情绪，是一个危险的人；只有超人的推理，却不了解自己，是个迷惘的人。只有心理健康的人，才能成为一个真正成功的人。

第二节　学会适应

一、适应大学生活

进入大学的新生在较长一段时间内不能很好地适应学校新的环境，由此会引起心理上的焦虑感、罪恶感、疲倦感、烦乱感、无聊感、无用感和行为上的不良症状，这种现象被称为"新生适应不良综合征"。也有研究者把大一这段时间称为"心理间歇期"。具体表现为自我定位的摇摆、奋斗目标的迷茫、新生活方式适应困难、社交困惑等。面对诸多的困难与各种困惑，大学生怎样才能尽快融入大学生活，处理好各种问题，为谋求新发展做好思想与行动的准备呢？

首先，要适应大学的生活和学习，就必须在新的生活环境中学会独立、学会协调、学会平衡心理状态；在新的学习环境中找到方向，探索方法；在新的人际环境中学会交往、学会做人。

1. 学会生活

1）学会管理日常生活，独立的标志之一就是能管理好自己的生活。

2）学会维护心理平衡，生活并非老是笑脸和阳光。

2. 学会学习

1）确立学习目标，当你学习因失去目标而懈怠时，要为自己找到一个新的学习目标。

2）学会应变，首先要学会在变化中学习。

3）探索寻找有效的学习方法，"工欲善其事，必先利其器"。

3. 学会交往

1）结交新朋友是大一学生所渴望的，新的友谊在建立之前需要花时间去彼此适应。

2）与异性同学交往，有人感到害羞，应坦然地和异性同学友好相处。

4. 学会做人

要成为一个受社会欢迎的人，宽容与合作是做人的基本品质。

1）修养品德。古语云"人无德不立"，大学生该培养自己优良的品德。

2）学会宽容，加强合作。

二、适应大学发展

积极的适应就是发展，消极的适应有时会导致心理冲突或停滞不前。

大一学生发展的主要任务包括：训练自己的思维，使之渐渐成熟；客观认识自己，培养自信心和自控力；在群体中学会融入社会；提高自己的创造力。总之，一句话，就是要发展智能、发展个性、发展社会性、发展创造性。

1. 发展智能

发展智能需要学习掌握科学的思维方式，提升思维品质，克服思维定式，走出思维误区。智慧能使人心明眼亮，以发展的眼光看问题，能够对具体问题进行具体分析，能够从不同的角度思考问题。

2. 发展个性

认识自己，接纳自己，控制自己，是发展个性的三步曲。

对自己不了解的人，容易盲目自卑、自大，不能正确地认识自己就不能很好地发展自我潜能，就无法在生活中进行更多的选择。如果一个人对自己过于苛刻或不能控制自己的情绪，如何做自己命运的主人？

3. 发展社会性

一滴水只有融入大海，才不会干涸；一个人只有参与群体，才不会显得弱小。人都有归属的需要，而群体让我们有强烈的归属感，归属感让人感到安全。积极地参与群体活动，才能客观地认识群体。在群体中赢得支持，获得力量，有助于你顺利地融入社会生活。

4. 发展创造性

大一学生要培养自己强烈的创新动机、浓厚的创新兴趣、健康的创新情感、坚定的创新意志，才能在以后的学习、生活中紧跟时代的步伐，充分发挥自己的潜力，适应时代对创新能力的要求，做出更大的贡献。

三、心理适应训练

大学时期并不漫长，却是人生道路上最为重要的一段。这段路，有人稳健，有人踉跄，有人还会跌倒，当然更多的人都经历了"山重水复疑无路，柳暗花明又一村"的境遇。

（一）适应分为积极适应与消极适应

1）积极适应是一种健康的适应，它应有两种含义：一是改变自己以顺应环境或顺应环境中的某些变革；二是不断地抗争和选择，从一个目标走向另一个目标，这是发展性适应。

2）消极适应是一种不健康的适应，它以牺牲个体的发展为代价，甚至会导致某些不同程度的心理问题或疾病。

在现实生活中适应不良的行为表现往往有3种：

第一种方式是反抗现实。由不满现实转而反抗现实，反抗现有的社会规范，反抗社会权威，甚至产生更为严重的反社会行为，其结果是不但不能解决问题，反而带来更为严重的挫折，甚至于毁灭自己。

第二种方式是逃避现实。由于个体承受不了现实压力，不从经验中学会面对现实，而以自欺欺人、掩耳盗铃的方式来应付问题，借以获得暂时的满足，但久而久之会造成更大的失败。

第三种方式是脱离现实。从现实中退却，沉迷于虚构的幻想世界，过的是完全与现实隔离的生活，此种方式易于导致心理疾病。

（二）适应性训练策略

策略一：增强对问题的预测力

"凡事预则立"。大一新生如果在心理上对问题有个准备，就不会仓促应战，弄得自己措手不及。

现在拿出一张纸，以笔作剑，不停地逼问自己：

1）你回避问题吗？

2）你是否觉得"山雨欲来风满楼"而惶惶不安？

3）你是否像一只鸵鸟以为将头埋在沙里危险就会消失了？

以下观点对你减轻压力肯定有帮助：

1）问题的普遍性。一旦你知道这些适应问题是所有大一新生都普遍面对的问题时，你就不会觉得孤军奋战了，你就不会觉得老天不公了。

2）问题的必然性。这些问题是成长过程中必然要遭遇的，就像人无法回避死亡。既然这样就应当思考如何解决。

3）问题的发展性。回想一下，谁不是在问题中成长和成熟的？没有问题就没有成长，人类总是在发现问题和解决问题中获得成长的。问题越复杂，对我们成熟越有利（想想看，如果你现在的问题还是上街怕走丢了，那你现在的发展水平就可想而知了），也预示着我们新的一轮成长开始了，所以以劝你勇敢地面对问题！

策略二：准备应变

想一想：如何将吹起的气球放入小口瓶，又如何将小口瓶中吹起的气球取出？你也许非常容易做到，但你未必领悟到其中的道理。想想看，能悟出什么道理？

《西游记》中的孙行者在西天取经路上，靠着自己七十二变，当然也靠着一行人同心协力，战胜妖魔鬼怪，最终打通取经的成功道路。

做一做：思"变"首先写出关于"变"的词语：＿＿＿＿＿＿＿＿＿＿＿＿＿＿＿＿＿。

　　然后，回忆自己曾经走过的生活道路，想想自己是如何应"变"的？比如，在困难时，你是如何随机应变的？在一种办法不能解决问题时，你又是如何变通的？在人前遭遇尴尬时，你是如何应变的？

　　最后，请写出你对"应变"的思考：_____。

　　提示　要适应环境，就要变通，有时甚至要放弃自己原有的东西，才能适应环境转变的需求，才能获得更大的发展。有人认为大学新生至少应该有"四变"：

　　"心变"：转变对人对事主观的、天真的心态；

　　"脸变"：担任多种角色，少点娃娃脸，多点成人角色；

　　"向变"：调整或改变原来的奋斗目标；

　　"法变"：转变自己学习、生活、交往的方式方法。

　　还有哪些需要"变"，请你补充：_____。

　　建议你做好3个主要转变：

　　第一，转变你的学习目的、学习方式方法。

　　第二，转变你的人际关系观念：不要根据个人好恶交往，学会与自己看不惯的人和平共处。不要将自己的标准强加于人，而应在相互协调的约定下进行自我的心理调适。

　　第三，转变你对自己的认识与评价：通过对自己存在的不足以及和别人的差距进行客观分析。差距分为两类：一类是必须想办法缩短的差距，比如学习方面、人际交往方面的问题。因为学习、掌握知识是将来开创事业的必备手段；而交往是重要的辅助手段，这些是你今后安身立命的根本。另一类差距是正常的差距。这类差距能缩短更好，不能缩短也无大碍，因为个体之间肯定存在差异，一个人不可能在所有方面都优秀。在了解自己的不足和差距的同时，还要肯定自己的优点，自爱、自信，保持开放的心态，这样才能客观面对"相对平凡"的现状。

　　策略三：承受挫折

　　在新的环境里，肯定会遇到各种挫折，比如进入了不理想的大学或者不理想的专业，不能很好地适应新的环境，和同学搞不好关系，不能跟上教师的教学进度……这些都是挫折。所以，大一学生首先要学会应对各种挫折。

　　有人问登山家："如果我们在半山腰，突然遇到大雨，应该怎么办？"

　　登山家说："你应该向山顶走。"

　　"为什么不往下跑？山顶风雨不是更大吗？"

　　登山家严肃地说："往山顶走，固然风雨可能更大，却不足以威胁你的生命。至于向山下跑，看来风雨小些，似乎比较安全，但却可能遇到爆发的山洪而被活活淹死。对于风雨，逃避它，你只有被卷入洪流；迎向它，你却能获得生存！"

　　美国心理学家埃里斯认为：导致人们对环境适应不良而出现消极心态的原因，并不在于人们所经历的各种事件本身，而是在于人们对这些事件的看法、评价和解释，即个人对事物的错误认知方式。

　　不能改变风向，但可改变风帆。

　　列出自己头脑中的不合理观念，并力图消除它们的消极影响：

　　对环境的不当认识：_____。

　　对别人的不当认识：_____。

对自己的不当认识：_____。

策略四：开放自己 寻求支持

作为大学新生，为了尽快适应大学生活，你必须寻求教师、学长、有关书籍等"高参"为你提供关于大学的很多信息，帮助你尽快地认识大学，适应大学。

建议你用一些时间去找有经验的老师、学长以及有关大学生的书籍，和他们交流，并将如何尽快适应大学的有关内容和观点摘录、汇总，形成指导自己的学习、生活、交往的基本思路。

遇事要有主见，不要轻信别人说这个老师"好"或那门功课有多难，要知道每个人的情况不同，背景不同，工作准则也不同。有些事情对这个人来说很难而对那个人可能易如反掌。

大学本身就是生活，大学不是你生活的序曲、准备或前奏。你的价值观、你的兴趣以及工作准则在大学期间就已开始形成，你的人生航船已经扬帆。

学会提问和听取意见，经常提问是提高个人对生活认识水平的一个重要途径。没有问题的生活空洞而没有意义。良好的建议不会自己找上门，你得经常找你的导师及辅导员谈心，而不是仅仅依靠你的同屋或同学、朋友为你解答重要问题。懒人在做出重大决策前不愿听取多方意见，聪明的人则广泛猎取信息。

充分利用资源，好的分数和推荐信不能保证你找到一份好工作，你在大学里做过什么社会活动也很重要。学校里有俱乐部、学生组织期待着你的加入。尽快把自己融于大学生活中，时光飞逝，一切不会再来！一个在大学里活跃的人，往往在将来的工作和生活中一样充满活力。社会需要活跃而参与意识强的人才，大学生活是培育这类人才的沃土。

积极的适应就是发展，不仅对大学生适应新生活有重要意义。学会适应是每个人健康生活、获取发展的前提与基础。大学新生活适应是大学生社会适应的前奏曲，也是大学生成长成才的前提。

第三节　珍惜生命　阳光生活

有了生命，我们才能感受大自然的五彩缤纷。

有了生命，我们才能品味生活的酸甜苦辣。

有了生命，我们才能去创造自己的美好未来！

好好珍爱今生，因为只有活着，才有美丽！

人的生命只有一次，人生的每时每刻都是现场直播，走过去了，就不能再重演。珍爱自己的生命，让你们的生命变得有价值，关爱他人的生命，让你们的人生更加美丽！

在这个世界上，每个人都有着不同的缺陷或不如意的事情，并非只有你是不幸的，关键是如何看待和对待不幸。无须抱怨命运的不济，不要只看自己没有的，而要多看看自己所拥有的，我们就会感到：其实自己很富有。人生不是一支短短的蜡烛，而是一支由我们暂时拿着的火炬，唯有热爱生命，才能把它燃得旺盛。

一、热爱生命就是要丰富生命的内涵，提升生命的价值

故事一：在一次演讲会上，一位演讲家一个跨步站到前排课桌上，左手高举着一张100

元钞票，右手指向下面在座的人群用激动的声音问："谁想要这100元?"他接着说，"我打算把这100元送给你们其中的某位。"这时只见一只只高举的手。接着这位演说家用低沉的话语说道："请允许我做一件事。"这时只见他两手用力地将百元大钞揉成一团，提高声音又问："谁要?"部分人默默地将举起的手放了下来。突然，他将手里的钞票扔到地上抬起一只脚在这张钞票上猛烈地踏了几下，而后他拾起钞票，对着在场所有的人提高声音问："现在这张又脏又皱的钞票谁还要?"在场还是有人举起手来。

只见演讲家用平和的声音说："朋友们，其实你们已经上了一堂很有意义的课。无论我如何对待这张钞票，现实中它并没有因为外在的变化而产生值变。"

故事二：在四川省广安邓小平故居陈列厅，迎面正对的高墙上有一幅巨大的青铜浮雕，高近五丈，蓝天白云之下，大海之上，高山之顶，我们小平同志正笑容满面地亲切走来……看到这个我们不由得想起邓小平同志一生"三落三起"的曲折人生经历和一步步走向辉煌的政治奇迹。

同学们，听了上边的故事你们想到什么了? 人生路上，你们可能会无数次被自己的决定或碰到的逆境击倒、欺凌甚至碾得粉身碎骨，你们可能会觉得自己似乎一文不值。但无论发生了什么，或将要发生什么，请你们记住：只要生命存在，你们永远不会丧失价值，你们依然是无价之宝。痛苦是暂时的，灾难终将过去。

二、热爱生命　直面挫折

从心理学的角度讲，挫折是指个体在从事有目的的活动中，遇到无法克服或主观认为无法逾越的干扰，导致其目标受阻，预期的需要不能满足产生的情绪反应。通常人们遇到挫折所展现出的心理状态由挫折情境、挫折认知和挫折反应三者互相联系、互相制约构成，但三者之中，人们的挫折认知在同样的情境下，个人的认识和评价不同，产生的后续行为不同，心理反应与体验也不同，挫折表现出的结果大不一样。

一位曾想自杀的老人这样讲道："有一年，那是在20世纪80年代，那年年三十的下午我领到单位发的1 000元奖金，满心欢喜地想着我的孩子可以开心地过个幸福年，我要给他们带回去丰厚的礼物，给全家一个惊喜。想着想着乘上了去市区的公共汽车，车厢很拥挤，不知不觉中我就到站下车了。下车后我无意识地摸了下我的上衣口袋，脑子嗡的一下，整个人吓呆了! '我的钱，我的期望，孩子们的幸福'，我要怎么面对我的妻子? 绝望之下我想到了死。不知走了多少时间，也不知来到了什么地方，一直走到树林里，走到一棵结实的樱桃树下，我想把皮带挂在树枝上，扔了几次也没成功，于是我就爬上树去。这时有几个小学生来到树下，蹦蹦跳跳，看着他们渐渐远去的背影，想起在家期盼我的孩子们，抬头仰望天空，突然发现，原来阳光如此的明媚，外面的世界如此新鲜，自己生活的世界是这样的美好! 我为什么要早早地离开它呢? 于是，我收起皮带回家了。从那以后我再也不想自杀了。"

面对挫折，当你处在"山重水复疑无路"的绝境时，请相信一定会有"柳暗花明又一村"的境界。面对挫折，你的认知改变了，你的世界也将随之改变!

三、笑对挫折学会自救

1. 什么是心理自救

一头猪的腰部脱臼，在地上费力地趴着，孙子要去帮猪按摩，爷爷喊住了他。只见爷爷拿起一个土块向那头猪扔去，那猪吓得挣扎着跑起来，紧接爷爷在后面追赶，那猪跑着跑着腰部便上去了。孙子哈哈大笑。爷爷告诉小孙子说："你今天见到脱臼的小猪就好像你走路不小心跌倒，如果只是顺势趴在地上悲伤哭泣，那么谁也帮不了你，就是上帝也无法救你！真正能帮助你的只有你自己！所以，你必须自己忍痛爬起来，积极地跑动进行自救。"这个故事告诉我们一个道理：遇到困难挫折时我们首先要学会心理自救。而什么叫心理自救呢？那就是能够运用正确的思想方法、必要的心理学知识和技巧，从容面对，冷静地分析遭遇挫折的原因和找出解决办法，建立积极的心理防御机制，以修复挫折所造成的心理创伤，化解不良心理，从而使心理得到解脱或情感得到升华。例如：伟大诗人屈原曾因被谗放逐，汉初三杰之一的韩信曾受胯下之辱，前面所说的改革开放总设计师邓小平曾经历三落三起等，说明一个人只有在挫折面前坚强地挺了过来，才能成就自己的不朽事业。面对挫折，学会主动自救就意味着我们勇敢地承担起了我们应该承担的责任和义务，化解困境、超越自我，才能激发出自己的内在潜能从而成就自我。

2. 学会懂得放下

向往友谊长存，就要放下心中自私自利的欲望；向往学业成功，就要放下生活中的安逸和享乐；正如落叶放弃生命的绿，果断选择死亡，把生命的精华与真情化作春泥，再次长出希望。因此，放下是一种美丽、一种超脱、一种双赢的智慧。面对挫折，懂得放下，才能随时随地给自己减压，才能让压弯的脊梁如释重负，才能让你"人生的背囊"有足够的空间去搁置你真正需要的东西。因此，积极勤奋的努力和不计成败的洒脱是成功的两翼。

有的时候，我们对自己的要求定得过多，将奋斗的目标定得过高，这都是我们遭受挫折的重要原因。无论是前者还是后者，都使我们深感心有余而力不足，最后都可能会导致迷失方向，走向绝望。聪明的办法是学会舍弃，只有学会放下眼前的失败，才能摆脱无谓的烦恼，所以，我们要学会过滤自己的心境，打扫心灵的库房。人生有时就是一种心情，巨石无法压弯的身躯却被叹息拧弯，所以，心情的质量也就是生命的质量。

3. 学会自我安慰

小时候，我们常为晚上做的噩梦而闷闷不乐，长辈们总是劝慰我们说"梦境与现实是相反的，噩梦反而是好兆头，比如，梦见死人、棺材就是官运亨通，要发财了等"，听了长辈这样的劝解，心理就坦然了。又如西方基督教、东方的佛教都把忍受痛苦与磨难，作为通向极乐世界的阶梯。这实质上是人们无法深刻揭示痛苦与不幸的真正根源，而从终极原因上杜撰出来的一种缓解痛苦和不幸的"麻醉药"，以此强化人们承受苦难的勇气，激励人们对未来的幸福充满期望！这种方法在心理学中叫自慰自勉法。

4. 制作"心灵自助餐"

第一步：请你找出一张白纸，一条一条写下你认为自己具有的优点，越多越好。例如：我的作文写得好；我有组织管理才能；我的兴趣爱好非常广泛；我喜欢看书，我的视野很开阔；我的品德比某些成绩优秀的同学好得多，同学们都喜欢我；我口头表达能力很强，善于与人沟通……

第二步：优点找出来之后，请你把这些优点写在你经常能看到的地方，每天至少大声朗读一次，心里还要默念数次，念的时候要面带微笑，字正腔圆。坚持一段时间之后，你会发现这些优点在你身上表现得越来越明显，而且会不断发现自己又有了新的优点。

第三步：由于优点的激励效应，挫折感会渐渐减弱，这时我们可以多做一些自己平时感兴趣的事，多做一些自己有能力做好的事情，多做一些自己有优势的事，每做好一件事，就自己给自己发奖，例如：给心情放半小时假，或者奖给自己一颗棒棒糖也行。只要你懂得在失败中欣赏自己的优点，你就会对自己充满信心，那么，全世界的阳光都会照在你的脸上；只要你懂得在失败中激励自己，你就会对自己充满希望，那么，全世界的鲜花都会为你开放。

实践证明，认知的误区，必然使人陷入无助的泥淖，由失败走向更惨淡的失败。因为，很多时候，并不是挫折情境本身改变不了，而是因为我们自身认为挫折情境不可改变而没有被改变的。我们不可能取消挫折，但我们可以改变对挫折的认知！摘下认识的放大镜，正确、全面、客观地认识自我，评价现实的处境，改变认知，换个想法，才能突破思维的盲点，看到新的希望。

四、主动寻求援助

一朵花儿要美丽盛开，除了依靠自身制造的养料外，还需要外界阳光雨露的滋润。同样，一个身处逆境的学生，当凭借自己的力量无法自助时，就要主动寻求外界的帮助。常见的方式有三种：

1. 向身边的同学、朋友倾诉。当你痛苦时，最好的良药是朋友

与朋友诉说快乐，快乐就会加倍；与朋友诉说痛苦，痛苦就会减半。每一个身处逆境的人，都要懂得向身边的同学、朋友倾诉；每一个人面对向你倾诉的同学、朋友，都要学会耐心地倾听。倾听是一种美德，更是一种人格魅力，你在帮助他人化解困境的同时，也会学会了应对类似的生活困境。在倾诉时，一定要注意以下一些细节：

①最好能找一位有共同经历或体验的朋友作为倾诉对象；

②选择对方空闲的时间，否则，就算是朋友，也会产生厌烦情绪，这样，不仅会使自己的情绪雪上加霜，甚至会失去朋友；

③千万不要把朋友当"出气筒"，一定要适可而止。

2. 向老师和自己信赖的长辈求助

老师和长辈丰富的人生阅历和高屋建瓴的人生智慧，往往能帮助我们客观地分析失败的原因，准确地找到行之有效的解决问题的途径和方法，让我们在绝望中看到希望，从而找到生命的出口。

3. 向心理辅导老师和心理咨询室寻求心理援助

心理辅导老师首先应帮学生确立"心理障碍是可以排除的，心理疾病是可防可治的"的理念。然后，有针对性地向学生传播心理健康知识，让学生了解自身身心发展的规律，正确认识自我，正确地评价自我，进而纳悦自我，积极主动配合老师完成自助自救。最后，心理咨询室可根据同龄人之间容易产生情感共鸣的特点，组织志愿者队伍，分年级成立"知音"社团（每5~8人编成一组），并对主要成员进行"心理辅导技能"的培训，让他们成为朋辈的倾诉对象，通过同龄人的情感共鸣，舒缓彼此压力，战胜挫折。

挫折，对于弱者是牢不可破的网，对于庸者是束缚手脚的桎梏，对于强者是不堪一击的盾，对于智者是打开成功之门的钥匙。笑对挫折，你就是强者，你就是智者。大学生追梦的路漫长、曲折，或许有千里冰封，或许有阴雨绵绵，或许有风浪滔滔，或许会跌倒路途、鼻青脸肿，或许会失足山崖、粉身碎骨。坚强些，朋友，有一种跌倒叫站立；有一种失落叫收获；有一种失败叫成功，风雨中那点痛算得了什么？在人生旅途中，我们须有这样一种风度：失败和挫折，只不过是一种记忆，一个名词而已，带着伤痛把成功的大旗插上人生的高地，才是生命中的一道亮丽的风景。直面挫折，从现出一个微笑开始，让自信、自爱、自持从外向内，在心头凝结为坦然，那么你就离成功很近，离幸福不远了！

俗话说："期望越高，失望越大。"如果个体的既定目标过高或不切实际，必须根据实际情况，及时调整或用新的目标代替原有的目标，当然，这种调整，并不是鼓励朝三暮四、见异思迁，而是坚持实事求是、一切以有利于自己发展为原则，目的是增加成功率。

"赢是一种过程，输只是一种开始"，只要你对生命有无悔的追求，你的青春就会在岁月的星河里熠熠生辉！

参 考 文 献

［1］ 陈曦，等．青春梦工厂——我的大学生活 ［M］．长沙：中南大学出版社，2013.

［2］ 尹明柴，等．我的大学·我的路 ［M］．长春：东北师范大学出版社，2013.

［3］ 洪向阳．10 天谋定好前途——职业规划实操手册 ［M］．上海：上海大学出版社，2014.

［4］ 魏卫．职业规划与素质培养教程 ［M］．北京：清华大学出版社，2008.

［5］ 方伟．大学生职业生涯规划咨询案例教程 ［M］．北京：北京大学出版社，2008.

［6］ 俞敏洪．生命如一泓清水 ［M］．北京：群言出版社，2007.

［7］ 李春琴．高校创业教育课程体系构建研究 ［J］．中国成人教育，2007 （8）．

［8］ 陈彦丽．高校创业教育课程设置的目标及体系构建 ［J］．哈尔滨商业大学学报，2009 （5）．

［9］ 林利红．新时代条件下加强大学生创业教育的必要性及其实施途径 ［J］．高等教育与学术研究，2009 （2）．

［10］ 中国 KAB 创业教育网．http：//www．kab．org．cn/.

［11］ 叶依．钟南山传 ［M］．北京：中国作家出版社，2010.

［12］ 高强．浅析挫折教育 ［J］．中国科教创新导刊，2009 （14）．

［13］ 吕品．试论挫折教育的误区与改进 ［J］．教育与教学研究，2010 （01）．

［14］ 赵显杰，郝伟韦，张颢．感恩教育与挫折教育的互动研究 ［J］．管理观察，2009 （7）．

致　谢

　　经过编委会成员的共同努力，厦门华天涉外职业技术学院新生入学导入教育读本《开启华天之路》于 2016 年 8 月首次正式出版，得到了师生的广泛好评。为了能把学校更新、更好的资讯及时传递给大家，编委会重新组织了修订。本书的编写和修订得到厦门华天涉外职业技术学院的党政领导高度重视与悉心指导，杨雄常务副校长亲自主审。在学校各二级院（部）、各处（室、中心、馆）大力支持与积极配合下，林水生同志编写了第一章、第三章、第四章的部分内容，王海峰同志编写了第二章，章茜同志编写了第四章的第二、三节，杨白群同志编写了第五章。教务处向平同志为本书的资料收集、编排整理做了大量工作。本书凝聚着我校各工作岗位同志们的心血与结晶，不能一一列举。在此，对编写本书的工作团队以及给予我们帮助的同事表示衷心感谢！

　　同时，在本书的编写、修订过程中，我们参考了大量的资料，也借鉴了网络上的一些资源，在此向原作者表示衷心的感谢。如果因我们的工作上的疏漏未能及时注明而产生的误会，请大家多多包涵与见谅。

　　由于时间仓促、水平有限，本书在修订过程中难免有失误、不当、不足之处，在此，诚挚地恳请大家批评指正。

编　者

2018 年 6 月 18 日